国 家 科 技 重 大 专 项

大型油气田及煤层气开发成果丛书

（2008—2020）

卷 39

新疆准噶尔盆地南缘煤层气资源与勘查开发技术

李瑞明　陈　东　汤达祯　等编著

石油工业出版社

内容提要

本书系统梳理了"十三五"期间新疆煤层气项目核心科技成果，充分阐述了准噶尔盆地南缘煤层气资源评价与选区理论和开发技术，论述了准噶尔盆地南缘煤层气开发利用成效，分析了新疆煤层气产业发展形势和存在的问题，展望了未来新疆煤层气发展布局和发展方向。

本书是了解新疆煤层气发展及理论技术攻关研究现状的一本重要读物，可作为从事煤层气研究的科研人员、工程技术人员和高等院校相关专业师生的参考用书。

图书在版编目（CIP）数据

新疆准噶尔盆地南缘煤层气资源与勘查开发技术 /
李瑞明等编著 . —北京：石油工业出版社，2023.1
（国家科技重大专项·大型油气田及煤层气开发成果丛书：2008—2020）
ISBN 978-7-5183-5307-1

Ⅰ.① 新… Ⅱ.① 李… Ⅲ.① 准噶尔盆地 – 煤层 – 地
下气化煤气 – 地质勘探 – 研究 Ⅳ.① P618.110.8

中国版本图书馆 CIP 数据核字（2022）第 052524 号

责任编辑：常泽军　吴英敏
责任校对：张　磊
装帧设计：李　欣　周　彦

出版发行：石油工业出版社
　　　　　（北京安定门外安华里 2 区 1 号　100011）
　　　　　网　　址：www.petropub.com
　　　　　编辑部：（010）64523825　图书营销中心：（010）64523633
经　　销：全国新华书店
印　　刷：北京中石油彩色印刷有限责任公司

2023 年 1 月第 1 版　2023 年 1 月第 1 次印刷
787×1092 毫米　开本：1/16　印张：21
字数：480 千字

定价：210.00 元

ISBN 978-7-5183-5307-1

《国家科技重大专项·大型油气田及煤层气开发成果丛书（2008—2020）》

◇◇◇◇◇ 编委会 ◇◇◇◇◇

《新疆准噶尔盆地南缘煤层气资源与勘查开发技术》

◇◇◇◇◇ 编写组 ◇◇◇◇◇

组　　长：李瑞明

副组长：陈　东　　汤达祯

成　　员：（按姓氏拼音排序）

陈　亮	陈建杰	丛光华	崔德广	伏海蛟	傅雪海
哈尔恒·吐尔松	胡　永	胡振鹏	黄红星	黄旭超
霍春秀	李　成	李　鑫	李全贵	李日富	李万军
梁运培	刘蒙蒙	刘延保	彭宏钊	仇成龙	孙　斌
孙东玲	唐淑玲	陶　树	宛东平	王　刚	王丙乾
王俊辉	王一兵	武文宾	线远红	谢相军	严德天
杨曙光	尹晓敏	张　军	张　娜	张　群	张　希
张　毅	张国庆	张永强	赵　力	仲　劼	周梓欣
邹成龙					

能源安全关系国计民生和国家安全。面对世界百年未有之大变局和全球科技革命的新形势，我国石油工业肩负着坚持初心、为国找油、科技创新、再创辉煌的历史使命。国家科技重大专项是立足国家战略需求，通过核心技术突破和资源集成，在一定时限内完成的重大战略产品、关键共性技术或重大工程，是国家科技发展的重中之重。大型油气田及煤层气开发专项，是贯彻落实习近平总书记关于大力提升油气勘探开发力度、能源的饭碗必须端在自己手里等重要指示批示精神的重大实践，是实施我国"深化东部、发展西部、加快海上、拓展海外"油气战略的重大举措，引领了我国油气勘探开发事业跨入向深层、深水和非常规油气进军的新时代，推动了我国油气科技发展从以"跟随"为主向"并跑、领跑"的重大转变。在"十二五"和"十三五"国家科技创新成就展上，习近平总书记两次视察专项展台，充分肯定了油气科技发展取得的重大成就。

大型油气田及煤层气开发专项作为《国家中长期科学和技术发展规划纲要（2006—2020年）》确定的10个民口科技重大专项中唯一由企业牵头组织实施的项目，以国家重大需求为导向，积极探索和实践依托行业骨干企业组织实施的科技创新新型举国体制，集中优势力量，调动中国石油、中国石化、中国海油等百余家油气能源企业和70多所高等院校、20多家科研院所及30多家民营企业协同攻关，参与研究的科技人员和推广试验人员超过3万人。围绕专项实施，形成了国家主导、企业主体、市场调节、产学研用一体化的协同创新机制，聚智协力突破关键核心技术，实现了重大关键技术与装备的快速跨越；弘扬伟大建党精神、传承石油精神和大庆精神铁人精神，以及石油会战等优良传统，充分体现了新型举国体制在科技创新领域的巨大优势。

经过十三年的持续攻关，全面完成了油气重大专项既定战略目标，攻克了一批制约油气勘探开发的瓶颈技术，解决了一批"卡脖子"问题。在陆上油气勘探、陆上油气开发、工程技术、海洋油气勘探开发、海外油气勘探开发、非常规油气勘探开发领域，形成了6大技术系列、26项重大技术；自主研发20项重大工程技术装备；建成35项示范工程、26个国家级重点实验室和研究中心。我国油气科技自主创新能力大幅提升，油气能源企业被卓越赋能，形成产量、储量增长高峰期发展新态势，为落实习近平总书记"四个革命、一个合作"能源安全新战略奠定了坚实的资源基础和技术保障。

《国家科技重大专项·大型油气田及煤层气开发成果丛书（2008—2020）》（62卷）是专项攻关以来在科学理论和技术创新方面取得的重大进展和标志性成果的系统总结，凝结了数万科研工作者的智慧和心血。他们以"功成不必在我，功成必定有我"的担当，高质量完成了这些重大科技成果的凝练提升与编写工作，为推动科技创新成果转化为现实生产力贡献了力量，给广大石油干部员工奉献了一场科技成果的饕餮盛宴。这套丛书的正式出版，对于加快推进专项理论技术成果的全面推广，提升石油工业上游整体自主创新能力和科技水平，支撑油气勘探开发快速发展，在更大范围内提升国家能源保障能力将发挥重要作用，同时也一定会在中国石油工业科技出版史上留下一座书香四溢的里程碑。

在世界能源行业加快绿色低碳转型的关键时期，广大石油科技工作者要进一步认清面临形势，保持战略定力、志存高远、志创一流，毫不放松加强油气等传统能源科技攻关，大力提升油气勘探开发力度，增强保障国家能源安全能力，努力建设国家战略科技力量和世界能源创新高地；面对资源短缺、环境保护的双重约束，充分发挥自身优势，以技术创新为突破口，加快布局发展新能源新事业，大力推进油气与新能源协调融合发展，加大节能减排降碳力度，努力增加清洁能源供应，在绿色低碳科技革命和能源科技创新上出更多更好的成果，为把我国建设成为世界能源强国、科技强国，实现中华民族伟大复兴的中国梦续写新的华章。

中国石油董事长、党组书记
中国工程院院士　戴厚良

石油天然气是当今人类社会发展最重要的能源。2020 年全球一次能源消费量为 $134.0 \times 10^8 t$ 油当量，其中石油和天然气占比分别为 30.6% 和 24.2%。展望未来，油气在相当长时间内仍是一次能源消费的主体，全球油气生产将呈长期稳定趋势，天然气产量将保持较高的增长率。

习近平总书记高度重视能源工作，明确指示"要加大油气勘探开发力度，保障我国能源安全"。石油工业的发展是由资源、技术、市场和社会政治经济环境四方面要素决定的，其中油气资源是基础，技术进步是最活跃、最关键的因素，石油工业发展高度依赖科学技术进步。近年来，全球石油工业上游在资源领域和理论技术研发均发生重大变化，非常规油气、海洋深水油气和深层—超深层油气勘探开发获得重大突破，推动石油地质理论与勘探开发技术装备取得革命性进步，引领石油工业上游业务进入新阶段。

中国共有 500 余个沉积盆地，已发现松辽盆地、渤海湾盆地、准噶尔盆地、塔里木盆地、鄂尔多斯盆地、四川盆地、柴达木盆地和南海盆地等大型含油气大盆地，油气资源十分丰富。中国含油气盆地类型多样、油气地质条件复杂，已发现的油气资源以陆相为主，构成独具特色的大油气分布区。历经半个多世纪的艰苦创业，到 20 世纪末，中国已建立完整独立的石油工业体系，基本满足了国家发展对能源的需求，保障了油气供给安全。2000 年以来，随着国内经济高速发展，油气需求快速增长，油气对外依存度逐年攀升。我国石油工业担负着保障国家油气供应安全，壮大国际竞争力的历史使命，然而我国石油工业面临着油气勘探开发对象日趋复杂、难度日益增大、勘探开发理论技术不相适应及先进装备依赖进口的巨大压力，因此急需发展自主科技创新能力，发展新一代油气勘探开发理论技术与先进装备，以大幅提升油气产量，保障国家油气能源安全。一直以来，国家高度重视油气科技进步，支持石油工业建设专业齐全、先进开放和国际化的上游科技研发体系，在中国石油、中国石化和中国海油建立了比较先进和完备的科技队伍和研发平台，在此基础上于 2008 年启动实施国家科技重大专项技术攻关。

国家科技重大专项"大型油气田及煤层气开发"（简称"国家油气重大专项"）是《国家中长期科学和技术发展规划纲要（2006—2020 年）》确定的 16 个重大专项之一，目标是大幅提升石油工业上游整体科技创新能力和科技水平，支撑油气勘探开发快速发展。国家油气重大专项实施周期为 2008—2020 年，按照"十一五""十二五""十三五" 3 个阶段实施，是民口科技重大专项中唯一由企业牵头组织实施的专项，由中国石油牵头组织实施。专项立足保障国家能源安全重大战略需求，围绕"6212"科技攻关目标，共部署实施 201 个项目和示范工程。在党中央、国务院的坚强领导下，专项攻关团队积极探索和实践依托行业骨干企业组织实施的科技攻关新型举国体制，加快推进专项实施，攻克一批制约油气勘探开发的瓶颈技术，形成了陆上油气勘探、陆上油气开发、工程技术、海洋油气勘探开发、海外油气勘探开发、非常规油气勘探开发 6 大领域技术系列及 26 项重大技术，自主研发 20 项重大工程技术装备，完成 35 项示范工程建设。近 10 年我国石油年产量稳定在 2×10^8 t 左右，天然气产量取得快速增长，2020 年天然气产量达 $1925 \times 10^8 m^3$，专项全面完成既定战略目标。

通过专项科技攻关，中国油气勘探开发技术整体已经达到国际先进水平，其中陆上油气勘探开发水平位居国际前列，海洋石油勘探开发与装备研发取得巨大进步，非常规油气开发获得重大突破，石油工程服务业的技术装备实现自主化，常规技术装备已全面国产化，并具备部分高端技术装备的研发和生产能力。总体来看，我国石油工业上游科技取得以下七个方面的重大进展：

（1）我国天然气勘探开发理论技术取得重大进展，发现和建成一批大气田，支撑天然气工业实现跨越式发展。围绕我国海相与深层天然气勘探开发技术难题，形成了海相碳酸盐岩、前陆冲断带和低渗—致密等领域天然气成藏理论和勘探开发重大技术，保障了我国天然气产量快速增长。自 2007 年至 2020 年，我国天然气年产量从 $677 \times 10^8 m^3$ 增长到 $1925 \times 10^8 m^3$，探明储量从 $6.1 \times 10^{12} m^3$ 增长到 $14.41 \times 10^{12} m^3$，天然气在一次能源消费结构中的比例从 2.75% 提升到 8.18% 以上，实现了三个翻番，我国已成为全球第四大天然气生产国。

（2）创新发展了石油地质理论与先进勘探技术，陆相油气勘探理论与技术继续保持国际领先水平。创新发展形成了包括岩性地层油气成藏理论与勘探配套技术等新一代石油地质理论与勘探技术，发现了鄂尔多斯湖盆中心岩性地层大油区，支撑了国内长期年新增探明 10×10^8t 以上的石油地质储量。

（3）形成国际领先的高含水油田提高采收率技术，聚合物驱油技术已发展到三元复合驱，并研发先进的低渗透和稠油油田开采技术，支撑我国原油产量长期稳定。

（4）我国石油工业上游工程技术装备（物探、测井、钻井和压裂）基本实现自主化，具备一批高端装备技术研发制造能力。石油企业技术服务保障能力和国际竞争力大幅提升，促进了石油装备产业和工程技术服务产业发展。

（5）我国海洋深水工程技术装备取得重大突破，初步实现自主发展，支持了海洋深水油气勘探开发进展，近海油气勘探与开发能力整体达到国际先进水平，海上稠油开发处于国际领先水平。

（6）形成海外大型油气田勘探开发特色技术，助力"一带一路"国家油气资源开发和利用。形成全球油气资源评价能力，实现了国内成熟勘探开发技术到全球的集成与应用，我国海外权益油气产量大幅度提升。

（7）页岩气、致密气、煤层气与致密油、页岩油勘探开发技术取得重大突破，引领非常规油气开发新兴产业发展。形成页岩气水平井钻完井与储层改造作业技术系列，推动页岩气产业快速发展；页岩油勘探开发理论技术取得重大突破；煤层气开发新兴产业初见成效，形成煤层气与煤炭协调开发技术体系，全国煤炭安全生产形势实现根本性好转。

这些科技成果的取得，是国家实施建设创新型国家战略的成果，是百万石油员工和科技人员发扬艰苦奋斗、为国找油的大庆精神铁人精神的实践结果，是我国科技界以举国之力团结奋斗联合攻关的硕果。国家油气重大专项在实施中立足传统石油工业，探索实践新型举国体制，创建"产学研用"创新团队，创新人才队伍建设，创新科技研发平台基地建设，使我国石油工业科技创新能力得到大幅度提升。

为了系统总结和反映国家油气重大专项在科学理论和技术创新方面取得的重大进展和成果，加快推进专项理论技术成果的推广和提升，专项实施管理办公室与技术总体组规划组织编写了《国家科技重大专项·大型油气田及煤层气开发成果丛书（2008—2020）》。丛书共 62 卷，第 1 卷为专项理论技术成果总论，第 2～9 卷为陆上油气勘探理论技术成果，第 10～14 卷为陆上油气开发理论技术成果，第 15～22 卷为工程技术装备成果，第 23～26 卷为海洋油气理论技术装备成果，第 27～30 卷为海外油气理论技术成果，第 31～43 卷为非常规油气理论技术成果，第44～62卷为油气开发示范工程技术集成与实施成果（包括常规油气开发7卷，煤层气开发5卷，页岩气开发4卷，致密油、页岩油开发3卷）。

各卷均以专项攻关组织实施的项目与示范工程为单元，作者是项目与示范工程的项目长和技术骨干，内容是项目与示范工程在2008—2020年期间的重大科学理论研究、先进勘探开发技术和装备研发成果，代表了当今我国石油工业上游的最新成就和最高水平。丛书内容翔实，资料丰富，是科学研究与现场试验的真实记录，也是科研成果的总结和提升，具有重大的科学意义和资料价值，必将成为石油工业上游科技发展的珍贵记录和未来科技研发的基石和参考资料。衷心希望丛书的出版为中国石油工业的发展发挥重要作用。

国家科技重大专项"大型油气田及煤层气开发"是一项巨大的历史性科技工程，前后历时十三年，跨越三个五年规划，共有数万名科技人员参加，是我国石油工业史上一项壮举。专项的顺利实施和圆满完成是参与专项的全体科技人员奋力攻关、辛勤工作的结果，是我国石油工业界和石油科技教育界通力合作的典范。我有幸作为国家油气重大专项技术总师，全程参加了专项的科研和组织，倍感荣幸和自豪。同时，特别感谢国家科技部、财政部和发改委的规划、组织和支持，感谢中国石油、中国石化、中国海油及中联公司长期对石油科技和油气重大专项的直接领导和经费投入。此次专项成果丛书的编辑出版，还得到了石油工业出版社大力支持，在此一并表示感谢！

中国科学院院士　贾承造

《国家科技重大专项·大型油气田及煤层气开发成果丛书（2008—2020）》

◈◈◈◈◈◈ 分卷目录 ◈◈◈◈◈◈

序号	分卷名称
卷 29	超重油与油砂有效开发理论与技术
卷 30	伊拉克典型复杂碳酸盐岩油藏储层描述
卷 31	中国主要页岩气富集成藏特点与资源潜力
卷 32	四川盆地及周缘页岩气形成富集条件、选区评价技术与应用
卷 33	南方海相页岩气区带目标评价与勘探技术
卷 34	页岩气气藏工程及采气工艺技术进展
卷 35	超高压大功率成套压裂装备技术与应用
卷 36	非常规油气开发环境检测与保护关键技术
卷 37	煤层气勘探地质理论及关键技术
卷 38	煤层气高效增产及排采关键技术
卷 39	新疆准噶尔盆地南缘煤层气资源与勘查开发技术
卷 40	煤矿区煤层气抽采利用关键技术与装备
卷 41	中国陆相致密油勘探开发理论与技术
卷 42	鄂尔多斯盆缘过渡带复杂类型气藏精细描述与开发
卷 43	中国典型盆地陆相页岩油勘探开发选区与目标评价
卷 44	鄂尔多斯盆地大型低渗透岩性地层油气藏勘探开发技术与实践
卷 45	塔里木盆地克拉苏气田超深超高压气藏开发实践
卷 46	安岳特大型深层碳酸盐岩气田高效开发关键技术
卷 47	缝洞型油藏提高采收率工程技术创新与实践
卷 48	大庆长垣油田特高含水期提高采收率技术与示范应用
卷 49	辽河及新疆稠油超稠油高效开发关键技术研究与实践
卷 50	长庆油田低渗透砂岩油藏 CO_2 驱油技术与实践
卷 51	沁水盆地南部高煤阶煤层气开发关键技术
卷 52	涪陵海相页岩气高效开发关键技术
卷 53	渝东南常压页岩气勘探开发关键技术
卷 54	长宁—威远页岩气高效开发理论与技术
卷 55	昭通山地页岩气勘探开发关键技术与实践
卷 56	沁水盆地煤层气水平井开采技术及实践
卷 57	鄂尔多斯盆地东缘煤系非常规气勘探开发技术与实践
卷 58	煤矿区煤层气地面超前预抽理论与技术
卷 59	两淮矿区煤层气开发新技术
卷 60	鄂尔多斯盆地致密油与页岩油规模开发技术
卷 61	准噶尔盆地砂砾岩致密油藏开发理论技术与实践
卷 62	渤海湾盆地济阳坳陷致密油藏开发技术与实践

　　新疆煤层气资源丰富，根据国土资源部 2015 年新一轮油气资源评价结果，新疆埋深 2000m 以浅煤层气资源量 $7.51×10^{12}m^3$，约占全国 2000m 以浅煤层气资源量的 25.0%，以中低煤阶煤层气为主，是我国当前中低煤阶煤层气开发的主要和代表区域。在新疆的煤层气勘查开发中，又以准噶尔盆地南缘这一区域为代表，准噶尔盆地南缘煤层气地质条件和开发条件优越，是当前新疆开展煤层气勘查开发工作最多的区域。

　　2013 年，新疆维吾尔自治区政府开始重视新疆煤层气资源的开发利用工作，新疆地质勘查基金加大了对煤层气勘查开发的支持力度，新疆煤层气勘查开发工作进入快车道，以准噶尔盆地南缘为重点，新疆维吾尔自治区煤田地质局、新疆科林思德新能源有限责任公司等企事业单位积极投身到新疆煤层气勘查开发中。截至 2015 年底，在准噶尔盆地南缘开展了乌鲁木齐河东煤层气预探、阜康白杨河煤层气开发利用先导示范工程建设及阜康四工河煤层气勘查和产能建设工作，多口井日产气量大于 $2000m^3$，最高单直井日产气量 $28000m^3$，创全国单直井产气量之最，建成煤层气地面开发年产能 $5000×10^4m^3$，以压缩天然气（CNG）的形式用于汽车加气和工业园区，首次实现了新疆煤层气的开发利用，也掀起了新疆煤层气开发的热潮。

　　"十二五"时期，准噶尔盆地南缘的煤层气勘查开发工作取得了突破，但由于开发有利区多处在山前强挤压地带，构造复杂，煤层倾角大，同时，由于煤层气赋存在年轻的侏罗系中，形成了以中低煤阶为主的多厚煤层组。以上有别于我国沁水盆地、鄂尔多斯盆地的煤层气地质特点，在勘查开发中涌现出了众多地质理论和工程技术难题，如资源评价方法不适应、煤层气富集规律与主控因素不清、钻完井技术单一、钻井效率低、钻井周期长、压裂充分改造困难、排采连续性差等问题。为解决制约新疆煤层气产业发展的难题，2015 年由新疆维吾尔自治区煤田地质局牵头，联合中联煤层气国家工程研究中心有限责任公司、中煤科工集团重庆研究院有限公司、新疆科林思德新能源有限责任公司、中国地质大学（北京）、中国地质大学（武汉）、中国矿业大学、中国煤炭地质总局地球物理勘探研究院、新疆焦煤（集团）有限责任公司、重庆大学 9 家国内煤层气领域技术领先企业、高校、科研院所申报了国家油气重大专项的子项目"新疆准噶尔、三塘湖盆地中低煤阶煤层气资源与开发技术"，旨在研发适应准噶尔盆地、三塘湖盆地中低煤阶煤层气资源特点的煤层气资源评价与选区关键技术、勘探开发工程技术和煤层气安全抽采关键技术。

"十三五"期间，在国家三部委、大型油气田及煤层气开发重大专项实施管理办公室的正确领导和支持下，在专家们的悉心指导下，通过项目全体单位和研究人员的通力合作，形成一系列理论和技术成果，完善了中低煤阶煤层气资源评价与选区的理论体系、勘探开发工程技术系列、煤层气安全抽采利用技术系列，创新形成 6 项技术，攻克了众多工作中的难题。理论和技术成果的应用大幅降低了工程成本，提高了单井产量，在阜康矿区、乌鲁木齐河东矿区涌现出一批日产气量大于 5000m³ 的高产井，多口井日产气量稳定在 10000m³ 以上，验证了新疆煤层气开发的可行性，带动和支撑了准噶尔盆地南缘更多的煤层气勘查开发投入和新疆库拜、三塘湖等新区块的煤层气勘查开发，助力了"十三五"期间新疆累计新增煤层气年产能 $1.65×10^8m^3$，累计生产煤层气 $3.04×10^8m^3$，对乌鲁木齐周边等地区天然气供应形成有效补充。项目的开展实现了新疆煤层气开发的新突破，极大地推动了新疆煤层气勘查开发，同时，新疆煤层气的成功开发利用也为我国"十四五"煤层气开发开辟了广阔的新区域。

为系统反映专项在科学理论和技术研发方面取得的重大进展和成果，促进创新成果的推广应用，国家油气重大专项遴选了优秀项目成果，统一组织出版一套科学技术专著，本书是其中之一。本书在系统梳理和凝练"十三五"期间新疆煤层气项目核心科技成果的基础上编撰而成，充分阐述了准噶尔盆地南缘煤层气主要理论和开发技术，论述了准噶尔盆地南缘煤层气开发利用成效，分析了新疆煤层气产业发展形势和存在的问题，展望了未来新疆煤层气发展布局和发展方向。关键理论和技术为：（1）准噶尔盆地南缘煤层气赋存特征、煤层气富集规律和主控因素、煤层气选区评价及资源分布；（2）以井身结构和井眼轨道优化设计、钻井设备优选、井型优选、完井方式优选、低伤害钻井液体系为主的钻完井工程技术；（3）以低伤害低摩阻高效压裂液（MEC）、多厚煤层压裂层段优选、多厚煤层水力喷砂射孔＋连续油管底封拖动压裂、带压射孔＋

全可溶桥塞层间分层压裂技术为特点的多煤层快速分层压裂技术；（4）排采渗流与压降特征、生产动态特征与影响因素、缓蚀剂防腐和基于三维杆柱力学的排采防偏磨技术等；（5）采动卸压煤层气地面井抽采技术、首采层煤层气井下抽采技术、采动区卸压煤层气高效抽采技术模式等相结合的山区大倾角多煤组采动区和碎软低渗透首采层煤层气抽采技术。

全书由新疆维吾尔自治区煤田地质局、中联煤层气国家工程研究中心有限责任公司、新疆科林思德新能源有限责任公司、中煤科工集团重庆研究院有限公司共同编写完成。李瑞明、陈东、汤达祯、周梓欣负责提出了总体编写思路，编写了本书总提纲。全书共9章，第一章由李瑞明、陈东、汤达祯、周梓欣、张国庆、王刚、黄红星等执笔；第二章、第三章和第四章由杨曙光、汤达祯、严德天、王刚、陶树、伏海蛟、唐淑玲、李鑫等执笔；第五章、第六章和第七章由陈东、李瑞明、黄红星、王一兵、张毅、刘蒙蒙、周梓欣、张军等执笔；第八章由孙东玲、梁运培、陈亮、黄旭超、陈建杰等执笔；第九章由李瑞明、汤达祯、周梓欣、胡永、王一兵、张军、陈亮等执笔。全书由李瑞明、汤达祯、陈东、周梓欣最终统稿审定。

本书在编写过程中，得到了丛书编委会、大型油气田及煤层气开发重大专项实施管理办公室的大力支持和帮助。中国地质大学（北京）、中国地质大学（武汉）、中国矿业大学、重庆大学、中国煤炭地质总局地球物理勘探研究院、新疆焦煤（集团）有限责任公司等项目联合单位给予了帮助和协作。贾承造院士，接铭训、申宝宏、胡爱梅、宋岩、吴建光等专家学者在项目研究和本书编写过程中多次进行了指导。借此机会，谨致以衷心的感谢！

由于水平有限，书中难免有疏漏和不妥之处，恳请读者批评指正。

目　录

第一章 绪 论

勘查及分析研究认为，天山南北两侧的盆—山耦合构造挤压带是煤层气富集有利区，其中位于天山北侧的准噶尔盆地南缘煤层气资源量大且紧邻乌鲁木齐市、昌吉市、阜康市、石河子市等天山北坡经济带城市群，资源中心与需求市场相互衔接，勘探开发前景好。2017 年，国家能源局批准建设"新疆准噶尔盆地南缘煤层气产业化基地"，经多年建设，截至 2020 年 10 月，已建成乌鲁木齐河东、阜康四工河、阜康白杨河和吉木萨尔水溪沟 4 个开发项目区块，形成约 $2.0 \times 10^8 m^3/a$ 的煤层气产能规模。当前，准噶尔盆地南缘已成为我国低煤阶煤层气开发的重要基地。

经过"十三五"国家科技重大专项的重点资助与科研攻关，结合开发先导试验工作，对准噶尔盆地南缘强烈构造挤压、巨厚煤层条件下的中低煤阶煤层气赋存与开发地质规律、工艺技术进行总结，形成了新的认识，为新疆煤层气乃至我国低煤阶煤层气产业发展提供理论指引与技术参考。

第一节 地理位置及资源特点

一、地理位置

准噶尔盆地位于新疆北部，为中—新生代大型坳陷盆地，面积约 $13.4 \times 10^4 km^2$，平面上呈南宽北窄的不等边三角形，东西长 1120km，南北最宽处约 800km。准噶尔盆地是在相邻板块挤压条件下得以演化形成，叠加于晚古生代海陆过渡相沉积盆地之上。平面上看，准噶尔盆地周围被褶皱山系环绕，西北为扎伊尔山与哈拉阿拉特山，东北为青格里底山与克拉美丽山，南面是天山山脉的依连哈比尔尕山（北天山）与博格达山，盆地腹部为古尔班通古特沙漠，面积约占盆地总面积的 36.9%。准噶尔盆地包含 6 个一级构造单元，分别为陆梁隆起、乌伦古坳陷、北天山山前冲断带、西部隆起、中央坳陷以及东部隆起。准噶尔盆地煤层气资源极为丰富，煤层埋深 2000m 以浅面积 $2.6 \times 10^4 km^2$，预测资源量 $3.11 \times 10^{12} m^3$，占新疆煤层气资源量的 41.3%，平均资源丰度 $1.2 \times 10^8 m^3/km^2$，主要在盆地边缘大面积集中分布，利于煤层气规模化勘探开发（汤达祯等，2021），其中又以准噶尔盆地南缘煤层气资源和区位条件最优。

准噶尔盆地南缘位于准噶尔盆地南部，依连哈比尔尕山和博格达山北侧，其煤层气资源主要赋存于山前逆冲推覆构造带的准南煤田、后峡煤田以及柴窝堡凹陷的达坂城煤田，行政区划自西向东覆盖塔城地区（乌苏市、沙湾县）、石河子市、昌吉州（玛纳斯县、呼图壁县、昌吉市）、乌鲁木齐市、昌吉州（阜康市、吉木萨尔县），东西长约 450km，南北宽 3～65km，面积约 3400km²，2000m 以浅煤层气资源量约 $6500 \times 10^8 m^3$。

准噶尔盆地南缘地处天山北麓低山—丘陵地带，地势北低南高，海拔 1000～3000m，为现代沟谷或冲沟发育的侵蚀堆积地形。该区属大陆性干旱—半干旱气候，冬季严寒，夏季酷热，春季气候多变，秋季降温迅速。统计表明，全年最低气温在 1 月和 2 月，月平均气温一般为 –18～13.6℃，全年最高气温在 7 月和 8 月，月平均气温一般为 23.4～25.8℃，昼夜温差一般在 10℃ 以上。全年降水量较小，年降水量一般为 170.4～337.3mm，而蒸发量高达 1882.6～2497.4mm，每年 11 月至次年 3 月为冰冻期，冻土深度为 100～120cm，3—4 月初解冻。一般风速为 1.2～2m/s，风向西南、北西最多。

二、资源特点

新疆作为我国低煤阶煤层气资源最丰富的地区，既有异于国内中高煤阶的地质特点，又区别于国外低煤阶煤层气赋存与开发条件，总体来说，新疆地区煤层气具有特殊的"煤阶低、煤层多、倾角大、厚度大、风化带底界深、渗透率低"等地质特征，其中以准噶尔盆地南缘的中低煤阶煤层气资源最为典型。具体特点如下：

（1）煤层层数多，厚度大。

准噶尔盆地南缘的阜康—玛纳斯地区是该区域侏罗系八道湾组、西山窑组煤层的主要聚煤区，含煤层数达到 4～56 层，其煤层总厚度可达 170m，煤层发育远胜于沁水盆地和鄂尔多斯盆地（太原组含煤 3～10 层，厚度 1～18m；山西组含煤 1～6 层，厚度 2～8m）（图 1–1–1），与澳大利亚苏拉特盆地（20～30m）和美国粉河盆地（30～118m）较为接近。煤系地层可形成多煤层组合、物性以及烃浓度封闭的多套含气系统。

（2）构造复杂，煤层倾角大。

准噶尔盆地南缘位于天山北侧与准噶尔盆地相结合的山前推覆构造挤压带，褶皱及断裂构造复杂，煤层倾角较大，多为 45°～80°，局部甚至直立，远高于沁水盆地 10°～20° 的煤层倾角（图 1–1–1）。

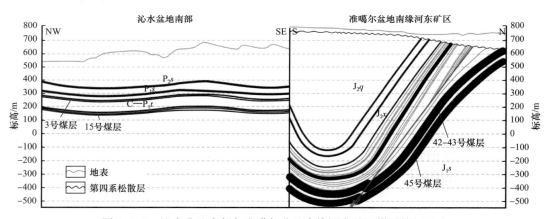

图 1–1–1　沁水盆地南部与准噶尔盆地南缘河东矿区煤层特征对比

（3）煤阶低且渗透性较低。

准噶尔盆地南缘中—下侏罗统煤层以低灰、低硫以及低变质的长焰煤、弱黏结煤和少量气煤为主，镜质组反射率主要处于 0.4%～0.65%，阜康区块、呼图壁区块相对埋深较大的地区煤阶增高，镜质组反射率达到 0.6%～0.75%。

煤层气勘探资料显示，低煤阶煤层由于挤压地应力环境以及煤体自身割理裂隙发育差，渗透率较低，多小于 1mD；而构造强烈的背斜、向斜轴部由于应力释放，构造裂隙较发育，渗透率较高，局部达 1.45～13.51mD，但相较美国粉河盆地、澳大利亚苏拉特盆地、加拿大艾伯塔盆地的低煤阶煤层渗透率（10～1600mD）仍严重偏低。

（4）煤层气风化带深度大，含气饱和度低。

由于新疆气候干旱、煤层易自燃、构造倾角大、第四系覆盖层厚度大，准噶尔盆地南缘煤层气风化带深度普遍大于 400m，最大深度达到 600m。由于降水量少、气候干旱，以及煤层倾角大、露头多，新疆成为世界上煤层自燃最严重的地区，形成分布广泛、裂隙发育、最大深度可到 400m 的煤层火烧区，烧变岩及厚度较大的第四系松散砂砾层直接导致煤层气逸散严重、风化带深度大。白垩纪时期，地层抬升使侏罗系煤层的深成热变质作用终止，压力降低使煤层脱气，煤层吸附气由饱和变为不饱和，含气饱和度低。

（5）地温梯度低，临界深度大。

相比松辽盆地（地温梯度约为 3.8℃/100m）、沁水盆地（地温梯度约为 2.82℃/100m）和鄂尔多斯盆地（地温梯度约为 2.89℃/100m），新疆各大盆地均属于"低温冷盆"，准噶尔盆地南缘的平均地温梯度约为 2.25℃/100m。

根据准噶尔盆地南缘少量钻遇煤层深度超过 1200m，甚至达到 1800m 的煤层气井数据，其煤层含气量温压耦合转换的临界深度大于沁水盆地、鄂尔多斯盆地东缘等区域，显示深部煤层气仍具有较好的开发潜力。

（6）煤层含气量及资源丰度较高。

准噶尔盆地南缘的煤层含气量一般为 3～12m³/t，略高于同属低煤阶的美国尤因塔盆地（5～9m³/t）、粉河盆地（0.78～3.1m³/t）及澳大利亚苏拉特盆地（2.5～8m³/t）。

准南阜康区块、乌鲁木齐区块单个主力煤层的煤层气资源丰度达到（2.3～2.7）× 10^8m³/km²，高于沁水盆地南部区块（2.0×10^8m³/km²）和鄂尔多斯盆地韩城区块（1.9×10^8m³/km²）。

第二节　煤层气勘查开发现状

在新疆维吾尔自治区政府的大力支持和国家"十三五"科技重大专项的有力支撑下，经过近 10 年的快速发展，准噶尔盆地南缘已成为新疆煤层气勘查开发利用程度最高和最具代表性的区域。截至 2020 年底，施工各类煤层气井 330 余口，以阜康矿区、乌鲁木齐河东矿区为重点，煤层气勘查和地质认识程度大幅提高，探获煤层气资源/储量 1568×10^8m³，提交煤层气探明储量 286.6×10^8m³，阜康白杨河、阜康四工河和乌鲁木齐米东 3 个煤层气开发利用先导试验或示范工程形成年产能 2.0×10^8m³。2017 年，产气 8235×10^4m³，所产煤层气经脱水、增压制备成 CNG 后供给附近工业园区、CNG 加气站及民用燃气管网使用。经过煤层气勘查与先导试验建设，已初步形成了勘探、开发、销售利用一体化雏形并实现了小规模商业开发利用，引领和带动了新疆其他区域的煤层气产业发展。当前，自治区政府和相关企事业单位及广大地质工作者，正在为建成准噶尔盆地南缘煤层气产业化基地积极努力，着手加快推动实现该区域的规模效益开发。

一、煤层气勘查现状及成果

准噶尔盆地南缘煤层气工作始于 1987 年的乌鲁木齐矿区煤层气资源评价，是新疆开展煤层气研究和勘查工作最早的区域，也是当前新疆煤层气勘查工作投入最多、勘查程度最高的区域。2008 年以前，研究区主要开展了煤层气资源评价工作，施工少量参数井，获取了煤层气基础参数，评价了资源潜力，优选了有利区；2008 年在前期资源评价的基础上，阜康白杨河矿区施工新疆第一口煤层气生产试验井——FS1 井，并获得工业气流，增强了新疆煤层气开发的信心。2009—2012 年，围绕 FS1 井钻探 4 口生产试验井，形成 5 口井的煤层气开发试验小井组，井组日产量最高达 7000m³，实现了新疆煤层气开发的突破，拉开了新疆煤层气开发的帷幕。2013 年开始，在丰富煤层气资源和已有成果的激励下，新疆地质勘查基金开始开展煤层气勘查和地面开发先导试验建设，取得了一系列成果，吸引了新疆科林思德新能源有限责任公司、新疆国盛汇东新能源有限公司积极投身到新疆煤层气开发中，新疆煤层气勘查开发进入快车道。截至 2020 年底，在准噶尔盆地南缘共投入资金约 3.5 亿元，开展煤层气调查评价、普查、预探、勘探项目 13 个，施工煤层气探井、参数井、生产试验井共计 100 余口，主要位于准南煤田东段、后峡煤田塔勒德萨依、达坂城煤田，获取了研究区的地质条件和资源特征，圈定了一批煤层气有利区，为煤层气开发后续工作奠定了基础。现将各矿区煤层气勘查工作介绍如下。

1. 阜康矿区

面积约 200km²，作为新疆重要的煤矿区和煤炭生产基地，煤炭及煤层气资源丰富，同时，该矿区属于高瓦斯矿区，辖区内约 50% 的煤矿属于高瓦斯矿井。

2006—2009 年，中国石油天然气股份有限公司新疆油田在阜康矿区大黄山区块施工了 2 口煤层气参数井 + 排采试验井，其中阜煤 1 井在八道湾组煤层获得最高 1000m³/d 的产气量（刘得光等，2010）。2008 年 8 月，新疆煤田地质局在阜康白杨河矿区施工了 1 口生产试验井（FS1 井）并点火成功（图 1-2-1），该井是新疆境内点火成功的第一口煤层气井，在新疆煤层气勘探上具有里程碑的意义。2009—2012 年，新疆煤田地质局在该区又相继施工了 4 口生产试验井，形成新疆第一个煤层气生产试验井组，5 口井均获得工业气流，单井产气量最高达 2522m³/d，井组产气量最高达 7000m³/d，这是新疆第一个取得成功的煤层气生产试验井组，同时也实现了全国低煤阶煤层气勘查开发的突破。2013 年，新疆科林思德新能源有限责任公司在阜康矿区三工河区块施工了 1 口煤层气生产试验井（CS11- 向 2 井），单井产气量最大达 $2.8 \times 10^4 m^3/d$，稳产 $2.0 \times 10^4 m^3/d$ 以上，为目前国内煤层气直井产气量之最。

图 1-2-1 FS1 井点火现场

2014 年以来，煤层气勘查进展加快，在新疆地质勘查基金支持下，新疆煤田地质局等单位在阜康矿区开展煤层气预探、勘探等勘查项目，累计施工煤层气参数井、生产试验井约 20 口，矿区整体达到预探以上程度，局部达到勘探程度，掌握了该区的煤层气地质特征和资源状况，主要目标煤层在煤层气风化带～1500m 煤层含气量为 4～24.97m³/t，煤层气中甲烷浓度为 67.22%～92.73%，估算 1500m 以浅煤层气资源量约 390×10⁸m³，为煤层气地面开发建设奠定了基础。

2. 乌鲁木齐矿区

乌鲁木齐矿区面积约 350km²，毗邻乌鲁木齐市，是新疆开展煤层气工作最早的矿区。1987 年，新疆煤田地质局与中煤科工集团西安研究院有限公司联合首次开展了矿区煤层气资源评价，2002 年新疆煤田地质局再次开展了新疆乌鲁木齐河东矿区、河西矿区煤层气资源评价，对乌鲁木齐河东矿区、河西矿区煤层气资源做了进一步分析、评价，并施工一口煤层气参数井——乌参 1 井（新疆第一口煤层气参数井），取得了煤层含气量、渗透率、储层压力等重要煤层气评价参数，验证了该区煤层气资源潜力。

2013 年在前期资源评价的基础上，在 FS1 井产气的鼓舞下，新疆煤田地质局成功立项通过了新疆第一个自治区地质勘查基金煤层气勘查项目——"乌鲁木齐河东煤层气资源预探"，自此拉开了地质勘查基金引导和带领新疆煤层气勘查开发的序幕。在乌鲁木齐矿区先后开展了两个预探和一个勘探项目，共施工参数、排采试验井 44 口，整体达到煤层气预探程度，局部达到勘探程度，主要目标煤层气含量为 2.43～17.06m³/t，煤层气中甲烷浓度为 51.40%～94.50%。估算 1500m 以浅煤层气资源量约 565×10⁸m³，为煤层气地面开发建设圈定了多个有利区，多数排采试验井获得工业气流，也涌现出多口高产井，其中 WS-21 井最高产气量为 2880m³/d、稳产气量为 2150m³/d，WBCS-7 井最高产气量为 4431m³/d，WXS-1 井平均产气量为 3642m³/d、最高产气量为 5381m³/d，显示出良好的煤层气开发前景（图 1-2-2）。

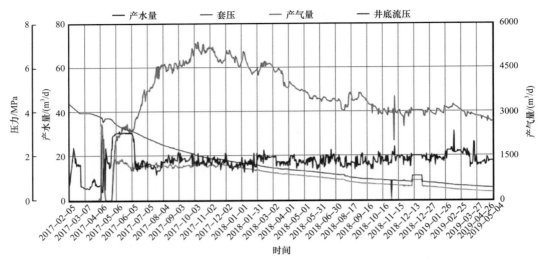

图 1-2-2　WXS-1 井排采曲线

此外，2015—2016 年，中国地质调查局油气资源调查中心在准噶尔盆地南缘乌鲁木齐河西—呼图壁—玛纳斯一带开展煤层气地质调查工作，施工玛煤参 1 井、新呼地 1 井、新乌参 1 井等多口煤层气地质调查井，其中新乌参 1 井获得产气量超过 3500m³/d 的高产工业气流（单衍胜等，2018）。

3. 其他主要矿区

呼图壁—玛纳斯矿区面积约 470km²，新疆地质勘查基金、中国地质调查局、中联煤层气有限责任公司均在该区投入开展了煤层气勘查或调查工作，施工煤层气参数井约 10口，整体达到煤层气普查程度，获取主要煤层含气量 3.39～6.4m³/t，煤储层多为常压—超压储层，预测垂深 2000m 以浅煤层气资源量约 500×10⁸m³。施工排采试验井一口——新呼参 1 井，2017 年 12 月开始排采，但是由于水大未见气。

吉木萨尔水溪沟矿区面积约 100km²，开展煤层气资源调查项目一个，施工煤层气参数、排采试验井 3 口，整体达到煤层气普查程度。主要可采煤层含气量为 2.67～5.67m³/t，单直井峰值产气量超过 1200m³/d。预测 2000m 以浅煤层气资源量约 190×10⁸m³。

后峡矿区预测面积约 1830km²，开展煤层气调查和预探项目各一个，施工煤层气参数井、排采试验井 15 口，实测煤层含气量为 1.71～12.60m³/t，甲烷含量为 75.15%～89.78%。单直井最大产气量达到 1600m³/d，稳产在 1000m³/d 以上。预测 2000m 以浅煤层气资源量约 937×10⁸m³。

达坂城矿区预测面积约 560km²，整体达到煤层气普查程度。施工参数、排采试验井 4口，含气量最大 6.62m³/t，甲烷浓度最高为 94.74%，单井最高产气量超过 1000m³/d。预测 2000m 以浅煤层气资源量约 688×10⁸m³。

艾维尔沟矿区面积约 70km²，整体达到煤层气预探程度，施工煤层气参数、排采试验井 15 口，实测煤层含气量为 4.04～14.2m³/t，甲烷浓度多大于 70%。预测 2000m 以浅煤层气资源量约 100×10⁸m³。

二、煤层气开发

2014 年以来，准噶尔盆地南缘先后实施了阜康白杨河、阜康四工河、乌鲁木齐河东 3 个煤层气开发利用示范工程（先导试验）和吉木萨尔水溪沟瓦斯综合治理工程，并取得显著的开发效果，引领了全疆的煤层气开发工作，新疆煤层气开发获得实质性的产量突破，奠定了新疆继山西、内蒙古之后成为中国第三个煤层气开发热点区。截至 2020 年 10 月，准噶尔盆地南缘阜康白杨河、阜康四工河、乌鲁木齐河东和吉木萨尔水溪沟 4 个开发项目区块现有煤层气生产井共计 283 口，建成煤层气产能 $2.0 \times 10^8 m^3/a$，由于乌鲁木齐河东处于建产初期、吉木萨尔水溪沟区块尚未见产及阜康白杨河区块暂时关停等原因，2020 年实际产气量为 $3462.65 \times 10^4 m^3$，所产煤层气经处理、增压制备成 CNG 后供给附近工业园区、CNG 加气站使用。各开发区块具体介绍如下。

1. 阜康白杨河区块

2014 年，新疆维吾尔自治区国土资源厅批准了"新疆阜康市白杨河矿区煤层气开发利用先导性示范工程"项目，施工 3 口参数井及 51 口生产井，压裂 147 层，建成 24 座标准化井场，敷设集输管线 20.36km，建成一座日处理能力 $10 \times 10^4 m^3$ 的煤层气集气处理站（图 1-2-3），形成地面开发年产能 $3000 \times 10^4 m^3$。截至 2015 年底，51 口生产井全部进入排采阶段。2016—2017 年，在示范工程的基础上，新疆煤田地质局一五六队开展了二期产能扩大建设，在区块西部继续施工生产井 14 口，区块总井数达到 65 口。经排采试验，在 2018 年 10 月关停前，产气量已达到 $6.5 \times 10^4 m^3/d$，单直井最高产气量为 $6200 m^3/d$，产气量超过 $2000 m^3/d$ 的井有 8 口，$500 \sim 2000 m^3/d$ 的井有 33 口。所产煤层气一部分以 CNG 形式供汽车加气站使用，另一部分以管道形式供工业园区使用。该区块作为新疆第一个煤层气开发利用示范基地，实现了新疆煤层气开发的重大突破，对后续煤层气开发利用起到先导示范作用。

图 1-2-3　阜康白杨河煤层气开发利用先导性示范工程现场

2. 阜康四工河区块

在前期勘探成果的基础上，"十三五"期间完成了四工河煤层气开发先导试验，累计完成参数井和开采试验井62口，敷设集输管道15.76km，建成年处理能力达$1.0 \times 10^8 m^3$的煤层气集气站和煤层气压缩站（CNG厂）各一座，装机容量$30 \times 10^4 kW$瓦斯电厂一座，加气站一座（图1-2-4）。日产气（$11.2 \sim 17.5$）$\times 10^4 m^3$，最高年产煤层气$5606.5 \times 10^4 m^3$。其中，丛式井单井日产气$697 \sim 28084 m^3$，创国内单直井日产气$2.8 \times 10^4 m^3$高产纪录。水平井单井最大日产气$5200 \sim 35000 m^3$，也取得了很好的产气效果。所产煤层气主要用于CNG加气站，少量用于瓦斯发电站。

图1-2-4 阜康四工河煤层气开发项目现场

3. 乌鲁木齐河东区块

2017—2018年，乌鲁木齐河东区块实施煤层气开发利用先导性试验项目建设，施工7口定向井、10口水平井，加上前期勘探施工的排采试验井，共形成生产井28口，配套建设日处理能力$7.5 \times 10^4 m^3$的集气处理站一座，敷设输气管线13.45km，建成年产能$2000 \times 10^4 m^3$。于2018年12月10日向米东区城镇燃气管网输气，为乌鲁木齐市冬季民生用气提供一定保障。

2019—2020年，乌鲁木齐河东矿区接续实施煤层气示范工程，施工生产井72口，结合先导性试验的生产井，总计建成产能$0.5 \times 10^8 m^3/a$。区块产气量最高的井为W3-L1井，2018年11月8日开始排采，为一口L型井，煤层深度为$624.00 \sim 1102.38 m$，起始流压为7.518MPa，平均产气量为$3717 m^3/d$，最高产气量为$5135 m^3/d$（图1-2-5）。

4. 吉木萨尔水溪沟区块

自2019年起，实施吉木萨尔水溪沟区块煤矿瓦斯治理项目，截至2020年底，共施工煤层气参数井、生产井30口，配套建设了集气管网等地面设施。现有生产井27口（投产23口），各煤层气井初见气或正处于提产阶段，区块产气量为$3.1 \times 10^4 m^3/d$，单井平均产气量超过$1500 m^3/d$，产气最好的井——JS-5井产量接近$3000 m^3/d$（图1-2-6），开发效果良好。

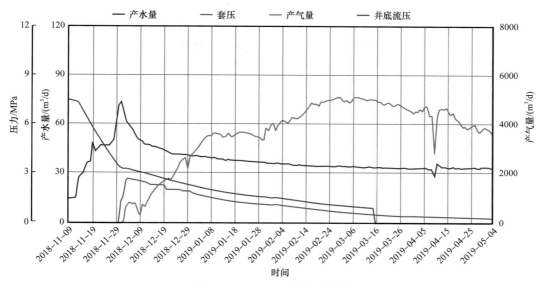

图 1-2-5　W3-L1 井排采曲线

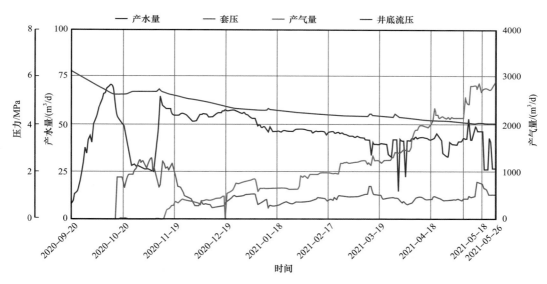

图 1-2-6　JS-5 井排采曲线

第三节　煤层气理论与勘探开发工程技术攻关

　　新疆煤层气勘查开发工作向前发展离不开科技攻关的助力。"十三五"以来，国家和自治区科技主管部门对新疆煤层气工作给予了较多的重视和支持，国家科技重大专项、自治区重点研发专项、自治区自然科学基金均设立了相关项目或课题，针对新疆煤层气理论和勘探开发工程技术进行攻关研究。特别是国家"十三五"科技重大专项项目"新疆准噶尔、三塘湖盆地中低煤阶煤层气资源与开发技术"，针对新疆煤层气开发中的问题和难题进行研究和试验，创新形成了6项技术，很大程度上解决了制约新疆煤层气开发的技术瓶颈，单井产量和开发效益有了较大的提高，基本形成了适应新疆地质特点的中低煤阶煤层气资源评价与选区的理论体系、中低煤阶煤层气勘探开发工程技术系列、煤矿瓦斯安全抽采技术系列及装备，为煤层气地面开发建设和煤矿区瓦斯抽采提供了重要支撑，新疆煤层气理论与技术水平及科技攻关能力向前推进一大步。

"新疆准噶尔、三塘湖盆地中低煤阶煤层气资源与开发技术"项目申报国家发明专利38项（获得授权18项），编写行业、企业标准共3项，出版专著8部，发表论文172篇（其中SCI/EI 60多篇），形成的成果代表了当前新疆煤层气理论和技术的现状和最新成果，现将其成果概述如下。

一、煤层气地质

以新疆地区长期勘探开发实践中总结的低煤阶煤层气聚集规律为理论基础，通过国内外低煤阶煤层气区块的广泛对比、分析及研究，提出了新疆中低煤阶煤层气藏的形成演化模式及煤层气富集特点，由此形成新疆中低煤阶地质选区评价标准，大大丰富了我国低煤阶煤层气领域的地质理论体系，与国外迥异的低煤阶煤层气地质勘探理论也为新疆地区煤层气勘查指明了思路。通过全面深化的理论研究结合实际应用，获得的成果主要有以下6项：

（1）从构造、沉积、水文三方面深入探讨了准噶尔盆地南缘与三塘湖盆地煤层气富集成藏的地质主控因素；阐明了现今应力场、构造变形及构造类型对煤层气富集的控制作用；分析了煤层厚度、顶底板岩性、成煤环境与层序地层格架等沉积要素对煤层气富集成藏的影响；基于区域水动力场差异分布研究成果，从不同水动力背景和相同水动力背景不同构造类型两个方面探讨了水文地质条件对煤层气富集成藏的制约；剖析了不同地区沉积、构造、水文耦合作用下的煤层气富集成藏动态过程，提炼出典型的煤层气富集成藏模式。

（2）以准南乌鲁木齐河东矿区西山窑组43号煤层和45号煤层为主要解剖对象，采用聚焦离子束扫描电镜纳米孔三维精细表征实验、X射线微米CT（μ-CT）孔裂隙和矿物相三维定量表征实验、数值模拟与数学分析等手段，开展了煤储层孔裂隙跨尺度精细描述和三元孔裂隙中渗流、扩散与解吸特征研究；预测了研究区影响煤储层可改造性的关键地质要素，并利用层次分析和模糊数学方法，建立了适合研究区的煤储层可改造性评价指标体系，实现了对河东矿区煤储层可改造性有利区块预测。

（3）研究提出"综合考虑温压场和煤级的深部煤储层含气量预测模型"，并成功运用到新疆科林思德新能源有限责任公司准噶尔盆地南缘阜康四工河区块深部煤层气开发层位和井位优选中，确保在新井布控及钻探过程中准确钻遇深部高含气性煤层。并将研究的关于深部中低阶煤层气扩散、渗流作用机制、深部煤层气可采性评价等理论和技术成果应用于阜康西区14口深部煤层气井排采制度优化，实现单井平均日产气量3208m³。

（4）深入剖析准噶尔盆地、三塘湖盆地中低煤阶煤层气体成分展布规律及煤层气成因，明确了低煤阶煤层气"CO_2还原"与"乙酸发酵"生物成因路径，分析了自生型CO_2聚集特点，确定了"外源性N_2浓度≤20%"的煤层气风化带科学划定依据，合理划定了准噶尔盆地、三塘湖盆地各区块的风化带深度，有效指导了准噶尔盆地南缘乌鲁木齐河东矿区煤层气开发实践，使新疆煤田地质局一五六煤田地质勘探队实施的浅部煤层气排采试验井目的层深度由以往的650m调整到450m，相应部署的煤层气井W2-L1井、W7-L1井的目的层深520～550m，产气量在排采3个月后迅速达到2377m³/d、2193m³/d，排采效果较好。

（5）全面跟踪准噶尔盆地、三塘湖盆地煤层气勘查开发进展，总结了准噶尔盆地、三塘湖盆地的区域地质、煤层厚度及展布、煤岩煤质、含气性、渗透性、地层压力系统、水文地质条件等煤层气基本地质特征，开展了煤层气资源量估算，获得准噶尔盆地、三塘湖盆地煤层气资源量为$2.41×10^{12}m^3$，1500m以浅的可采资源量为$0.63×10^{12}m^3$。

（6）研究制定了Q/XMDZ 001—2020《新疆地区中低煤阶煤层气地质选区评价方法》，并应用该方法优选出阜康、乌鲁木齐河东、淖毛湖、吉木萨尔水溪沟等8个煤层气勘探有利区块，结合准南煤层气成藏控制因素以及煤层"倾角大、层数多、厚度大、热演化程度低"等特征，提出了资源调查有利区、勘探部署"甜点区"、开发工程"甜点段"的评价指标体系。其中，在准噶尔盆地南缘优选的4处煤层气勘探有利区中的乌鲁木齐河东区块、吉木萨尔水溪沟区块先后于2019年、2020年实施煤层气规模性开发，乌鲁木齐河东区块钻井72口，吉木萨尔水溪沟区块钻井27口，现仍处于产能建设阶段，初步产气效果良好，验证了勘探选区研究成果的有效性。

二、煤层气勘探开发工程技术

针对新疆大倾角、多厚煤层的地质特点，经过5年的攻关，在工程技术方面重点开展钻井、压裂、排采等方面的研究，形成了大倾角、多厚煤层煤层气勘探开发工程技术系列，主要包括：

（1）钻井工程方面形成了适用于大倾角、多厚煤层的快速钻完井技术，能有效解决井身质量、复杂情况的问题。该技术集合了低伤害无固相钻井液体系、低密度固井水泥浆体系、钻具组合优化技术和丛式井及顺煤层井井眼轨迹优化等技术，在新疆阜康东部沙沟以及乌鲁木齐米东区块现场累计试验20口井，井身质量合格率为97%，平均钻井周期11天；顺煤层井钻井现场试验10口井，成本指标符合要求，煤层钻遇率为90%。其中，通过井壁稳定性影响分析和煤岩的理化性能分析，研发了无黏土相高性能钻井液体系，并在北8-向1井、北8-向2井、东7-L1井和东7-L2井4口井进行现场试验，结果表明，无固相低伤害强抑制水基钻井液体系具有良好的抑制、防塌、携岩和储层保护效果，且能提高机械钻速，确保了北8-向1井、北8-向2井、东7-L1井和东7-L2井4口井在斜井段、水平井段的安全、顺利施工；开展了针对性的钻井设备优选、钻头选型、钻具组合优化研究，提高了钻完井速度和质量；对比不同完井方式增产效果，得出套管射孔完井是最适宜研究区低煤阶低渗透煤层条件下的完井方式，并在各先导试验区广泛使用，有效指导了煤层气勘探开发工作；以顺煤层井井身结构优化、井眼轨迹优化、定向与地质导向技术为主的顺煤层井开发技术，应用于乌鲁木齐米东区块众多的顺煤层井施工中，缩短了钻井周期，节约了钻井成本，避免了由于靶区垂深不确定和造斜率不确定而引起的储层钻遇率降低风险，提高了储层钻遇率和钻井效率，实现了顺煤层气井快速钻完井，很好地满足了研究区煤层气开发的需要。

（2）压裂方面集成了"多厚煤层选层选段 + 多类型分层 / 暂堵压裂 + 高效压裂液"的新疆中低煤阶大倾角多厚煤层压裂技术，实现了同井多层的高效压裂。其中，研发的 MEC 压裂液伤害率为 15.6%，摩阻为清水的 31.5%，悬砂能力为清水的 20 倍以上，现场试验 5 口井，施工排量为 7.0～9.4m³/min，压裂液降阻效果好，加砂量明显增多；优化开发的适用于 L 型井的水力喷砂射孔 + 连续油管底封拖动分段快速压裂工艺，缩短了单层压裂施工周期，实现了对单层的充分改造，更有效地突破了近井地带的伤害，更好地沟通了储层与井筒，配合降摩阻性能好、携砂性能强的清洁压裂液，大幅度降低了施工摩阻损耗，能够用较高的排量对储层进行大规模压裂。开展了 7 口顺煤层走向的 L 型井、35 层的水力喷砂射孔 + 连续油管底封拖动分段快速压裂工艺试验，取得了良好的压裂效果；针对多井开展压裂裂缝监测，获得裂缝延展方向及长度等数据，建立了单井压裂控制范围的模型，从而确定了全区压裂规模，为区内生产井布设提供了重要依据；利用压裂层段优选的研究成果，对各井煤的压裂选层、选段提供技术支持，制定了射孔的位置尽量靠近煤层上部、射孔厚度 4～8m、分段射开的段数不超过 3 段、单段厚度以 2～5m 为宜等基本原则。

（3）排采工艺方面形成适用于大倾角、多厚煤层的连续排采工艺技术，包括基于三维杆柱力学的排采防偏磨优化技术和基于缓蚀剂的防腐技术，有效延长检泵周期，保障排采效果。其中，基于三维杆柱力学的排采防偏磨优化技术，在新疆阜康东部沙沟以及乌鲁木齐米东区块应用了 10 口井，利用该方法计算了最大、最小载荷，与实测功图最大、最小载荷平均误差小于 6%。利用该防偏磨优化技术指导了阜康白杨河区块煤层气井的检泵设计和排采，有效延缓了杆管偏磨问题，延长了检泵周期 99 天，提高了排采的连续性；通过腐蚀评价与研究，提出了添加缓蚀剂和阴极保护两种减缓腐蚀的技术方法，可以有效减缓腐蚀的影响。防腐、防偏磨排采工艺应用于近 50 口井的排采，效果明显，有效地减小了设备腐蚀和偏磨，延长了检泵周期，其中 FS-73 井、FS-77 井、FS-79 井和 FS-80 井平均检泵周期达 500 天。

（4）排采管控方面建立了大倾角储层基于气水分异作用的扇形压降传播理论，形成了适应于新疆煤层气生产特点的"五段三点两控制排采法"（五个排采阶段、三个关键点、两个关键控制指标），指导了新疆煤层气井的排采，形成了排采管理系统软件和技术规范，达到了保护储层、最大限度扩展压降面积、最大限度释放产能的目的，夯实了多煤层合排工艺的基础，降低了排采生产成本。"五段三点两控制排采法"在新疆阜康东部沙沟区块、乌鲁木齐米东区块开展了现场应用，指导了 50 口井的排采制度制定，特别是阜康白杨河区块，二期煤层气井与一期煤层气井相比产量提高 17.7%。

（5）深部煤层气开发技术方面揭示了地应力、温度、水动力"三场"特征，建立了深部储层变温压条件下含气性评价模型，认识了深部煤储层强应力敏、强速敏以及中等—偏弱酸敏、碱敏、盐敏特性，优化了深部 U 型井、L 型井等大位移水平井钻井套管固井完井技术，开展了深部丛式井和 U 型水平井钻井试验。针对深部储层倾角较大、单层厚度大、应力敏感性和速度敏感性强的特点，提出"控制排量、多级铺砂"压裂技术思路，开展了多煤层丛式井和大位移水平井分段压裂技术试验以及丛式井厚煤层光套管多级铺砂压裂试验。探索了深部无杆泵排采和智能控制技术，实现深部煤层气井稳定排采，深部煤层气井单井平均产量可达到 3208m³/d，取得了较好的产气效果。通过技术试验，优化和集成了适应四工河先导试验区深部煤层气开发的工程技术与工艺。

三、煤矿区煤层气抽采

通过测试新疆煤层气储层多元物性参数，构建了煤层气运移的数学耦合模型，确定了多重采动下的卸压特征、裂隙发育特征，量化了其对覆岩破坏的影响，提出了针对大倾角多煤组矿区煤层气井上下联合开发的先期开发模式、采动期井上下联合卸压煤层气开发模式，提出"避、抗、让、防、疏"5 字理念的采动区地面井井位及结构设计技术。采动区地面井抽采试验表明：（1）从工作面距离地面钻井 20m 处，地面钻井开始起作用，到工作面推过钻井 90m，地面钻井一直有抽采效果；（2）在地面钻井抽采煤层气效果好的情况下，工作面的回风浓度降低，反之亦然，说明地面钻井对治理回采工作面煤层气起到了很好的效果；（3）在地面井稳定运行过程中，煤层气开发率为 40%～76%，平均为53%。由矿区此前最好的 30%，抽采率提升后稳定在 50% 以上，取得了较好的抽采效果；研发了高寒地区低浓度煤层气蓄热氧化高效供暖工艺技术及装备，完成了新疆焦煤 2130煤矿 3×65000m³/h 瓦斯蓄热氧化供热系统初步设计，编制了神华新疆能源有限责任公司乌东煤矿 2×60000m³/h 蓄热氧化供热系统可行性研究报告；在 2130 煤矿 11221–1 工作面进行了总计 176 个钻孔的顺层钻孔试验，取得了非常好的抽采效果，共抽采纯煤层气量为 150034.48m³；在 2130 煤矿立风井 +1830 水平回风石门、25213 工作面、25222 运输巷等试验地点开展了钻进、水力压裂、封孔提浓、下向长钻孔取样等试验，抽采效率明显提升，初步满足了首采煤层抽采要求，形成了适应大倾角多煤组等新疆地区煤层赋存条件的钻割一体、割压协同增渗、分段封孔与增渗、多煤组压裂效果联合检验与评价、抽采钻孔高效封孔提浓及效果评价等成套技术及装备。

第二章 煤层气地质特征

煤层气富集成藏过程受构造、沉积、水文以及储层地质等多因素耦合控制影响。其中，构造作用贯穿煤层气富集成藏全过程，且构造样式和区域构造格架是控制煤层气成藏的根本要素；沉积作用通过聚煤特征、含煤岩系岩性、岩相组成及其空间组合等影响煤层气的富集保存条件；水文地质条件对生物成因气的形成、运移、富集，以及热成因气的保存或逸散均存在明显的控制作用。简言之，三者之间有效耦合的配置关系是决定准噶尔盆地南缘能否形成大规模高丰度煤层气藏的关键。

第一节 成煤环境控气作用

一、沉积控煤作用

1. 层序格架对八道湾组煤层的控制作用

八道湾组时期，聚煤作用主要发生在三级层序 SQ1 和 SQ2 形成期。在准噶尔盆地南缘东部地区，由于博格达山区域提供少量物源供给，细粒三角洲和湖泊相发育，有利于成煤作用。在三级层序 SQ3 沉积期，辫状河三角洲大规模发育，地层向盆地中心呈进积的叠置样式，湖盆萎缩；此阶段，准噶尔盆地南缘东部聚煤中心被辫状河三角洲冲刷覆盖，全区煤层发育较差。整体看来，八道湾组沉积期，在构造作用控制下，随着古地理的演化，在不同的三级层序时期，煤层的发育与分布不同。在三级层序划分方案下，以体系域为单位对煤层厚度进行统计，发现八道湾组煤层主要发育在湖侵体系域（EST）（图 2-1-1）。

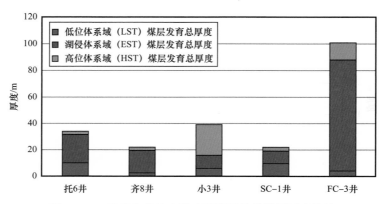

图 2-1-1　准噶尔盆地南缘八道湾组钻井煤层厚度统计

通过对岩相古地理演化及钻孔煤层发育特征的研究，发现在八道湾组沉积期，准噶尔盆地南缘相对靠近物源，坡度较大。由于天山剥蚀区产生大量物源输入，在低位体系域时期，物源输入速率大于可容空间增长速率，辫状河三角洲沉积大量发育。此阶段，煤层发育较少，仅在河道间湾发育少量薄煤层，煤层厚度薄，连续性差，煤层顶底板以砂岩为主。

湖侵体系域时期，基准面的快速上升使得可容纳空间增长速率加大，大于物源的供给速率。三角洲呈退积状分布，存在大量的泥炭沼泽（图 2-1-2）。此阶段，所形成的煤层厚度大且连续性强。高位体系域时期，随着基准面上升速率减缓，三角洲进积，滨湖沼泽被河道砂体覆盖，仅在河道间湾地区发育少量煤层。

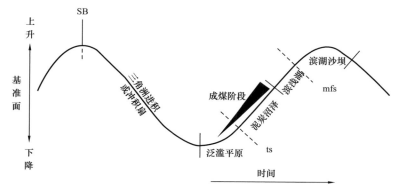

图 2-1-2　八道湾组煤层发育示意图
SB—层序边界；ts—初始湖泛面；mfs—最大湖泛面

2. 层序格架对西山窑组煤层的控制作用

西山窑组沉积时期，湖盆总体开始收缩，来自天山的物源开始向北迁移，辫状河进一步发育。三级层序 SQ5 和 SQ6 时期，准噶尔盆地南缘存在 3 个聚煤中心，分别为米泉、硫磺沟、玛纳斯地区。在层序格架内部，煤层主要发育在低位体系域和高位体系域（图 2-1-3）。

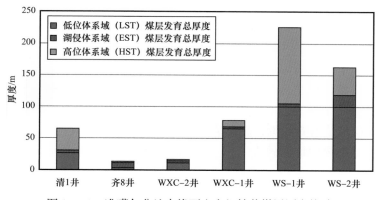

图 2-1-3　准噶尔盆地南缘西山窑组钻井煤层厚度统计

　　三工河组沉积时期，存在大范围的湖侵，潜水面较高且可容纳空间较大。西山窑组沉积时期，沉积环境对此有一定的继承，低位体系域仍然存在较大的可容纳空间，在此背景下，辫状河三角洲朵叶体间物源输入较少，泛滥平原大面积沼泽化，煤层开始广泛发育（图 2-1-4）。

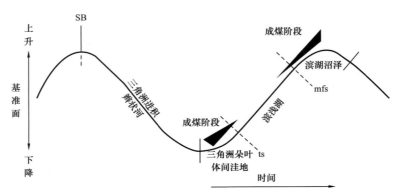

图 2-1-4　西山窑组煤层发育示意图
SB—层序边界；ts—初始湖泛面；mfs—最大湖泛面

　　湖侵体系域时期，辫状河三角洲发生退积，在泛滥平原地区由于经过天山物源区削高填低和三工河组时期大范围湖侵，地势较为平坦，泥炭沼泽被迅速淹没，导致煤层发育较少。高位体系域时期，湖泊开始退积，聚煤作用再次发生，以泛滥平原成煤和滨湖沼泽成煤为主。

二、沉积控气作用

　　煤岩既是煤层气的生烃母质，也是煤层气的储集空间。较大的煤层厚度有利于形成煤层气的自身封闭作用，对于富集煤层气资源具有重要作用（Paul et al., 2011; Karacan et al., 2012; Kalam et al., 2015）。一般来说，煤层厚度越大，煤层气资源量和含气量也就随之增大。如图 2-1-5 所示，对比钻井岩心柱状图中煤层厚度与煤层含气性的地质关联，发现煤层厚度越大，煤层中含气量越高，进一步表明厚煤层中存在煤层气成藏的自身封闭作用（伏海蛟等，2015）。

　　泥岩、石灰岩、致密砂岩均可以为煤层气富集保存提供有效的封闭条件，且泥质含量越高盖层封堵性能越好（Grimm et al., 2012; 王德利等，2013; 李勇等，2014）。准噶尔盆地南缘中—下侏罗统煤层顶板岩性受沉积环境控制变化较大，以其中段地区为例，呼图壁与玛纳斯等地区以粗砂岩为主，硫磺沟以细泥岩为主（图 2-1-6），煤层顶板封堵条件存在区别。但是，对比两个地区煤层顶板岩性与煤层含气量之间的关系，砂质与泥质盖层均可对煤层形成有效封堵，且砂岩顶板封盖煤层含气量同样可达 $6m^3/t$。分析认为，参数井 1 与参数井 2 煤层埋深较大（大于 1000m），强烈的压实作用导致砂岩储层不断胶结致密，低渗透性能可对煤层形成有效封堵。因此，准噶尔盆地南缘砂质顶板除可能形成致密砂岩气藏外，也可对其下部煤层形成有效封堵。

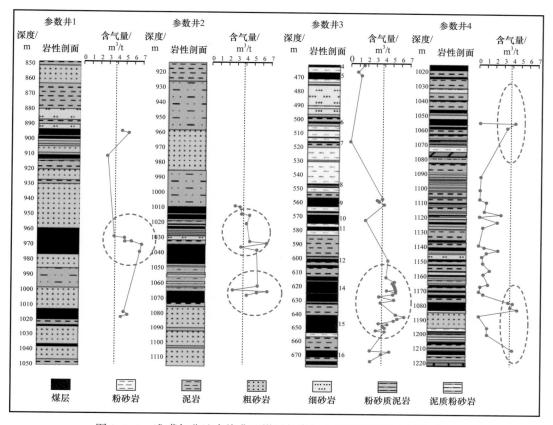

图 2-1-5　准噶尔盆地南缘典型煤层气参数井岩性剖面和含气量对比

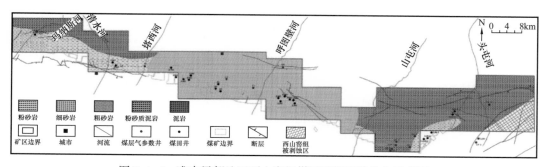

图 2-1-6　准南局部地区西山窑组煤层顶板岩性分布示意图

　　成煤古环境指泥炭层形成过程中的古地理条件、古地貌、古气候等。一般来说，成煤环境不仅直接影响形成煤的厚度以及连通性，对煤层顶底板岩性封闭能力也有重要的控制作用。此外，成煤古环境还控制着煤中物质成分、煤层生气潜力以及物性条件。王勃等（2009）认为准噶尔盆地南缘煤相类型以干燥泥炭沼泽相与潮湿森林泥炭沼泽相为主，高位泥炭沼泽相次之，该类煤相的煤储层具有较好的甲烷吸附能力与渗透性条件，有利于煤层气富集保存。

　　研究发现，在湖湾地区滨浅湖成煤厚度较大，且多被细粒沉积物所覆盖，盖层条件好，含气量高；在三角洲平原前缘地区多被粗砂岩覆盖，无良好的盖层，含气性较差；在辫状河相中成煤厚度较薄，含气量低。对比层序地层格架与煤储层含气性，可见层序地层格架下体系域对煤层含气性具有明显的控制作用。一般来说，湖侵体系域成煤厚度大，上覆多为较细粒沉积体，煤层含气量呈逐渐上升趋势；高位体系域成煤厚度较薄，易于受到物源方向的粗粒沉积覆盖，盖层封闭性条件较差，导致含气量大幅度减小。

第二节　构造地质控气作用

构造条件是控制煤层气富集成藏最重要的地质因素，主要体现在基底构造、成煤期构造对聚煤作用的控制，以及成煤期后的构造强度对煤层的破坏作用，直接影响煤层含气性与开发工程地质条件。

一、构造演化控煤作用

准噶尔盆地为中—新生代大型坳陷盆地，在相邻板块挤压作用下演化形成，其叠加于晚古生代海陆过渡相沉积盆地之上，古老基底为前震旦纪强磁性刚性结晶地块（吕嵘等，2005）。二叠纪时期，准噶尔盆地受到区域性南北向挤压应力的影响，形成了以北西西向为主的大型隆坳相间的构造格局。基于此，以二叠系沉积时的构造格局为基础，可将盆地划分为6个一级构造单元，分别为陆梁隆起、乌伦古坳陷、北天山山前冲断带、西部隆起、中央坳陷以及东部隆起。其中，北天山山前冲断带指准噶尔盆地南缘紧邻天山的区域，自西向东由四棵树凹陷、齐古断褶带、霍玛吐背斜带、呼安背斜带、阜康断裂带5个二级构造单元组成，是一个以晚海西期前陆湖陷为基础，经长期发育、多期叠合的继承性构造带。

晚古生代开始，准噶尔盆地相继经历了海西、印支、燕山、喜马拉雅等多期构造运动，构造演化控制了准噶尔盆地南缘现今构造格局的形成、聚煤作用的发生以及煤系地层的改造（图2-2-1）。其中，燕山运动、喜马拉雅运动对于准噶尔盆地南缘煤系地层后期改造强烈。尤其是第四纪以来，煤系地层进一步受到强烈的挤压作用，导致强烈变形。其中，上新世末期的喜马拉雅运动Ⅲ幕影响到变形后缘的山前推举带；此外，早更新世晚期的新构造运动，变形传递到变形中带和前锋带，形成第二、第三排背斜，整个南缘地区构造此时基本定型。在此期间，准南西部地区主要表现为发生在北天山山前地带的基底卷入式逆冲作用，准南东部变形主要表现为沿博格达山前的基底卷入式逆冲作用。整体看来，天山隆起造成的向北推覆，使煤系地层形成北西向的线型构造断褶带和北东东—南东东向的线型构造断褶带。此阶段，整个准南地区受到强烈的南北向挤压应力作用，形成一系列山前褶皱。褶皱类型主要包括背斜、向斜和复合褶皱，在挤压作用强烈的地区甚至形成倒转向斜（如大黄山地区的黄山—二工河倒转向斜），导致煤层产状陡倾，部分地区含煤地层近乎直立。换言之，在盆地南缘多期次的逆冲推覆背景下，研究区内高陡煤层普遍发育，造成了特殊的推覆构造作用下形成的大倾角煤层的发育特征。此外，构造演化还决定了现今准南的构造类型，如单斜、背斜、向斜、断层等，不同构造类型中煤储层构造应力与甲烷吸附性能存在差异，从而具有不同的煤层气富集成藏条件。

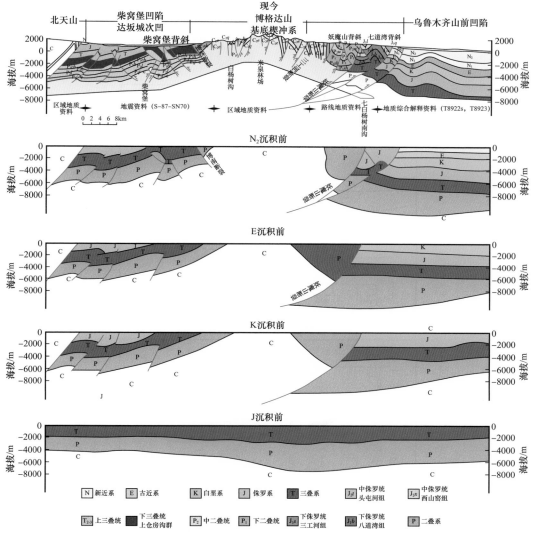

图 2-2-1 准南地区北天山—博格达山—米泉地区地质演化剖面（据李丕龙等，2010）

二、构造演化控气作用

准噶尔盆地南缘整体表现为大型北倾单斜断块构造，局部地区发育次级褶皱（背斜与向斜）与伴生逆断层。受乌鲁木齐—米泉走滑大断裂影响，准南中部硫磺沟—西山地区褶皱轴线开始由北北西向逐渐转为北北东向，多层次复合褶皱构造（向斜 + 背斜 + 向斜），最终定型于晚喜马拉雅运动。此外，东部阜康地区受喜马拉雅期博格达山向南推覆作用的影响，同样发育多层次复合褶皱构造，煤系地层表现出高陡倾特征。根据构造应力与构造组合特征，准噶尔盆地南缘主要识别出单斜、背斜、向斜及断层 4 类控气构造。

　　截至目前，研究区煤层气参数井主要部署于向斜与单斜构造。基于玛纳斯、呼图壁与硫磺沟等地区的煤层气参数井数据可知，向斜构造西山窑组平均含气量（4.63～6.34m³/t）明显大于单斜构造（2.84～4.13m³/t）。分析认为，单斜构造煤层气富集成藏主要受水文地质条件控制，但向斜构造煤层气成藏过程中水动力与构造应力均可起作用。此外，阿克屯向斜煤层气含量变化规律表明，向斜构造煤层气含量由两翼向轴部逐步增大（图2-2-2）。

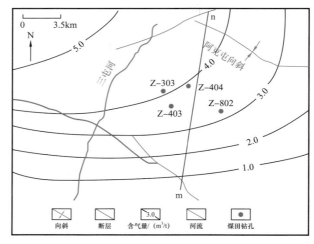

(a) 三屯河地区构造元素与含气量分布

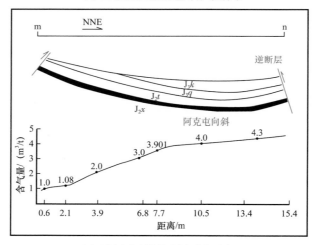

(b) 阿克屯向斜构造形态与含气量关系

图2-2-2　三屯河地区构造样式与含气量的关系（据王安民等，2014）

　　以准南硫磺沟矿区为例，探讨性分析断层类型对煤层气富集的控制作用。如图2-2-3所示，大量逆断层分布的西南部地区煤层气含量明显大于系列正断层密集分布的东南部地区，即逆断层相比正断层更有利于煤层气富集保存。区域上，准噶尔盆地南缘断层类型以逆断层为主，正断层发育较少，结合硫磺沟矿区断层类型与煤储层含气性的关系，认为研究区广泛发育的封堵性断裂构造有利于形成大规模的煤层气藏。

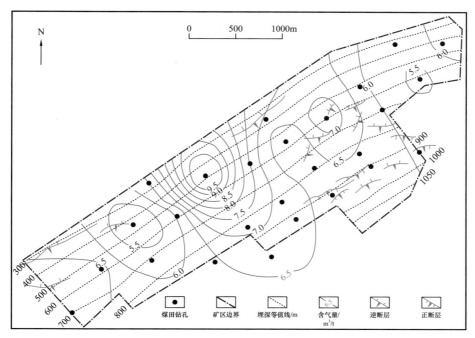

图 2-2-3 淮南硫磺沟矿区 4 号、5 号煤层埋深与含气量等值线（据周三栋等，2015）

第三节 水文地质控气作用

水文地质条件控制着煤层气的保存和运移，是影响煤层气富集成藏的重要地质因素。水动力背景不同的地区，煤层气的赋存规律也存在较大的差异。一般来说，地下水活动强烈的地区，煤层气倾向于随地下水活动逸散，导致煤层气含量降低；与此同时，弱径流、滞留的地下水环境有利于煤层气的保存。需要注意，对于生物成因煤层气占有很大比例的低煤阶地区来说，低矿化度、pH 值为中性、还原环境有利于产甲烷菌生存和产气。

一、水文地质单元和类型

通过统计准噶尔盆地南缘主要煤矿的水文地质参数［即水头高度、总溶解固体（TDS）值和常规离子浓度］，发现不同地区的水文地质条件存在明显差异。例如，TDS值由西向东变化明显，乌苏地区相对较高（695～15456mg/L），玛纳斯—呼图壁地区非常低（338～3808mg/L），硫磺沟地区相对较高（1000～10592mg/L），米泉地区异常高（1938～44490mg/L），阜康地区相对较高（1174～15600mg/L），吉木萨尔地区非常低（1300mg/L）。由表 2-3-1 可知，TDS 值随水头高度的减小而增大，水型也逐渐由 HCO_3.SO_4-Na 和 SO_4.HCO_3-Na（如玛纳斯—呼图壁）转化为 Cl.SO_4-Na 和 Cl.HCO_3.SO_4-Na（如米泉）。基于水头高度、TDS 值和常规离子浓度的差异性变化，可将准噶尔盆地南缘的水文地质单元进行划分。一般来说，水文地质单元边界多是通过地质边界、阻水构造和封闭性断层来确定（Gusyev et al.，2013）。其中，封闭性断层由于其导水性较差，常被用来划分不同的水文地质单元。勘探实践表明，准噶尔盆地南部广泛发育封闭断层（即逆断层和走滑断层）。其中，逆断层 F1 和 F2 分别为北天山山前断层和博格达山山前断层（图 2-3-1）。此外，乌鲁木齐—米泉走滑断层也是一条重要的封闭性断层，对周边地区构造沉降、沉积和水文地质特征有重要影响（Fu et al.，2017）。在煤田勘探过程中，也发现了逆断层（即 F5 和 F6）和走滑断层（即 F3 和 F4）（图 2-3-1）。综合区域主要水文地质参数的变化以及封闭性断层的分布，准噶尔盆地南缘可划分为乌苏、玛纳斯—呼图壁、硫磺沟、米泉、阜康、吉木萨尔和后峡 7 个水文地质单元。

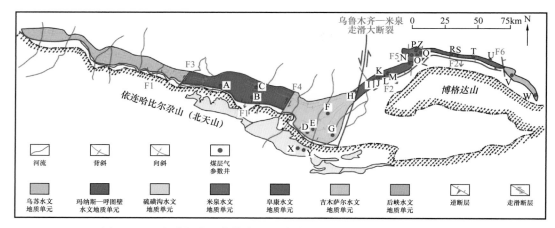

图 2-3-1　准噶尔盆地南缘水文地质单元划分与煤层气参数井部署图

二、煤层气组分差异性变化

按照水动力场由弱到强，准噶尔盆地南缘水文地质类型可依次划分为封闭性滞留区、开放性局部滞留区和开放性弱径流区。在封闭性滞留区（米泉），煤层气藏中 CH_4 浓度平均为 69.48%，CO_2 浓度平均为 25.54%，N_2 浓度平均为 4.80%；在开放性局部滞留区（硫磺沟、阜康），煤层气藏中 CH_4 浓度平均为 82.74%，CO_2 浓度平均为 14.33%，N_2 浓度平均为 2.21%；在开放性弱径流区（玛纳斯—呼图壁、吉木萨尔和后峡），煤层气藏中 CH_4 浓度平均为 80.10%，CO_2 浓度平均为 3.60%，N_2 浓度平均为 16.16%。对比分析可知，高浓度 CO_2 主要赋存于高矿化度地区（开放性局部滞留区与封闭性滞留区），而高浓度 N_2 却与活跃的水体环境密切相关（开放性弱径流区）。分析认为，高浓度 N_2 与开放性水体环境地表水补给形成的 N_2 循环有关（表 2-3-2）。

一般来说，干燥系数（C_1/C_{2+}）可被用于区分生物成因气（1000～4000）与热成因气（<100）（Gurgey et al.，2005）。统计分析表明，准噶尔盆地南缘大部分气样的干燥系数为 1000～4000，且干燥系数为 58～100 的区域主要存在于深部地层（即 801～1396m）（表 2-3-2），进一步表明该区生物成因气在浅部煤层广泛发育。对比国际上典型的中—低煤阶含煤盆地，准噶尔盆地南缘的甲烷浓度明显低于美国（粉河、黑勇士和圣胡安等盆地）与澳大利亚（苏拉特与鲍文等盆地），N_2 和 CO_2 浓度却表现出完全相反的趋势（Flores et al.，2008；Kinnon et al.，2010；Hamilton et al.，2014；Pashin et al.，2014）。

表 2-3-1 准噶尔盆地南缘水文地质参数统计

水文地质单元	边界	编号	煤矿	含水层	埋深/m	Cl/mg/L	HCO$_3^-$/mg/L	SO$_4^{2-}$/mg/L	水型	矿化度/mg/L	单位涌水量/L/(s·m)	渗透系数/m/d
乌苏	F1和F3	1	SKS	西山窑组	1331~1570	n	n	n	n	1556~7008	0.00116	n
		2	HS	八道湾组	1519	1050	1046	1086	SO$_4$.Cl.HCO$_3$-Na	4194	0.0358	0.06
		3	DG	西山窑组	1430	1719~6634	518~714	2545~4255	Cl.SO$_4$-Na	6638~15456	0.0001~0.042	0.0014
		4	JPG	西山窑组	1265~1524	64~829	25~903	248~1343	SO$_4$.HCO$_3$.Cl-Na	695~4163	n	n
玛纳斯—呼图壁	F1、F3和F4	5	DX	西山窑组	1609	23~66	439~781	148~413	HCO$_3$.SO$_4$-Na.Mg.Ca	601~1280	0.00067~0.008	0.001~0.0436
		6	DBYG	西山窑组	1248~1437	27~982	228~2288	48~441	HCO$_3$.Cl.SO$_4$-Na	473~3705	0.01978~0.1220	0.02526~0.1525
		7	LBY	西山窑组	1842	119	970	701	HCO$_3$.SO$_4$-Na	1995~2000	n	n
		8	TW	西山窑组	1660	85	604	941	SO$_4$.HCO$_3$-Na	1980	n	n
		9	XBYG	西山窑组	1457~1463	35~574	469~881	615~1249	SO$_4$.HCO$_3$.Cl-Na	1270~3370	n	n
		10	TXH	西山窑组	1409~1415	298	1451	643	HCO$_3$.SO$_4$-Na	3808	1.24	n
		11	KG	西山窑组	1455~1213	245~415	238~610	538~850	SO$_4$.HCO$_3$.Cl-Na	1719~2341	0.220~0.24	0.129~0.157
		12	TLK	西山窑组	n	106~115	336~976	19~1027	SO$_4$.HCO$_3$-Na	936~2509	n	n
		13	STZXG	西山窑组	1534~1569	9~25	180~265	120~216	HCO$_3$.SO$_4$-Ca.Na·Mg	338~558	n	n
		14	XGG	西山窑组	1670	n	n	n	SO$_4$.HCO$_3$-Na	1300~3000	n	n
		15	WZG	西山窑组	1599~1723	n	n	n	SO$_4$.HCO$_3$-Na.Ca	1010~1100	n	n

续表

水文地质单元	边界	编号	煤矿	含水层	埋深/m	Cl⁻/mg/L	HCO₃⁻/mg/L	SO₄²⁻/mg/L	水型	矿化度/mg/L	单位涌水量/L/(s·m)	渗透系数/m/d
硫磺沟	F1、F4和乌鲁木齐—米泉断裂	16	BP	西山窑组	1021~1126	n	n	n	HCO₃-Ca	3266~10592	n	n
		17	TQZ	八道湾组	n	951~2167	1078~1451	1318~3355	SO₄·Cl·HCO₃-Na	4614~9652	n	n
		18	CJJY	西山窑组	1047~1051	n	n	n	Cl·SO₄-Na	1000~3000	n	n
		19	SJT	西山窑组	984~1069	28~4657	15~161	19~2380	Cl·SO₄-Na	3060~9634	n	n
		20	XR	八道湾组	823~841	n	n	n	Cl·SO₄-Na	36160~44490	0.0102	0.00021
米泉	F2、F5和乌鲁木齐—米泉断裂	21	MQ	西山窑组	723	9146~14514	3898~4984	933~1096	Cl·HCO₃·SO₄-Na	20024~30509	n	n
		22	TCG	西山窑组	1246	502~2545	1234~2349	654~657	Cl·HCO₃·SO₄-Na	3167~8084	n	n
		23	WYG	西山窑组	n	533~6948	314~3506	163~1889	Cl·HCO₃·SO₄-Na	1938~14516	n	n
		24	SG	八道湾组	718~855	1382~2748	498~639	1123~8216	SO₄·Cl-Na	4418~8184	0.912~1.484	18.81
		25	XF	西山窑组	703.86	1383~2748	639~3931	1123~8217	SO₄·HCO₃·Cl-Na	3462	0.851	0.000014
阜康	F2、F5和F6	26	SL	八道湾组	785~799	n	n	n	Cl·HCO₃-Na	1260~6151	0.0011	n
		27	TC	西山窑组	897~997	n	n	n	Cl·SO₄-Na	890~15600	n	n
		28	CGDS	西山窑组	774~889	158~163	563~881	326~363	Cl·HCO₃·SO₄-Na	1392~2540	0.8394~2.155	2.151
		29	GH8	西山窑组	869	1893	793	733	Cl·HCO₃·SO₄-Na.Mg.Ca	4848	0.0011	0.0021
		30	QSG	八道湾组	958~1071	n	n	n	HCO₃·SO₄-Na	2920~5220	0.0076~0.021	n
		31	ESHJT	八道湾组	1132	518	690	495	HCO₃·Cl·SO₄-Na	1478~8310	0.00234~0.0394	0.00013~0.054

续表

水文地质单元	边界	编号	煤矿	含水层	埋深/m	Cl⁻/mg/L	HCO₃⁻/mg/L	SO₄²⁻/mg/L	水型	矿化度/mg/L	单位涌水量/L/(s·m)	渗透系数/m/d
阜康	F2、F5 和 F6	32	XLK	八道湾组	1051~1069	200	1000	1642	$SO_4.HCO_3$-Na	1750~5900	0.009~0.017	0.0029~0.0256
		33	DHS7	八道湾组	976~1014	43~48	323~348	96~106	$HCO_3.SO_4$-Na	1500~8210	0.00234~0.0394	0.00013
		34	DHS	八道湾组	976~1014	3583~3649	591~824	2438~3116	$Cl.SO_4$-Na	9833~10715	n	n
吉木萨尔	F6	35	HSW	八道湾组	1119~1130	81	277	671	$SO_4.HCO_3$-Na.Ca	1300	n	n
后峡	F1	36	TY	八道湾组	2324~2451	17	327	167	$HCO_3.SO_4$-Ca.Na	539	n	0.73
		37	BFG	八道湾组	2360~2490	598	598	725	$SO_4.HCO_3.Cl$-Ca.Na	2035	n	n

注：n 表示没有数据。

表 2-3-2 准噶尔盆地南缘煤层气参数井与生产试验井的气样组分与稳定同位素测试统计

水文地质单元	煤层	井号	埋深/m	气体组分/%						气体稳定同位素‰			$C_1/(C_2+C_3)$
				CH_4	C_2H_6	C_3	C_4	N_2	CO_2	$\delta^{13}C(CH_4)$	$\delta^{13}C(CO_2)$	$\delta D(CH_4)$	
阜康	八道湾组	a	1194.00	97.48	0.48	0.01	0	0.03	2.00	-43.70	n	-247.15	198.94
	八道湾组	b	1014.00	95.57	0.24	0	0	0.08	4.11	-45.69	22.79	-247.28	398.21
	八道湾组	c	1423.50	96.15	1.85	0.32	0.04	0.31	1.33	-46.29	n	-265.90	44.31
	八道湾组	1	765.91	83.50	1.66	0.23	0.04	0	14.57	-54.41	1.11	-294.51	44.18
	八道湾组	2	984.38	n	n	n	n	n	n	-51.70	14.6	-246.30	n
	八道湾组	5	1150.50	86.68	0.42	0.03	0.01	0.06	12.8	-49.31	16.76	-255.68	192.62
	八道湾组	11	822.89	87.43	0.22	0	0	0.34	12.01	-57.11	8.55	-258.59	397.41
	八道湾组	*	635.00	80.17	0.21	0	0	3.85	15.77	-65.75	8.72	n	382
	八道湾组		683.00	77.19	0.01	0	0	2.68	20.12	-57.55	7.75	n	7719
	八道湾组		801.00	83.57	0.80	0	0	1.40	14.23	-55.92	7.06	n	104
	八道湾组	*	842.00	68.98	2.87	0	0	1.81	26.34	-54.08	-7.40	-263.00	24
	八道湾组		908.00	81.98	0.68	0	0	3.06	14.28	-60.30	2.80	-254.00	120
	八道湾组	*	1402.00	96.86	0.20	0	0	0.88	2.07	-46.40	17.8	-280.00	483
	八道湾组		1588.00	95.25	1.64	0	0	0.54	2.57	-43.50	18.10	-275.00	58
米泉	西山窑组	18	631.27	91.98	0.04	0	0	0.02	7.96	-52.05	15.86	-239.55	2299.50
	西山窑组	19	515.49	94.29	0.05	0.02	0	0.10	5.53	-52.63	10.40	-255.67	1347.00
	西山窑组	23	793.84	85.02	0.03	0	0	0	14.94	-65.48	-7.03	-257.57	2843.00
	西山窑组	25	900.36	64.13	0.42	0.03	0	0	35.42	-67.16	-4.24	-267.44	142.51

续表

水文地质单元	煤层	井号	埋深/m	气体组分/%						气体稳定同位素/‰			$C_1/(C_2+C_3)$
				CH_4	C_2H_6	C_3	C_4	N_2	CO_2	$\delta^{13}C(CH_4)$	$\delta^{13}C(CO_2)$	$\delta D(CH_4)$	
米泉	西山窑组	*	378.00	83.57	0.01	0	0	2.21	14.22	-65.14	6.29	-268.28	8357
	西山窑组		531.00	86.08	0.01	0	0	2.87	11.05	-55.39	6.86	-266.46	8608
	西山窑组	*	526.00	74.42	0.20	0	0	11.78	13.6	-60.78	1.72	-249.61	372
	西山窑组		872.00	54.12	0.14	0	0	14.19	31.55	-49.44	10.52	n	387
	西山窑组		954.00	64.74	0.29	0	0	-8.02	26.95	-62.12	-0.24	-251.25	223
	西山窑组		1028.00	57.80	0.38	0	0	1.15	40.67	-59.39	-2.42	-248.93	152
玛纳斯—呼图壁	西山窑组	*	971.00	78.3	0.01	0	0	18.15	3.81	-63.06	-3.63	n	7803.00
	西山窑组		1008.00	87.05	0.03	0	0	7.89	5.03	-60.25	6.57	n	2901.67
	西山窑组		1153.00	65.19	0.01	0	0	27.6	7.20	-47.2	-20.7	n	6519.00
	西山窑组	*	1156.00	66.73	0.01	0	0	25.14	8.12	-46.5	-18.10	n	6673.00
	西山窑组		1257.00	83.44	0.09	0	0	11.66	4.81	-41.7	-16.90	n	927.11
后峡	八道湾组	37	910.97	94.51	0.22	0	0	4.74	0.53	-62.21	-15.62	-243.14	429.59
	八道湾组	38	774.32	93.98	0.02	0	0	3.25	2.75	-57.86	-15.39	-238.77	4699.00
	八道湾组	40	989.79	87.69	0.03	0	0	11.79	0.49	-60.78	-15.59	-240.69	2923.00
	八道湾组		730.00	98.46	0.01	0	0	1.00	0.54	-53.44	-15.37	-237.46	9846.00
	八道湾组	*	1030.00	87.17	0.01	0	0	11.75	1.08	-55.30	-15.68	-230.79	8716.00
	八道湾组	*	623.00	n	n	n	n	n	n	-58.86	-15.27	-242.65	n
	八道湾组		584.00	n	n	n	n	n	n	-59.74	-15.41	-240.46	n

注：n 表示没有数据；*指阜康、米泉、玛纳斯—呼图壁、后峡地区的煤层气参数井（引自 Fu et al., 2019）。

三、甲烷成因与生物成因气形成途径

气体的稳定同位素（如 $\delta^{13}C\text{-}C_1$，$\delta D\text{-}C_1$ 以及 $\delta^{13}C\text{-}CO_2$）是用来判别甲烷与二氧化碳成因的重要参数（Whiticar et al.，1986；Pitman et al.，2003；Gürgey et al.，2005）。一般来说，较轻的 CH_4 碳同位素（$\delta^{13}C\text{-}C_1 < -55‰$）可指示生物成因气，且生物成因气的比例随 $\delta^{13}C\text{-}C_1$ 值的降低而增加（Rightmire et al.，1984；Rice，1993）。由表 2-3-2 可见，准噶尔盆地南缘煤层气的 $\delta^{13}C\text{-}C_1$ 值为 $-65.75‰ \sim -41.70‰$，平均为 $-56.60‰$，基于此，初步认为准噶尔盆地南缘煤层气中生物成因气应占有较高的比例。

基于 Milkov 和 Etiope（2018）提出的最新天然气成因判识图版，本书系统探讨了准噶尔盆地南缘煤层气成因与生物成因气的形成途径。与传统经典的天然气判识图版相比，新图版的一个重要修改是提出了原生生物气与次生生物气的概念。原生生物气主要指来源于沉积有机质（煤或页岩）经过 CO_2 还原或乙酸发酵途径形成的天然气（类似于传统概念的次生生物气），次生生物气主要指厌氧微生物对石油、热成因气或其他非生物成因气降解作用产生的天然气。由于 $^{12}C—^{12}C$ 键比 $^{12}C—^{13}C$ 更易断裂，导致在封闭体系中通过 CO_2 还原途径生成 CH_4 所剩余的 CO_2 易于富集 ^{13}C。基于此，^{13}C 富集的 CO_2 可指示石油或天然气经过微生物降解形成的次生生物气（Milkov et al.，2007；Jones et al.，2008）。在此，次生生物气主要指经微生物降解改造后的热成因气，该类气体的 CH_4 碳同位素 $\delta^{13}C$ 值为 $-55‰ \sim -35‰$，CO_2 碳同位素 $\delta^{13}C$ 明显大于 $+2‰$（最高可达 $+36‰$）（Milkov，2011）。新图版的另一项重要修改是将热成因气划分为早期热成因气、油伴生热成因气与晚期热成因气。其中，早期热成因气的 CH_4 碳同位素值为 $-73‰ \sim -55‰$，明显轻于相对较晚产生的油伴生热成因气与更成熟的晚期热成因气。

由表 2-3-2 可知，CH_4 碳同位素值 $\delta^{13}C\text{-}C_1$ 平均为 $-57.06‰$，CO_2 碳同位素值 $\delta^{13}C\text{-}CO_2$ 平均为 $+2.053‰$，CH_4 氢同位素值 $\delta D\text{-}C_1$ 平均为 $-253.50‰$。此外，该区煤层气样品的干燥系数（C_1/C_{2+}）平均为 2485.45。如图 2-3-2（a）所示，米泉地区大部分气样表现为原生生物气特征（17 个 CO_2 还原，3 个乙酸发酵），其余气样则表现出次生生物气或早期热成因气特征。如图 2-3-2（b）所示，低煤化作用阶段产生的早期热成因气可能与原生生物气混合，进一步证实米泉地区尚未进入油伴生热成因气阶段。明显不同的是，阜康地区大部分气样表现出油伴生热成因气特征，仅有 7 个异常点分别属于次生生物气或 CO_2 还原途径形成的原生生物气。综合分析认为，阜康地区的煤层气表现为受到一定程度的微生物降解作用的热成因气，这可能与该区地表水携带微生物侵入早期热成因煤层气藏有关。玛纳斯—呼图壁地区的 2 个气样（小于 1008m）均属于原生生物气（靠近 CO_2 还原途径），另外 4 个气样（大于 1153m）则表现出次生生物气特征。后峡地区的气样均表现出原生生物气特征（2 个 CO_2 还原，3 个乙酸发酵），且随着埋深的增大以及水体环境由淡水向咸水的转变，生物成因气的形成途径有从乙酸发酵向 CO_2 还原转变的趋势。

其次，阜康、米泉以及后峡地区气样的 $\delta^{13}C\text{-}C_1$ 和 $\delta D\text{-}C_1$ 值被进一步用来判识煤层气成因与生物气形成途径。如图 2-3-3（a）所示，米泉地区的 20 个气样落在原生生物气（CO_2 还原为主）范围内，其他样品则落在油伴生热成因气与次生生物气的重叠区。阜康地区的煤层气成因难以判识，大部分样品落在油伴生热成因气与次生生物气的重叠区。

后峡地区有 4 个气样落在油伴生热成因气和次生生物气的重叠区域，其余 3 个样品则表现出 CO_2 还原途径形成的原生生物气特征。从图 2-3-3（b）可知，阜康地区的气样明显表现出微生物降解的热成因气特征。简言之，区内大多数气样落在次生生物气与各类其他煤层气成因的重叠区。因此，采用 $\delta^{13}C-C_1$ 与 $\delta D-C_1$ 天然气成因图版难以有效区分该区煤层气成因与生物成因气的形成途径。

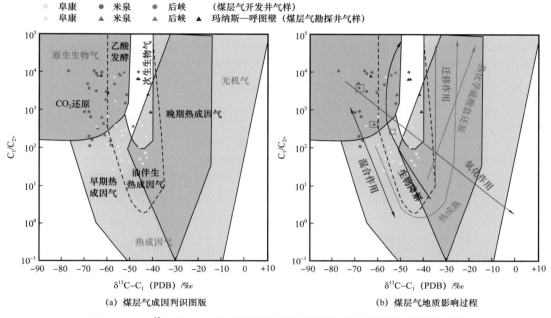

图 2-3-2　$\delta^{13}C-C_1$—C_1/C_{2+} 煤层气成因判识图版及煤层气地质影响过程

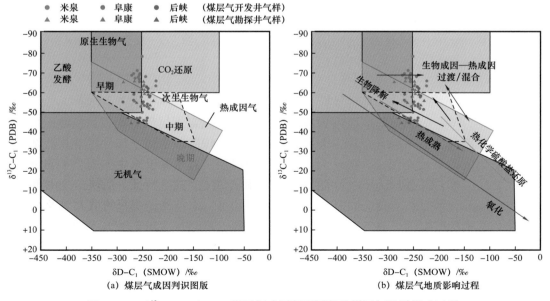

图 2-3-3　$\delta^{13}C-C_1$—$\delta D-C_1$ 煤层气成因判识图版及煤层气地质影响过程

最后，进一步将 61 个气样的 $\delta^{13}C\text{-}C_1$ 和 $\delta^{13}C\text{-}CO_2$ 值投影在 Milkov 和 Etiope（2018）图版上，以判识准南地区煤层气成因与生物成因气形成途径。一般来说，该图版可以有效区分次生生物气 [$\delta^{13}C\text{-}CO_2 > +2‰$（最高达 $+36‰$），$\delta^{13}C\text{-}C_1$ 为 $-55‰\sim-35‰$]、原生生物气（$\delta^{13}C\text{-}CO_2$ 最高达 $+15‰$，$\delta^{13}C\text{-}C_1 < -60‰$），以及部分高成熟度的热成因气（$\delta^{13}C\text{-}CO_2$ 高 达 $+11‰$，$\delta^{13}C\text{-}C_1$ 约 $-30‰$）（Tassi et al.，2012；Toki et al.，2012）。 由图 2-3-4（a）可知，阜康地区的气样大多表现出次生生物气特征，仅有 5 个气样表现异常（原生生物气）。对于米泉地区，大部分气样落在 CO_2 还原与乙酸发酵（属于原生生物气）的重叠区域，仅有 5 个气样表现出次生生物气特征。此外，后峡地区的 7 个气样均落在原生生物成因气（3 个 CO_2 还原，4 个乙酸发酵）范围内。在玛纳斯—呼图壁地区，2 个气样表现出原生生物气特征（CO_2 还原）（小于 1008m），其他 4 个样品点（大于 1153m）落在油伴生热成因气范围内。

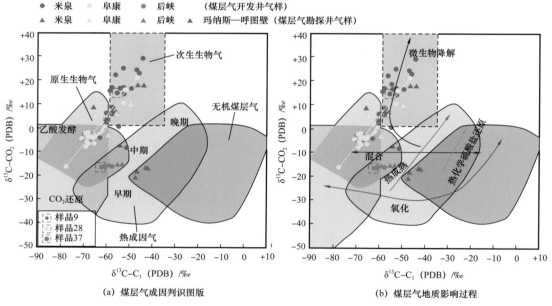

图 2-3-4　$\delta^{13}C\text{-}C_1$—$\delta^{13}C\text{-}CO_2$ 煤层气成因判识图版及煤层气地质影响过程

基于此，单一的天然气成因判识图版均不能准确判定煤层气成因以及生物成因气的形成途径。因此，本书综合采用了 3 个天然气成因判识图版探讨准南地区煤层气成因以及生物成因气的形成途径。分析认为，西山窑组煤层气在米泉地区中表现出明显的原生生物气特征（以 CO_2 还原为主），可能与该区高矿化度值（类似于盆地咸水）的煤层水有关（Whiticar，1999；Fu et al.，2019）。明显不同的是，八道湾组煤层气在阜康地区表现出油伴生热成因气特征，但其在后期明显经历了微生物降解作用 [图 2-3-4（b）]，最终表现出次生生物成因气特征。玛纳斯—呼图壁地区西山窑组煤层气成因则较为复杂，浅层（小于 1008m）和深层（大于 1153m）分别表现出原生生物成因气（CO_2 还原为主）和油伴生热成因气特征，且后者可能经历了一定程度的微生物降解作用。八道湾组煤层气在后峡地区表现为明显的原生生物气特征，其随着埋深的增加，生物成因气的形成途径趋于由乙酸发酵转变为 CO_2 还原。需要注意的是，由于气体样本相对较少，煤层气成因在后峡与玛纳斯—呼图壁地区可能无法准确判定。但是，这两个地区的煤层气在浅部地层均表现出明显的原生生物气（乙酸发酵或 CO_2 还原）或微生物降解的明显特征，应该与这两个地区开放性的水体环境以及较低的矿化度值有关（Fu et al., 2019）。

四、水动力场聚气效应

一般来说，煤层气井含气量随埋深增大应表现出增大的趋势，因此可采用平均含气量近似表征某一煤层气井的实际含气性条件。由于研究区八道湾组煤层的埋深与煤化作用程度均明显大于西山窑组煤层，导致前者的含气性明显强于后者。因此，用于分析研究煤层气富集成藏机制的含气量数据应该有所区别，即区分八道湾组与西山窑组。

区域上，西山窑组煤层含气性并不随深度增加而增强（表 2-3-3），水文地质条件可能在煤层气富集保存中起了至关重要的作用。研究表明，准噶尔盆地南缘的水文地质条件变化极大，导致不同地区可能具有不同的煤层气富集机制。通过系统对比不同水动力背景下西山窑组煤层的平均含气量（即参数井 A、B、D、E、F、I 和 J），可知米泉平均含气量（6.73～6.94 m^3/t）＞硫磺沟平均含气量（5.61～6.58 m^3/t）＞玛纳斯—呼图壁平均含气量（4.03～5.19 m^3/t）。由前文可知，米泉、硫磺沟以及玛纳斯—呼图壁水文地质单元分别属于封闭性滞留区、开放性局部滞留区与开放性弱径流区。因此，准噶尔盆地南缘煤层含气量与水文地质条件具有明显相关性，即水动力场越停滞，煤储层含气性条件越好。

表 2-3-3　准噶尔盆地南缘典型的煤层气参数井含气量统计

水文地质单元	参数井	煤层	构造类型	埋深 /m	含气量 /（m^3/t）
玛纳斯—呼图壁	A	西山窑组	单斜	1013～1258	0.58～5.13（4.03）
	B	西山窑组	向斜	896～1038	2.89～6.95（5.19）
硫磺沟	D	西山窑组	复合褶皱（背斜）	461～681	1.83～7.60（5.61）
	E	西山窑组	复合褶皱（背斜）	655～751	1.35～9.05（6.58）
	F	西山窑组	复合褶皱（向斜）	726～758	3.27～8.54（6.34）
	G	八道湾组	单斜	369～816	2.72～7.59（5.41）
米泉	I	西山窑组	向斜	792～1009	0.7～11.48（6.94）
	J	西山窑组	向斜	557～1180	1.2～14.04（6.73）
阜康	N	西山窑组	复合褶皱（向斜）	1052～1066	7.15～7.25（7.21）
	Q	八道湾组	复合褶皱（向斜）	749～768	10.89～14.14（12.3）

续表

水文地质单元	参数井	煤层	构造类型	埋深 /m	含气量 / (m³/t)
阜康	P	八道湾组	复合褶皱（背斜）	470～483	6.21～7.97 (7.09)
	S	八道湾组	单斜	459～689	0.54～5.11 (3.23)
	R	八道湾组	单斜	360～451	1.97～2.61 (2.32)
	U	八道湾组	向斜	563～642	7.08～13.22 (11.33)
	T	八道湾组	向斜	629～807	6.51～15.55 (11.91)
吉木萨尔	V	八道湾组	向斜	769～859	2.16～7.92 (4.93)

注：括号中数据为含气量的平均值。

由前文可知，准噶尔盆地南缘存在不同的构造类型（如单斜、背斜、向斜或复合褶皱），其与变化的水动力场以及煤层气富集条件密切相关。基于此，以阜康水文地质单元为例，探讨相同水文地质背景下不同构造类型的水动力场及其对煤层气富集的控制作用。阜康地区为开放的水体环境，但局部地区受向斜构造的影响易形成水动力滞留区。与此同时，单斜构造在其深部也可能形成滞留的水体环境，其主要受控于封闭性断层或岩层尖灭。阜康地区八道湾组煤层平均含气量（参数井 Q、P、S、R、U 和 T）对比分析表明，复合褶皱中的向斜构造煤层气含量最高（12.3m³/t），其次为普通向斜构造（11.33～11.91m³/t），再次为背斜构造（7.09m³/t），最后为单斜构造（2.32～3.23m³/t）（表2-3-3、图2-3-5）。因此，在开放的水体环境下，向斜构造易于形成水动力滞留区，有利于煤层气富集保存。

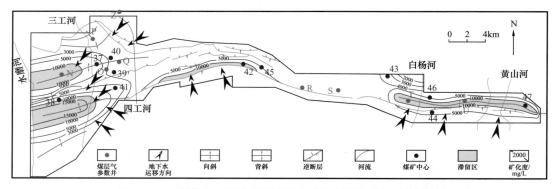

图 2-3-5　阜康水文地质单元地下水矿化度等值线与运移路径

准噶尔盆地南缘的水文地质条件明显影响煤储层含气性，即水体越滞留，煤储层含气性条件越好。根据煤层气富集条件与水文地质条件的关系，准噶尔盆地南缘的煤层气勘探潜力可初步划分为3个层次，分别对应于封闭性滞留区（米泉）、开放性局部滞留区（硫磺沟、阜康、乌苏）和开放性弱径流区（玛纳斯—呼图壁、吉木萨尔、后峡）。基于此，未来煤层气勘探开发目标应选择米泉、硫磺沟、阜康等水文地质单元。

第四节　大倾角多厚煤层气藏形成规律

一、煤层气富集成藏演化

基于煤层埋藏史、构造热演化史、生烃史，结合准噶尔盆地南缘侏罗系煤层水及其伴生煤层气地球化学特征，可将该区煤层气富集成藏演化过程大致划分为以下 4 个阶段（图 2-4-1），分别为埋藏与成煤作用阶段、抬升剥蚀与地表水补给阶段、生物成因煤层气大量形成阶段以及水文地质条件控气阶段。

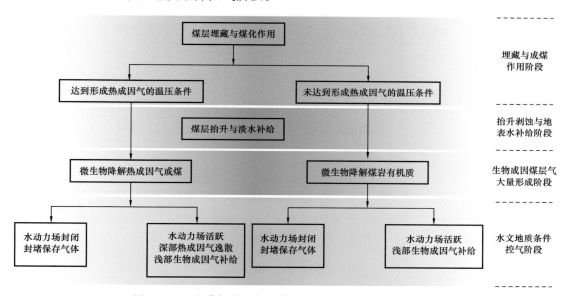

图 2-4-1　准噶尔盆地南缘煤层气富集成藏演化阶段划分

1. 埋藏与成煤作用阶段

在准噶尔盆地南缘，八道湾组与西山窑组煤层生烃作用（即形成热成因气）始于早白垩世（R_o 为 0.5%～0.8%），于晚白垩世埋深达到最大，但不同地区煤化作用程度以及热成因气形成潜力存在明显差异。

例如，在煤系地层下沉过程中，米泉地区西山窑组煤层可能尚未达到形成大量热成因气的温度与压力条件，甚至当埋深达到 1565m 时，气体同位素特征也没有表现出热成因特征。由表 2-4-1 可见，米泉地区西山窑组煤层的镜质组反射率明显偏低（R_o 为 0.50%～0.70%）。由此表明，米泉地区西山窑组煤层可能没有经历过形成大量热成因气阶段，可能已经达到早期热成因气形成阶段，但保存条件不好。

此外，热成因气的 CH_4 碳同位素 $\delta^{13}C\text{-}C_1$ 往往与埋深有着线性关系，但是米泉地区西山窑组煤层气并无这一特征［图 2-4-2（b）］，而且气体组分以 C_1 为主，包含少量的 C_2 与 C_3，这是微生物仅能生成的烃类气体（Oremland et al.，1998；Hinrichs et al.，2006）。

表 2-4-1　准噶尔盆地南缘煤层气参数井煤样镜质组反射率统计

水文地质单元	煤层气井	地层	埋深 /m	镜质组反射率 /%		
				最大	最小	中值
玛纳斯—呼图壁	MC-2	西山窑组	923～1005	0.60	0.79	0.71
米泉	WCS-5	西山窑组	806～1565	0.51	0.68	0.58
	WCS-14	西山窑组	714～883	0.60	0.70	0.66
	SC-1	西山窑组	510～696	0.55	0.66	0.62
	WS-1	西山窑组	389～1178	0.50	0.65	0.58
	WS-2	西山窑组	243～795	0.50	0.70	0.61
	WS-8	西山窑组	700～875	0.55	0.65	0.62
	WS-9	西山窑组	768～937	0.54	0.67	0.61
阜康	FC-2	八道湾组	900～950	0.66	0.74	0.72
	FS-24	八道湾组	717～1035	0.64	0.94	0.79
	FS-60	八道湾组	633～710	0.64	0.76	0.71
后峡	TC-2	八道湾组	330～901	0.38	0.62	0.64

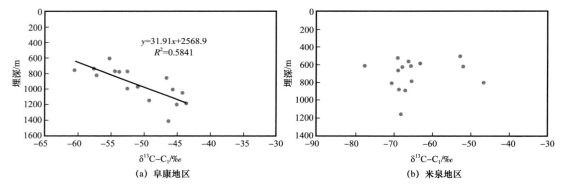

图 2-4-2　阜康与米泉地区 CH_4 碳同位素 $\delta^{13}C\text{-}C_1$ 与埋深线性关系

　　与米泉地区不同的是，玛纳斯—呼图壁地区的主要含煤层系也为西山窑组，但其 R_o 值（0.60%～0.79%）明显偏大（表 2-4-1），这表明在煤层沉降和煤化作用过程中，玛纳斯—呼图壁地区的西山窑组煤层可能已达到热成因气大量形成的阶段。

　　此外，阜康地区八道湾组煤层在下沉过程中明显达到了形成大量热成因气的温度与压力条件，煤层气则表现出了明显的热成因特征。其他证据为，$\delta^{13}C\text{-}C_1$ 与埋深之间存在明显的线性关系［图 2-4-2（a）］，埋深越深，$\delta^{13}C$ 越重，阜康地区的气体组分中出现了一定的 C_4，而这是微生物不可能产生的，C_1—C_4 碳同位素表现出半线性关系（Chung et al.，1998），表明很少存在其他成因气体混合作用（图 2-4-3）。

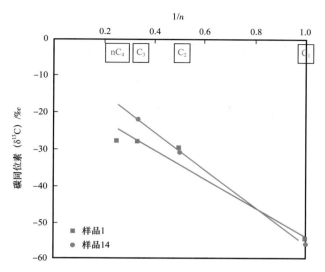

图 2-4-3　阜康地区八道湾组煤层气中 C_1—C_4 碳同位素（$\delta^{13}C$）的线性关系
n—碳数

2. 抬升剥蚀与地表水补给阶段

自新生代以来，准噶尔盆地南缘煤层不断上升，在构造运动（如印支期和燕山期）的作用下煤层经受剥蚀，直至第四纪，开始接受携带微生物的地表淡水的补给。

3. 生物成因煤层气大量形成阶段

煤层被不断抬升至适宜的埋深之后，煤系地层开始大规模接受携带微生物的地表水补给，通过微生物与煤层厌氧发酵形成原生生物气或与热成因湿气反应形成微生物降解热成因气。

4. 水文地质条件控气阶段

第一种情况：当煤层埋藏与煤化过程中达到形成大量热成因气的阶段，煤层经抬升后接受携带微生物的地表淡水的补给，微生物开始降解煤化作用过程中产生的热成因湿气或直接与煤层作用，产生大量微生物降解热成因气以及一定的原生生物气以后，水文地质条件开始主导煤层气的富集成藏。在水动力滞留区，先前生成的所有气体可以得到有效的富集保存；在水动力活跃区，深部的热成因气开始不断逸散，与此同时，浅部煤储层中形成的生物成因气溶解于地层水不断向下运移，最终在相对较深的构造位置与深部逸出的热成因气混合。

第二种情况：当煤层埋藏与煤化过程未达到形成大量热成因气温度、压力条件时，煤层抬升后地表淡水中的微生物只能利用煤岩有机质，将其转化为原生生物气，此后，在水动力滞留区，水动力场的封闭作用可以有效地富集保存原生生物气；在水动力活跃区，携带微生物的地表淡水可以持续补给使得浅部煤储层形成原生生物气，进而溶解于地层水不断向下运移。

二、煤层气富集成藏模式

基于不同区块煤层气、煤层水地化特征，结合上述煤层气富集成藏控制因素及其作用分析，可归纳构建准噶尔盆地南缘3类煤层气富集成藏模式，分别是水动力滞留区封存性原生生物气成藏模式、水动力滞留区微生物改造热成因气成藏模式以及水动力活跃区浅层生物气补给—深部热成因气逸散成藏模式。

1. 水动力滞留区封存性原生生物气成藏模式

高达40%的异常高浓度生物成因CO_2是米泉地区煤层气的重要特征，且有随埋深增加浓度增大的趋势。一般来说，CO_2极易溶于水，而米泉地区为准噶尔盆地南缘煤系地层区域性汇水区，水动力较弱，地表水补给匮乏，限制了煤化作用早期生物成因和热解成因CO_2的逸散。

煤系地层埋藏过程中，西山窑组煤层并未达到大量形成热成因气的阶段（阶段①，图2-4-4），较低的煤化作用阶段也佐证了这一分析（表2-4-1）。随着西山窑组被不断抬升，第四纪时，开始接受富含微生物的高山融雪补给（阶段②，图2-4-4），浅部煤层开始生成原生生物气（阶段③，图2-4-4）。生成的气体溶解在地层水中并随之运移，发生运移分馏，气体组分与同位素值将会发生一些变化。例如，煤层中的CO_2相较于CH_4和N_2更容易溶解，导致CO_2浓度沿运移路径增大。此外，现场数据显示$\delta^{13}C\text{-}CO_2$只在浅部出现（表2-3-2），但理论上含^{13}C的CO_2更易溶解于水，分析原因，此现象可能为封闭系统中运移分馏与CO_2还原产甲烷的综合作用结果。自第四纪以来，中国西北地区的冰川逐渐消退，年平均蒸发量远高于降水量（刘洪林等，2008），由于干旱的气候再加上远

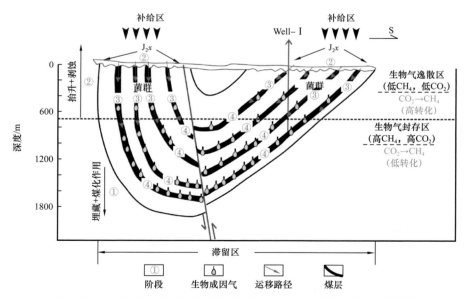

图2-4-4 水动力滞留区原生生物气富集成藏模式（以米泉地区为例）

① 埋藏 + 煤化作用，无热成因气形成；② 抬升 + 剥蚀，雪融水携带菌群补给浅部煤层；③ 菌群将煤岩有机质转化为生物成因气；④ 水动力作用下生物成因气封存

离北天山融雪区，米泉地区地表水补给逐渐减弱直至停止，形成相对封闭的系统，至此，产甲烷作用亦完全停止。但由于相对较低的矿化度，浅部地层 CO_2 还原产甲烷的持续时间应该相对较长，残留的 CO_2 逐渐富集 ^{13}C。

米泉地区西山窑组煤储层中的原生生物气和煤层水可能是在某个时期富集保存下来，然后被封存，受现今水的影响不大或不受影响。放射性同位素测年数据表明，米泉地区煤层水地质年龄较为古老（43.5～2000ka），现今地表水不补给或较少补给。煤层水异常高矿化度值（高达45000mg/L）表明现今的煤层水不利于产甲烷菌的生存及其产甲烷活动；米泉地区浅部煤层气含量低（远小于 $2m^3/t$），表明米泉地区现今生物气无补给或较少补给（图 2-4-5）；异常高浓度的 CO_2（高达40%）表明生物成因气在现阶段已停止形成，次生 CO_2 还原产甲烷作用极为有限。

最终，在水动力场的封闭作用下，米泉地区可以富集保存原生生物气（阶段④，图 2-4-4），且原生生物气可以更有效地保存在深部煤储层中（图 2-4-5），浅部的煤层水动力场封堵条件稍差，生成的气体存在一定程度的逸散。此外，微生物产甲烷过程可能在此阶段已经停止，缺乏现今的生物成因气补给可能是浅部煤储层含气量较低的另一个重要原因。

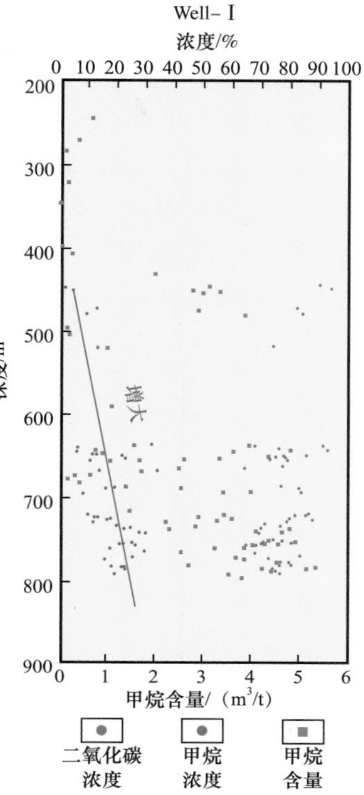

图 2-4-5　米泉地区煤层气参数井（Well-Ⅰ）甲烷浓度、二氧化碳浓度及甲烷含量与埋深的关系

2. 水动力滞留区微生物改造热成因气成藏模式

阜康地区八道湾组煤层气除具有热成因特征之外，也表现出了明显的微生物降解特征：（1）在浅部煤储层中存在少量原生生物气；（2） CO_2 浓度为1.33%～21.77%，$\delta^{13}C-CO_2$ 高达 +29.41‰，此特征可说明微生物降解热成因湿气产生的 CO_2 逐渐转化为次生生物成因 CH_4，且残余的 CO_2 不断富集 ^{13}C，因此可与原生生物气和热成因气有所区分；（3）阜康地区与高碱度值伴生的正值 $\delta^{13}C_{DIC}$（+11.0‰～+23.0‰），反映了微生物产 CH_4 作用。相较于沁水盆地与鄂尔多斯盆地，阜康地区的 CO_2 浓度较高、N_2 浓度较低，进一步说明阜康地区水动力场较弱，缺乏大规模的现今地表水的补给。

阜康地区八道湾组的煤化作用程度（R_o 值为0.64%～0.94%）大于米泉地区西山窑组煤层（R_o 值为0.50%～0.70%），与米泉地区不同的是，阜康地区八道湾组煤层可能在埋藏与煤化过程中达到了大量形成热成因气的阶段（阶段①，图 2-4-6）。随后，在印支运动和燕山运动等构造运动作用下，阜康地区的西山窑组煤层几乎被抬升剥蚀殆尽，八道湾组接近地表，开始接受富含微生物的高山融雪补给（阶段②，图 2-4-6），此时，微生物开始降解煤化作用过程中产生的热成因湿气或直接与八道湾组煤层作用，产生大量生物降解热成因气以及较少的原生生物气（阶段③，图 2-4-6）。此后随着气候变化，阜康地区失去了地表水的补给，形成相对封闭的水力系统，对煤层水的 ^3H、^{14}C 和 ^{129}I 等放射性同位素测年数据表明，阜康地区煤层水属于较古老的地层水，其地质年龄为 43.5～2000ka。此时 CO_2 还原产甲烷使得残存的 CO_2 逐渐富集 ^{13}C，最终形成异常高正值 $\delta^{13}C$-CO_2。最终，阜康地区的水文地质活动进一步减弱，显示出较高的矿化度，为微生物降解热成因气提供有效的水动力封堵条件（阶段④，图 2-4-6）。煤层气勘探实践表明，阜康地区浅部煤储层中也可有效保存微生物降解热成因气，较高的甲烷浓度与甲烷含量为其主要的地质特征（图 2-4-7）。

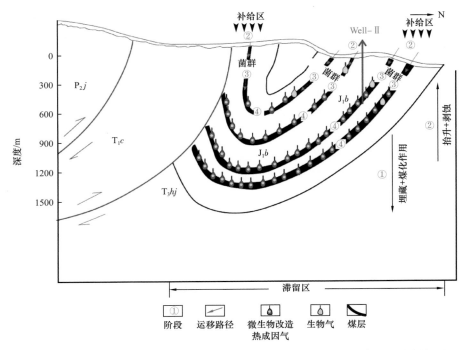

图 2-4-6　水动力滞留区微生物改造热成因气成藏模式（以阜康地区为例）
① 埋藏 + 煤化作用，热成因气大量形成；② 抬升 + 剥蚀，雪融水携带菌群补给浅部煤层；③ 菌群改造（降解）热成因湿气形成微生物降解热成因气；④ 水动力条件下微生物降解热成因气封存

3. 水动力活跃区浅部生物气补给—深部热成因气逸散成藏模式

玛纳斯—呼图壁地区水文地质条件活跃，浅部煤层气（小于 1000m）表现为原生生物成因气，深层煤储层则具有明显的热成因气特征（图 2-4-8）。

煤层沉降和煤化作用过程中，玛纳斯—呼图壁地区的西山窑组煤层已达到热成因气大量形成的阶段（阶段①，图 2-4-8）。此后，在构造运动的影响下，煤层抬升到地表被剥蚀，热成因气大量逸散，在活跃的水动力条件下，高山融雪携带着微生物进入浅部煤层（阶段②，图 2-4-8），微生物与煤层反应产生原生生物气（阶段③，图 2-4-8），与米泉地区和阜康地区不同，玛纳斯—呼图壁地区一直受到高山融雪的补给，是一个开放或半开放的系统。这一阶段，已存在的 CO_2 将通过 CO_2 还原产 CH_4 作用逐渐转化为 CH_4，由于开放系统拥有充足的 $^{12}CO_2$，导致玛纳斯—呼图壁地区的 $\delta^{13}C$-CO_2 值表现为负值（表 2-3-2）。产 CH_4 的过程一直持续到现在，一部分气体溶解在水里，随着地层水向深处运移，然后在相对较深的构造位置与深部逸出的热成因气混合（阶段④，图 2-4-8）。以 1000m 为界，1000m 以浅西山窑组煤层气以原生生物气为主，夹少量深部的热成因气；1000m 以深西山窑组煤层气以热成因气为主，含少量浅部运移的原生生物气。由于水文地质条件非常活跃，煤层气藏容易与大气连通，CO_2 易溶于地层水中并随之运移，导致 CO_2 浓度下降、N_2 浓度大幅增加（图 2-4-9）。

对比分析可知，准噶尔盆地南缘中—下侏罗统，即西山窑组与八道湾组在地质演化过程中经历了一次简单的沉降与抬升作用，但在不同地区的沉降幅度（反映煤化作用程度）可能有所区别。例如，西山窑组煤层的煤化作用程度就存在较大差异，该煤层在玛纳斯—呼图壁地区已达到热成因气（即油伴生热成因气）的大量形成阶段，但米泉地区可能尚未进入生烃门限或仅达到早期热成因气阶段。八道湾组煤层发育于西山窑组煤层下，较高的煤化作用程度使得八道湾组煤层在全区范围内普遍达到油伴生热成因气阶段。

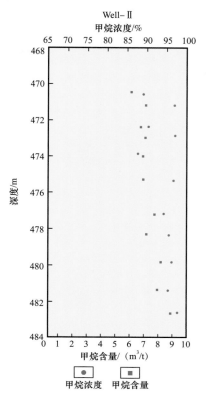

图 2-4-7　阜康地区煤层气参数井（Well-Ⅱ）甲烷浓度、甲烷含量与埋深的关系

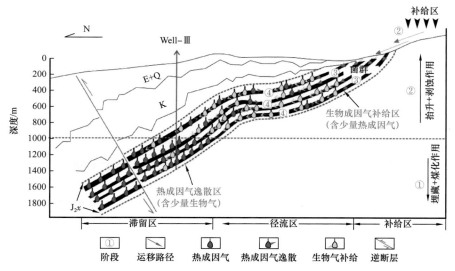

图 2-4-8　水动力活跃区浅部原生生物气补给—深部热成因气逸散成藏模式（以玛纳斯—呼图壁地区为例）
① 埋藏 + 煤化作用，热成因气大量形成；② 抬升 + 剥蚀，雪融水携带菌群补给浅部煤层；③ 菌群降解煤岩有机质形成生物成因气；④ 深部热成因气逸散与浅部生物成因气补给混合作用

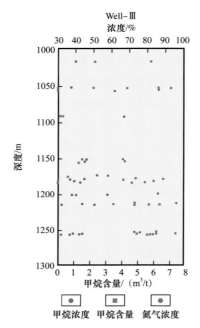

图 2-4-9　玛纳斯—呼图壁地区参数井（Well-Ⅲ）甲烷浓度、
氮气浓度及甲烷含量与埋深的关系

　　综上所述，早期的煤化作用程度与晚期的水文地质条件共同决定了准噶尔盆地南缘煤层气成因及其气体组分在区域上的差异变化。

第三章 煤层气赋存特征

准噶尔盆地南缘侏罗纪煤系沉积后持续沉降，至早白垩世中后期进入热解生烃门限，在晚白垩世达到地层最大埋深，生气强度增加。因煤层盖层封闭性的差异，煤层中气体逸散量较大，燕山运动和喜马拉雅运动造成准南地区地层大幅抬升，随着地层剥蚀厚度的增加，气体逸散量持续增大。燕山中期构造对盆地产生强烈挤压，形成一系列逆冲推覆构造，喜马拉雅晚期地层进一步抬升变形，造成继承性的褶皱、断层。煤储层所处地质环境不断变化，储层物性及含气性随之发生深刻变化。

第一节 煤储层地质环境

受控于区域和层域不同的沉积、构造和水文条件，准噶尔盆地南缘煤储层地质环境存在差异性，具体表现在"三场"（地应力场、温度场和流体压力场）垂向分异性及平面变化特征。

一、煤储层"三场"配置

地应力场、温度场和流体压力场直接制约着煤储层的孔裂隙发育、渗透性、吸附能力及气体扩散渗流效率等，是影响煤层气赋存机制及产出效果的关键性因素（Geng et al., 2017）。

1. 地应力场

地应力场的分布与演化对煤系地层裂隙系统的发育起关键作用。准噶尔盆地南缘构造应力场经历了由燕山期近南北向挤压向喜马拉雅期北北西、北北东向扭压的转变（图 3-1-1）。喜马拉雅期印度板块与西伯利亚板块碰撞，形成挤压应力场，南部的挤压力通过塔里木板块作用于天山，使得准噶尔盆地南缘山前地带北西西向断裂右行走滑、北东东向断裂左行走滑，从而形成扭压应力场（吴晓智等，2000）。

根据地面垂直钻孔水力压裂测量地应力方法（接铭训，2010）和上覆岩石的自重推算法对水平最小主应力 σ_h、水平最大主应力 σ_H 和垂直主应力 σ_v 进行了定量计算（表 3-1-1）。图 3-1-2 显示了准噶尔盆地南缘煤储层地应力垂向分布情况。当煤层埋深小于 1000m 时，$\sigma_H>\sigma_v>\sigma_h$，地应力处于以水平应力为主的挤压状态，呈现大地动力场的特点；当煤层埋深为 1000～1200m 时，$\sigma_v\approx\sigma_H>\sigma_h$，地应力处于过渡状态，表现为准静水压力场特点；当煤层埋深大于 1200m 时，地应力表现为 $\sigma_v>\sigma_H>\sigma_h$，地应力处于以垂直向应力为主的压缩状态，具有大地静力场特点。根据地应力量级判定方法（康红普等，2009），准噶尔盆地南缘深部煤层（大于 1000m）普遍属于高应力区。$\sigma_v>\sigma_H$ 的点主要分布在埋深变化较大的大倾角单斜深部及向斜核部附近，如八道湾向斜核部 WC5 井 43 号煤层（σ_H/σ_v=0.55）。乌鲁木齐河以东的大部分向斜均为大倾角向斜，向斜核部煤层埋深大，上覆地层自重产生的垂直应力超过了挤压构造应力。

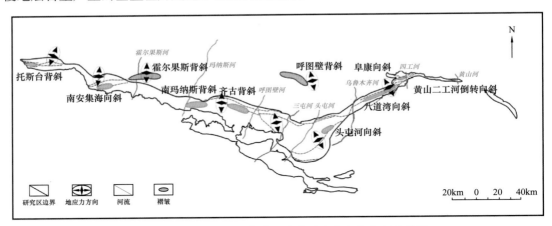

图 3-1-1　准噶尔盆地南缘现今水平应力方向分布示意图

表 3-1-1　准噶尔盆地南缘地应力参数

水力压裂测试结果		原位地应力计算结果	
储层压力 /MPa	$\dfrac{1.67\sim18.91}{7.18}$	最大主应力 /MPa	$\dfrac{5.95\sim35.37}{17.87}$
储层压力梯度 / (MPa/100m)	$\dfrac{0.49\sim1.32}{0.82}$	最大主应力梯度 / (MPa/100m)	$\dfrac{0.99\sim4.12}{2.36}$
闭合压力 /MPa	$\dfrac{4.24\sim24.67}{12.7}$	最小主应力 /MPa	$\dfrac{4.67\sim24.67}{12.71}$
闭合压力梯度 / (MPa/100m)	$\dfrac{1.52\sim1.72}{1.62}$	最小主应力梯度 / (MPa/100m)	$\dfrac{1.52\sim1.72}{1.62}$
破裂压力 /MPa	$\dfrac{6.66\sim31.38}{17.07}$	垂直主应力 /MPa	$\dfrac{6.96\sim38.98}{19.45}$
破裂压力梯度 / (MPa/100m)	$\dfrac{1.49\sim2.01}{1.75}$		

注：表中数值为 $\dfrac{最小值\sim最大值}{平均值}$。

　　侧压系数也可表征地层某一点的地应力状态，常用于描述地应力场变化规律（Brown et al.，1978）。侧压系数 k 公式如下：

$$k=（\sigma_H+\sigma_h）/2\sigma_v$$

式中　σ_H——水平最大主应力，MPa；

σ_h——水平最小主应力，MPa；

σ_v——垂直主应力，MPa。

准噶尔盆地南缘侧压系数计算结果表明，埋深在 1000m 以浅时，k 值为 0.34～1.34，平均为 0.9；埋深为 1000～1600m 时，k 值为 0.58～0.93，平均为 0.65。k 值随埋深增大呈减小的趋势，且分散性变小，逐渐趋近于 1，存在"浅部离散，深部收敛"的特征；当埋深超过 1000m 后，侧压系数全部小于 1，即水平应力增加速率小于垂直应力增加速率，反映出准南浅部以水平应力为主，而深部以垂直应力为主的特征（图 3-1-3）。

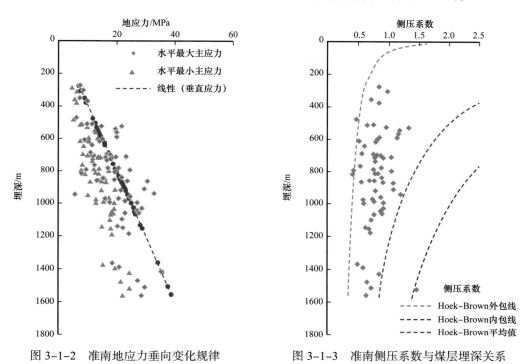

图 3-1-2　准南地应力垂向变化规律　　　图 3-1-3　准南侧压系数与煤层埋深关系

侧压系数变化规律与世界范围内测量结果的规律相似，整体分布在 Hoek-Brown 内外包线（外包线 $\lambda=100/h+0.3$，内包线 $\lambda=1500/h+0.5$，λ 为侧压系数，h 为埋深）之间，均小于 Hoek-Brown 平均值（Hoek et al.，1978），这是由于 Hoek-Brown 地应力数据来自砂岩、石灰岩及岩浆岩等多种岩性，而煤储层岩石力学性质有别，地应力状态显示上述特殊性。

2. 压力场

在垂向上，200～1600m 埋深范围内侏罗系煤储层压力介于 1.67～18.91MPa，且随煤层埋深增加具有线性增大的趋势（图 3-1-4）。储层压力系数介于 0.48～1.32，平均为 0.86，在 800m 以浅随埋深增加而增大，且多小于 1，为低压—接近常压区；在 800m 以深压力系数多接近或大于 1，为常压—异常高压区（图 3-1-5）。综合地应力情况来看，煤储层压力与最小水平主应力均表现为线性正相关，表明对于深部煤储层，地应力的增高导致煤储层中主要渗流通道（割理、微裂隙、大孔）变窄甚至闭合，降低储层导流能力，致使煤基质孔隙中流体压力急剧增高，从而形成深部高储层压力，煤储层压力梯度一般高于浅部（图 3-1-6）。

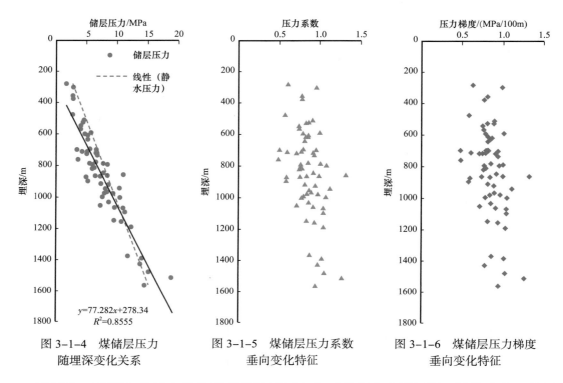

图 3-1-4　煤储层压力　　　　图 3-1-5　煤储层压力系数　　　图 3-1-6　煤储层压力梯度
随埋深变化关系　　　　　　　垂向变化特征　　　　　　　　垂向变化特征

$y=77.282x+278.34$
$R^2=0.8555$

平面上，准噶尔盆地南缘侏罗系煤储层压力主要受现今地层埋深区域性变化、盖层剥蚀作用强度以及褶皱和断裂构造分异的控制，整体表现为向北部盆地中心方向增大，地层压力的快速降低通常在背斜构造的轴部出现。

实测数据表明，靠近七道湾背斜轴部的煤层气井储层压力系数偏低，如 WBC-2 井压力系数仅为 0.41，属于超低压储层。低储层压力易造成煤层气解吸，不利于煤层气保存，这也是阜参 2-3 井含气量较低的原因。相反，呼图壁齐古向斜、八道湾向斜、阜康向斜及硫磺沟地区向斜核部为储层压力高值区，如乌鲁木齐河东地区乌参 1 井压力梯度为 0.84~0.98MPa/100m，阜康大黄山地区阜参 1 井压力梯度为 0.94~0.98MPa/100m。

值得注意的是，高倾角同一煤层在深浅部储层压力也表现出较大的差异性。试井资料显示，在八道湾向斜不同构造位置的同一煤层储层压力系数在 0.5~0.878 之间变化不等，差异较大（表 3-1-2、图 3-1-7）。除此之外，玛纳斯北单斜构造带的南部地区煤层埋深小，储层压力低，北部深延地段储层压力显著增大，如新玛参 3 井钻遇 2 号煤层埋深 939.8m，储层压力系数高达 1.13，为超高压储层。

表 3-1-2　乌鲁木齐河东储层压力参数

井号	构造位置	层号	中点深度 /m	储层压力 /MPa	压力系数
WC-5	八道湾向斜核部	43	1365.5	11.75	0.878
WCS-7	八道湾向斜南翼	43	709	5.37	0.772
WCS-15	八道湾向斜北翼	43	791	5.94	0.766
WS-2	八道湾向斜南翼	43	681.43	3.43	0.50
WCS-14	七道湾背斜北翼	43	706.12	4.15	0.608

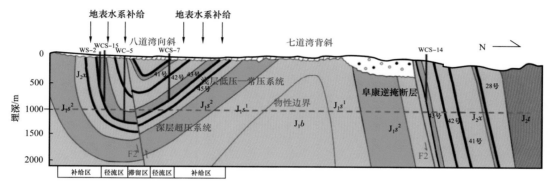

图 3-1-7　乌鲁木齐河东构造样式

地层大倾角条件下，同一煤层随着埋深增大，煤岩孔隙度减小，煤储层自身导流能力降低，导致层内流体压力发生变化，流体压力系统由浅部开放型向深部封闭型转变。准噶尔盆地南缘倾斜煤层多直接出露地表，渗入水和构造导入水可进入煤储层大孔和裂隙中，构成浅部压力系统，但随着地层埋深增大，煤岩孔隙度降低，裂隙闭合程度增强，加之深部产生的不同相流体（甲烷等），致使在某一深度上产生足够大的毛细管压力，使得流体难以沟通，形成深浅部不同的流体压力系统（图 3-1-8）。

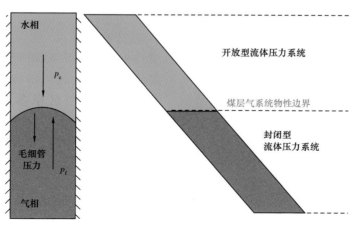

图 3-1-8　倾斜煤层流体压力系统模式

3. 地温场

地层温度是影响煤储层渗透率、煤岩吸附能力的重要因素，随着煤层埋深增加，地温逐渐增大，相对高温地质条件将引起煤岩孔裂隙发育特征、渗透性、含气性、力学性质等发生变化。

垂向上，准噶尔盆地南缘侏罗系煤储层温度介于13.49～42.11℃，平均为25.15℃，地温梯度为2.29～5.97℃/100m（浅部高数值可能与局地煤层自燃扰动有关），平均为2.80℃/100m。与储层压力变化规律相似，储层温度与埋深也为线性正相关关系，表明准噶尔盆地南缘现今热流已达到热动态平衡（图3-1-9）。由于准噶尔盆地南缘局部存在煤层自燃区，其自燃扰动对浅部地层地温梯度的影响较大，使其局部存在异常高值。此外，浅部地层受地表水和地下水补给干扰强烈，地温梯度在800m以浅表现为随埋深增加大幅度降低的趋势，且波动范围大；在800m以深地温梯度基本不再随埋深变化，保持在2～3℃/100m（图3-1-10）。

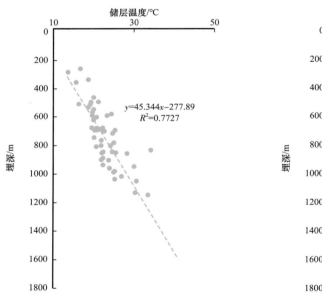

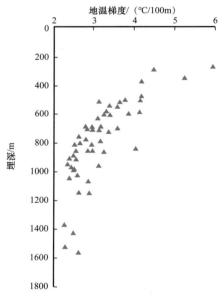

图3-1-9　煤储层温度随埋深变化关系　　　图3-1-10　煤储层地温梯度随埋深变化关系

平面上，准噶尔盆地南缘煤储层温度同样主要受控于埋深，与储层压力变化具有较好的一致性，整体呈现南低北高的特点，在玛纳斯河与呼图壁河之间、硫磺沟地区、八道湾向斜核部及阜康向斜核部地区，煤储层温度表现为高值区。

对于中低煤阶煤储层，浅部较低的地温条件有利于形成次生生物气，并在一定程度上提高储层渗透率。埋深较浅的七道湾背斜轴部地区地层温度普遍较低，平均地温为20～30℃，有利于甲烷菌的生长。来自北天山和博格达山的山前降水和雪山融水，经断裂系统或倾斜煤层的导水作用可携带大量甲烷菌至浅部的煤系地层中，生物气的补给致使七道湾背斜局部地区煤储层含气量较高；北单斜和向斜核部埋深较大的地区由于地层温度较高，煤层水矿化度较大，不利于甲烷菌生长和生物气的生成。

二、"三场"耦合作用

综上所述，地应力场类型和状态、储层压力场及温度场状态垂向上发生明显转换的深度界面分别位于 1000m、800m 及 800m 左右，具有较好的一致性。在构造运动控制下，应力场、储层压力场和地温场之间存在耦合作用关系，深、浅部煤储层的孔裂隙发育、渗透性、吸附能力及气体扩散渗流效率等均发生显著变化。

构造抬升作用及其引起的应力变化导致准噶尔盆地南缘煤储层的异常低压。准噶尔盆地南缘山前带逆冲断层作用强烈，褶皱构造异常发育。褶皱造成煤层上覆负荷在水平方向上的变化不均匀。上覆地层遭受剥蚀后，浅部煤层受到的垂直应力减小，造成岩石孔隙体积反弹，从而导致煤层流体压力降低（许浩等，2016），而盆地中心地层、向斜核部地层抬升幅度小，垂直应力大，受构造作用形成的大倾角煤层易形成浅部异常低压系统和深部异常高压系统。同时，褶皱使得同一煤层在不同深度与渗透性地层接触，发生流体及压力的侧向传递，导致异常压力的形成。准噶尔盆地南缘逆冲断裂切割深度大，部分开启性断层可能导致纵向上地层之间流体的贯通越流，这些地层的流体压力重新调整达到新的平衡状态。

构造抬升过程中引起的温度降低同样可造成煤储层流体压力下降。随着地层抬升，埋藏深度变浅，必然导致地层温度降低，煤储层中的流体由于遇冷收缩，体积变小，从而引起煤储层流体压力降低。深部储层抬升幅度较小，引起的流体温度变化小，不易造成异常低压的形成。

第二节　储层孔渗结构精细表征

本节采用聚焦离子束扫描电镜（FIB-SEM）、低温气体（氮气、二氧化碳）吸附法、常规扫描电镜和压汞法等微纳米结构的精细表征手段，在考虑储层吸附、扩散及渗流特性的孔隙划分方案的基础上，对准噶尔盆地南缘煤的纳米级吸附孔（小于 100nm 的微孔及过渡孔）和微米级渗流孔（大于 100nm 的大孔和中孔）分别进行了深入刻画。

一、孔隙特征

1. 煤储层纳米尺度孔隙构成

1）吸附孔比表面积及孔结构特征

选取了准噶尔盆地南缘 13 组褐煤、长焰煤和气煤样品，采用 FIB-SEM 和低温气体吸附法进行了孔隙结构测试。所选样品的低温氮气吸附的物理结构参数（比表面积、微孔体积等）测试结果见表 3-2-1。所选样品的总吸附孔隙（1.7～100nm）体积为（0.137～19.211）$\times 10^{-3}$mL/g，变化较大；平均吸附孔径为 3.46～16.31nm，低煤阶煤（镜质组最大反射率 $R_{o, m} < 0.70\%$）大于 10nm，中煤阶煤（$0.70\% < R_{o, m} < 1\%$）为 3～6nm。

表 3-2-1 低温氮气吸附的物理结构参数分析

样品编号	SA/ m²/g	比表面积分布 /(m²/g)			TVP/ 10⁻³mL/g	APD (4V/A)/ nm	比表面积百分数 /%			φ_NA/ %	孔体积百分数 /%		
		SA1	SA2	SA3			SA1	SA2	SA3		TVP1	TVP2	TVP3
L1	1.60	0.28	1.29	0.030	4.59	11.88	17.62	80.27	2.10	1.020	2.89	81.35	15.77
L2	0.05	0.01	0.04	0.002	0.29	16.31	22.67	74.50	2.84	0.084	2.10	85.07	12.84
L3	0.17	0.05	0.12	0.002	0.31	13.19	29.71	69.28	1.01	0.086	7.72	79.92	12.36
S1	0.06	0.03	0.03	0.001	0.14	14.35	51.27	46.70	2.03	0.067	9.03	74.30	16.67
S2	0.46	0.09	0.37	0.004	1.70	12.66	18.72	76.69	0.87	0.151	4.39	85.41	10.19
S3	0.11	0.05	0.06	0.002	0.26	15.88	46.64	52.06	1.30	0.088	9.21	77.93	12.87
B1	0.95	0.23	0.72	0.009	1.91	11.50	23.60	75.45	0.95	0.109	5.40	84.03	10.56
B2	2.48	0.27	2.19	0.020	5.61	11.12	10.85	88.30	0.85	0.121	2.24	89.42	8.34
B3	19.58	4.73	14.83	0.020	18.09	4.02	24.14	75.73	0.14	0.155	12.16	84.58	3.26
B4	23.17	5.73	17.42	0.020	19.21	3.46	24.73	75.19	0.08	0.163	14.06	83.67	2.28
B5	5.63	1.57	4.02	0.040	9.00	5.35	27.79	71.36	0.85	0.100	8.15	80.97	10.88
B6	5.30	1.63	3.62	0.050	8.84	5.88	30.69	68.37	0.94	0.101	8.61	79.48	11.91
B7	10.50	2.63	7.84	0.030	10.52	3.73	25.09	74.66	0.26	2.270	11.25	83.32	5.43

注：SA 为比表面积；SA1 为超微孔（1.7~2nm）BET 比表面积；SA2 为孔隙（2~50nm）BET 比表面积；SA3 为孔隙（50~100nm）BET 比表面积；TVP 为总孔体积；APD 为吸附孔平均直径；φ_NA 为 N₂ 吸附法孔隙度（孔隙为 1.7~100nm）；TVP1 为 BJH 孔隙（1.7~2nm）体积；TVP2 为 BJH 孔隙（2~50nm）体积；TVP3 为 BJH 孔隙（50~100nm）体积。

图 3-2-1（a）至图 3-2-1（d）展示了对 4 个样品使用 N_2、CO_2 两种气体吸附法测试结果：与 N_2 吸附不同，样品的 CO_2 吸附比表面积在 0.5nm、0.6nm 和 0.85nm 3 处分别呈 3 个明显的峰值 [图 3-2-1（a）、图 3-2-1（c）]；比表面积分布与孔隙分布对比，CO_2 吸附具有一致性 [图 3-2-1（b）]，而 N_2 吸附孔体积以中微孔为主 [图 3-2-1（d）]；CO_2 吸附获得的比表面积、孔体积和孔隙度的值通常更高，与前人的研究一致（Okolo et al.，2015）。FIB-SEM 与 N_2 吸附对比表面积分布所测结果基本一致，而 FIB-SEM 测得的比表面积值略低，其主要原因是 FIB-SEM 没有显示原始的比表面粗糙度 [图 3-2-1（e）]。而 FIB-SEM 测得的孔体积值却略高 [图 3-2-1（f）]，原因除了 N_2 吸附只能检测连通的孔隙之外，还与 –196℃的氮分子受到的活化扩散和动力学能的限制（Okolo et al.，2015）、低温氮气分子可能仅受范德华力作用而被狭窄的孔喉阻塞（Bergins et al.，2007）等有关。

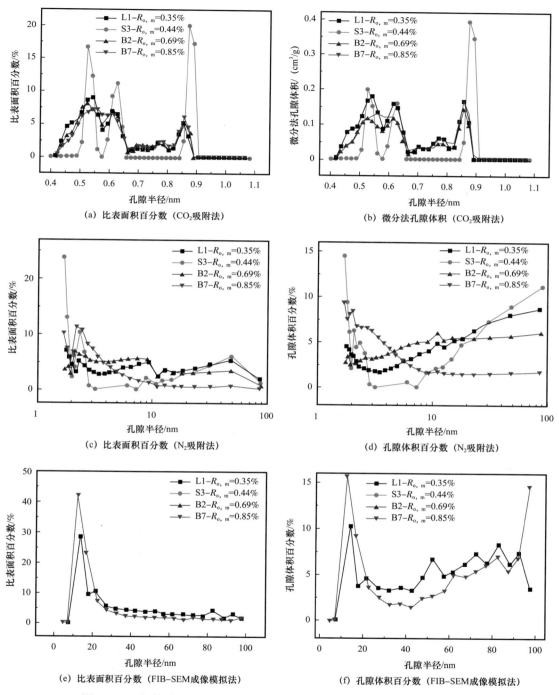

图 3-2-1　气体（CO_2 和 N_2）吸附法和 FIB-SEM 成像模拟法测试结果对比

2）煤阶对微孔孔隙特征的影响

图 3-2-2 进一步对比了不同煤阶煤样的微孔体积及比表面积的发育差异。其中，褐煤超微孔（小于 2nm）的比表面积和孔体积比中—大微孔（大于 2nm）的相应值高得

多；烟煤煤样（B1—B7）中，随着镜质组反射率增加，超微孔体积百分比明显减小[图3-2-2（b）]。由褐煤转化为烟煤过程中，原先超微孔隙一方面由于成岩凝胶化作用消减，另一方面伴随热解生烃作用而经历扩容改造向更大尺度变化。

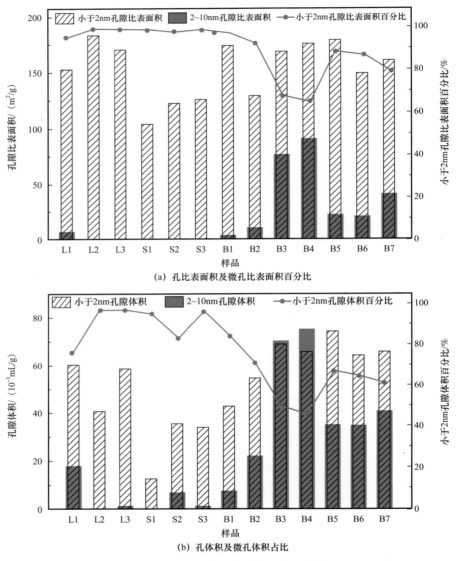

图 3-2-2　孔比表面积及孔体积直方图

横坐标样品 $R_{o, max}$ 从左（0.35%）到右（0.85%）升高

　　图3-2-3和图3-2-4分别以褐煤（SC）样品和烟煤（HBC）样品为代表，展示了准噶尔盆地南缘低煤阶煤中的微孔结构与微裂隙特征。与SC样品（图3-2-3）相比，HBC样品具有更多的微裂隙，这是因为第一次煤化作用跃变可导致镜质组中形成可观的微裂隙（Bustin et al.，1999）。图3-2-4（b）和图3-2-4（c）显示除了填充矿物的微裂隙外，其他微裂隙都具有明显的连通性，其长度为1～50μm，最大宽度为3.5μm。

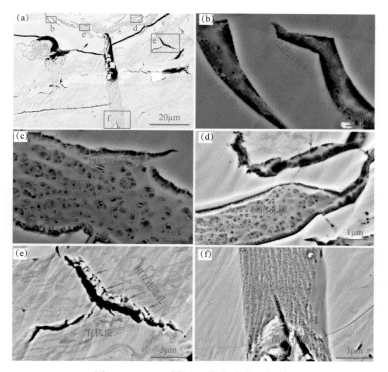

图 3-2-3　SC 样品二维孔隙微观结构

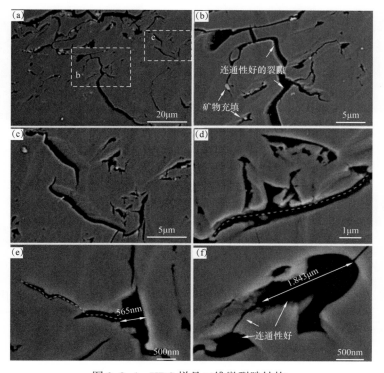

图 3-2-4　HBC 样品二维微裂隙结构

3）基于 FIB-SEM 的三维孔隙形态及连通性评价

图 3-2-5 展示了 SC（褐煤）和 HBC（烟煤）两个样品的三维空间孔隙—裂隙重建结构过程及其孔隙—裂隙网络结构特征。SC 和 HBC 样品体积分别为 5.609μm×3.08μm×5.446μm 和 4.679μm×3.2μm×4.24μm，对于每个 FIB-SEM 切片［图 3-2-5（b）］，将样品分成煤基质（暗灰色）和流体空间（其他颜色）。表 3-2-2 给出了详细的孔隙—裂隙结构参数。流体空间中的不同颜色分别表示单个不相连的孔［图 3-2-5（c）］。SC 样品中 6 种颜色分别代表 6 种独立的多孔隙单元，而 HBC 样品则集中在两个多孔单元，可由此定量分析孔隙的连通性。

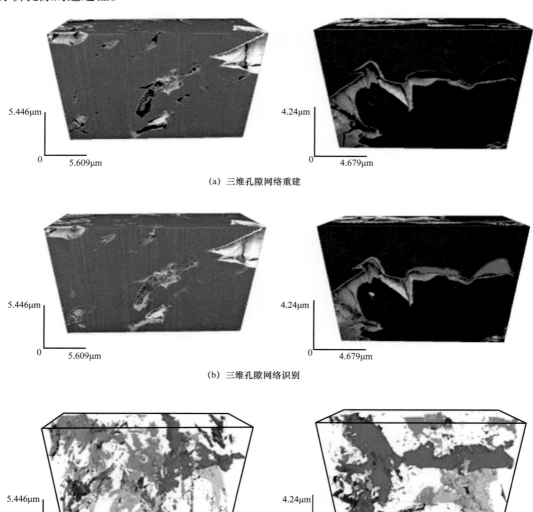

（a）三维孔隙网络重建

（b）三维孔隙网络识别

（c）三维孔隙网络提取

图 3-2-5　三维孔裂隙网络重建、识别和提取

表 3-2-2　两种不同煤级的孔隙和喉道结构参数

样品编号	孔隙							喉道（裂隙）					
	总数量/个/94μm³	最小值/nm	最大值/nm	平均值/nm	体积/μm³	面积/μm²	体积分数/%	总数量/个/94μm³	最小值/nm	最大值/nm	平均值/nm	面积/μm²	通道长度/nm
SC	28944	14	579	18	24	667	26	516	5.8	477	74.3	19.7	29.5～2763.7
HBC	83866	12	901	14	27	723	42	715	4.8	374	67.6	23.2	27.3～2515.8

图 3-2-6 显示了两个样品中孔隙空间的尺寸分布、体积和面积。在小于 100nm 孔中，大多数孔（大于 95%）直径小于 30nm ［图 3-2-6（a）、图 3-2-6（b）］，这些孔隙对孔体积和面积贡献大。累计孔体积和面积与孔径的关系通常显示为对数函数。因此，这些孔隙尤其是小于 30nm 孔隙可为甲烷提供巨大的储集空间。在大于 100nm 孔隙中，孔隙体积和面积均随孔隙直径的增大而增大，孔隙面积与孔隙大小呈强指数关系［图 3-2-6（c）、图 3-2-6（d）］。累计孔体积、面积与孔径之间主要呈指数关系，表明较大的孔可以为甲烷提供更大的运移通道。

4）纳米尺度孔隙煤层气储集、运移能力评价

先前的研究表明，吸附态甲烷主要赋存于小于 50nm 的孔隙中（Cai et al.，2013）。在小于 50nm 的孔隙中，HBC 样品有更大的孔体积和孔面积（图 3-2-7），表明其吸附能力更强；其孔隙多为封闭孔，少许连通孔隙可能为煤层气从较小孔隙向较大孔隙提供流动通道。整体上看，HBC 样品的孔隙体积分数远高于 SC 样品，这意味着 HBC 样品展示的孔隙结构为气体储存（吸附与游离）提供了更多的空间。

图 3-2-7 显示了 SC 和 HBC 样品的连通孔隙直径、面积和体积分布。图中孔隙直径大小与其对应的连通孔隙数量大致呈负相关。两者的连通孔隙面积和体积均呈双峰分布，第一峰在 200～300nm 之间，第二峰在 450nm 以上。同时封闭孔的百分比随着孔隙直径的增大而减小。这表明，SC 和 HBC 储层中连通孔隙发育，具有较好的流动能力，从而有相对高的渗透率，有利于煤层气运移。尽管 HBC 样品的连通孔隙数量比 SC 样品的多，但多集中于 0～50nm，对甲烷流动能力几乎没有影响，不能推断 HBC 样品的甲烷流动能力高于 SC 样品。

图 3-2-8 和表 3-2-3 显示了三维数字岩心计算的孔喉（裂隙）分布。SC 样品的孔喉为 5.826～477.804nm，HBC 样品的孔喉为 4.838～374.93nm，孔喉主要分布在 4～100nm 之间。孔喉数量随喉部大小的增加而减少，孔喉面积主要来自 50nm 以上孔喉贡献，平均孔喉长度随机分布。SC 样品中 300nm 以上的孔喉数量高于 HBC 样品，这可能表明 SC 样品的沟通能力高于 HBC 样品，也就是褐煤的渗透能力高于长焰煤。

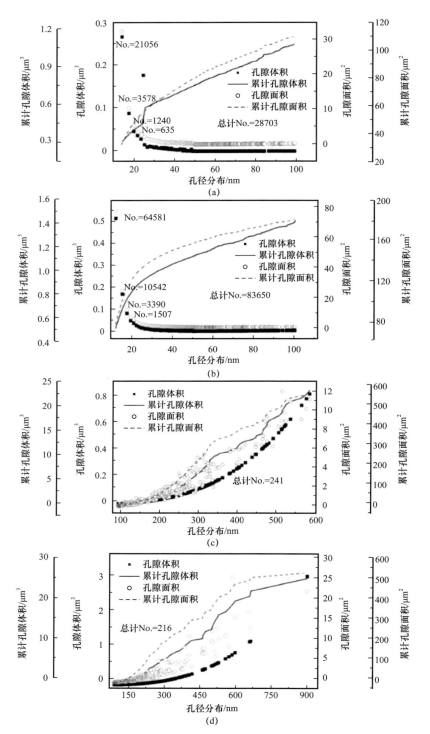

图 3-2-6　孔隙体积和比表面积分布

（a）和（c），样品 SC；（b）和（d），样品 HBC

图中 No.=21056 等是用软件程序统计后得到的点数

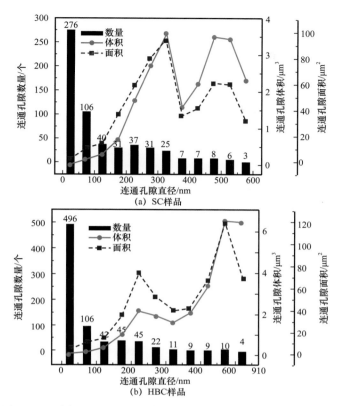

图 3-2-7　样品 SC 和 HBC 中连通孔隙的孔径、面积和体积分布

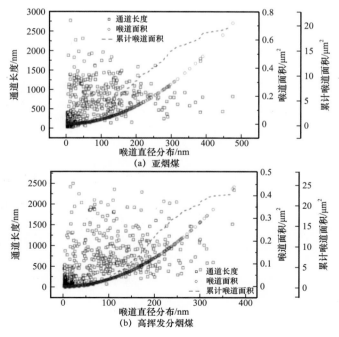

图 3-2-8　三维数字岩心计算的孔喉（裂隙）分布

表 3-2-3 基于 FIB-SEM 的三维数字岩心计算喉道（裂隙）分布

样品 SC					样品 HBC				
喉道 / nm	数量 / 个 /94μm³	面积 / μm²	平均长度 / μm	总长度 / μm	喉道 / nm	数量 / 个 /94μm³	面积 / μm²	平均长度 / μm	总长度 / μm
0～10	87	0.0145	0.1802	15.6759	0～10	199	0.288	0.1118	22.2579
10～20	85	0.0611	0.2707	23.0079	10～20	110	0.0709	0.2189	24.0747
20～30	55	0.1021	0.4487	24.6769	20～30	65	0.1242	0.3862	25.1018
30～40	32	0.1221	0.5978	19.1311	30～40	18	0.0669	0.5008	9.0148
40～50	22	0.1398	0.6617	14.5566	40～50	16	0.1083	0.5866	9.3854
50～100	86	1.3351	0.7863	67.618	50～100	112	2.1078	0.8257	92.4732
100～150	72	3.6486	0.8481	61.0654	100～150	79	3.7845	0.8221	64.9481
150～200	38	3.5661	0.7807	29.6671	150～200	62	5.991	0.8466	52.4871
200～250	16	2.4803	0.9793	15.668	200～250	32	4.9471	1.0257	32.8229
250～300	14	3.414	0.6653	9.3139	250～300	14	3.2675	0.8664	12.1294
300～350	4	1.2932	0.8159	3.2635	300～350	6	1.84	0.7920	4.7518
350～400	5	2.242	0.8411	4.2056	350～400	2	0.875	1.9415	3.8829
400～500	2	1.3504	0.6315	1.2629					

2. 煤储层微米尺度孔隙构成

煤储层微米级的孔隙特征研究主要基于 X 射线 CT 和压汞实验，其代表性结果如图 3-2-9 和图 3-2-10 所示。

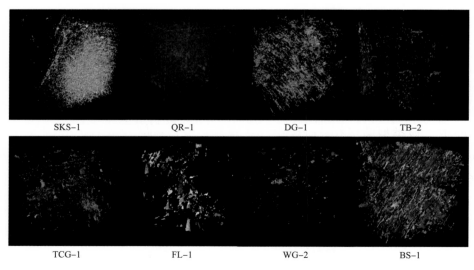

图 3-2-9 孔隙 X 射线 CT 三维立体分布特征

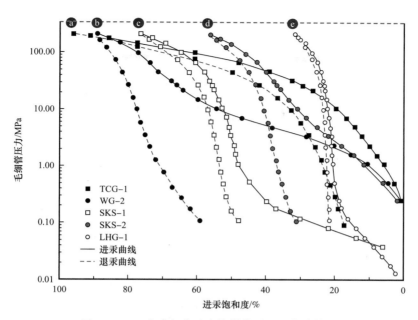

图 3-2-10　准噶尔盆地南缘煤典型压汞曲线特征

　　图 3-2-9 是采用 X 射线 CT 扫描不同煤岩样品，然后利用数值模拟软件进行三维重构获得的不同煤阶样品的孔隙分布云图。根据这些三维云图计算各个样品中孔隙与裂隙的分布情况，如 SKS-1 样品中孔隙型的体积分数占比为 0.61%，对孔隙度的贡献率为41.78%；QR-1 样品孔隙所占体积分数为 0.56%，对孔隙度的贡献率为 100%，未发现裂隙存在。总体上，不同煤岩孔隙三维立体结构非均质性明显，孔隙对煤岩孔隙度贡献都较高，这些孔隙为煤层气提供吸附空间，同时较大孔隙能连通裂隙，为流体提供运输通道。TB-2 样品、TCG-1 样品、FL-1 样品、WG-2 样品和 BS-1 样品中孔隙分为多个部分，不同颜色表示相互间不连通），孔隙间连通性较差，但 X 射线 CT 实验受分辨率限制，无法表征煤中大量发育的纳米级孔隙。

　　图 3-2-10 展示了压汞实验获得的研究区 5 种典型的煤岩渗流孔隙类型特征。汞的注入和退出效率可以指示孔隙之间的连通性，并用于评估煤层气的解吸、扩散或运移（Cai et al., 2013；姚艳斌等，2013）。a 型以 TCG-1 样品为代表，具有较高的最大进汞饱和度（IMS）和高的退汞效率（EMW）。各阶段的毛细管压力（p）均有汞侵入，尤其在$p>10$MPa 时，该类型储层有利于煤层气在连通孔隙中富集。b 型和 c 型以 WG-2 样品和 SKS-1 样品为代表，它们具有较高的最大进汞饱和度和低退汞效率。分别在 1MPa＜p＜10MPa 和 p＜1MPa 阶段，侵入汞体积较大。b 型表明过渡孔与中孔充分连通，而与微孔没有充分连通，这种类型在褐煤—高挥发分烟煤中很少见。c 型为 SKS-1 样品，储层发育丰富的大孔隙，除吸附空间外，还具有较好的煤层气运移通道。d 型和 e 型以 SKS-2 样品和 LHG-1 样品为代表，分别具有中—低最大进汞饱和度和退汞效率，样品含有丰富的吸附孔隙和较有限的大孔隙，不利于煤层气的运移。

二、裂隙特征

1. 裂隙形态研究

煤中裂隙分为内生裂隙与外生裂隙，其中内生裂隙包括失水裂隙、缩聚裂隙和静压裂隙，外生裂隙包括张性裂隙、压性裂隙、剪性裂隙和松弛裂隙。利用扫描电镜（SEM）与体视显微镜对宽沟、硫磺沟、乌东等煤矿煤样裂隙形态进行了分类研究。根据裂隙形态，将观察到的裂隙分为 H 状、T 状、树杈状、环状、哑铃状和羽状 6 类（图 3-2-11 至图 3-2-16）。

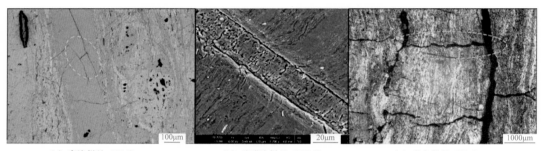

(a) 宽沟样品（OM）　　　　(b) 硫磺沟样品（SEM）　　　　(c) 乌东样品（OM）

图 3-2-11　H 状裂隙

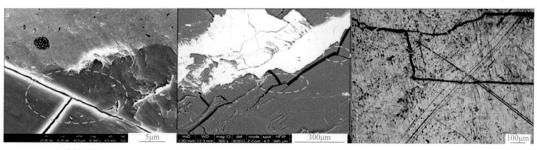

(a) 宽沟样品（SEM）　　　　(b) 硫磺沟样品（SEM）　　　　(c) 乌东样品（OM）

图 3-2-12　T 状裂隙

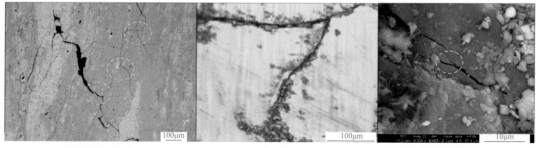

(a) 宽沟样品（OM）　　　　(b) 硫磺沟样品（OM）　　　　(c) 乌东样品（SEM）

图 3-2-13　树杈状裂隙

(a) 宽沟样品（SEM）　　　　　（b) 硫磺沟样品（OM）　　　　　（c) 乌东样品（OM）

图 3-2-14　环状裂隙

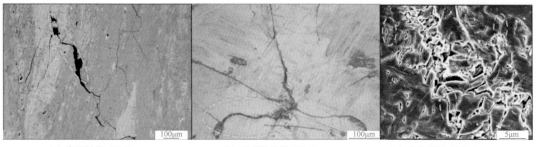

(a) 宽沟样品（OM）　　　　　（b) 硫磺沟样品（OM）　　　　　（c) 乌东样品（SEM）

图 3-2-15　哑铃状裂隙

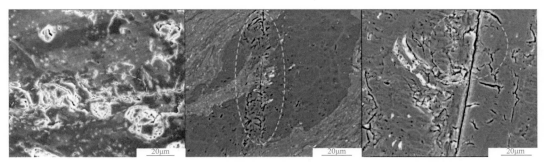

(a) 宽沟样品（SE M）　　　　　（b) 硫磺沟样品（SEM）　　　　　（c) 乌东样品（SEM）

图 3-2-16　羽状裂隙

2.裂隙各向异性特征

采用体视显微镜、偏光显微镜观测以及纵波波速实验对阜康矿区煤岩样品的裂隙体积密度、面密度、间距、面粗糙度以及连通性进行数据提取，揭示阜康矿区煤中裂隙的各向异性特征。对体视显微镜拍摄的照片进行了二值化图像处理，得到20000余条裂隙数据（图3-2-17）；对3000张偏光显微镜照片进行裂隙特征测量，得到2000多组裂隙数据。

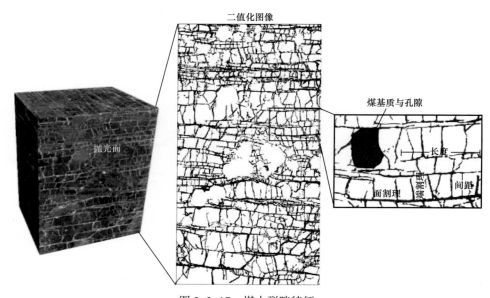

图 3-2-17　煤中裂隙特征

沿层理方向对煤块进行切割，裂隙表面形态通过体视显微镜进行拍摄，

并对图片进行二值化处理，提取裂隙的几何参数

　　体视显微镜可以清晰地观测到裂隙的几何形态特征，获取裂隙图像。观测到的所有裂隙尺度介于宏观与微观之间。拍摄的图像通过二值化处理后再对裂隙的几何参数进行提取。将实验裂隙度定义为裂隙网络空间的体积与煤样品的体积比：

$$\phi = \frac{nblh}{AL} \qquad\qquad (3\text{-}2\text{-}1)$$

式中　　n——裂隙数量；

　　　　b——裂隙开度；

　　　　l——裂隙长度；

　　　　h——裂隙高度；

　　　　A——样品横截面积；

　　　　L——样品长度。

　　获得的裂隙度 ϕ = 裂隙总面积 / 样品横截面积。通过比较 9 个煤样同一样品中不同截面裂隙度，表明平行层理方向裂隙度是垂直层理方向裂隙度的 1.15～4.63 倍，平均为 2.12 倍。

　　通过比较样品相互垂直的二值化图片，平行层理方向裂隙与垂直层理方向裂隙的剖面组合形式可以很容易被观察到。平行层理方向裂隙剖面组合形式包含网状、不规则网状，渗透性相对较好；然而，垂直层理方向裂隙剖面组合形式多呈孤立状、平行状，其渗透性相对较差（图 3-2-18）。

　　裂隙网络的连通性可以用每测量单位裂隙连接点的数量精确地定量研究。为了计算方便，同时减少误差，将二值化后的图片进行网格化划分，然后统计每一单元格内裂隙交叉点的数量，最终获得所有交叉点的总量（图 3-2-19）。

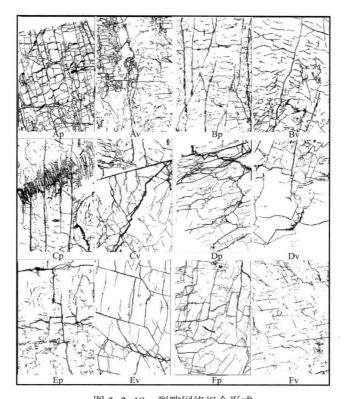

图 3-2-18　裂隙网络组合形式

A—QM1-1；B—QM1-4；C—XG1-1；D—XG1-3；E—XG2-2；F—XG2-6；

p—平行层理裂隙剖面；v—垂直层理裂隙剖面

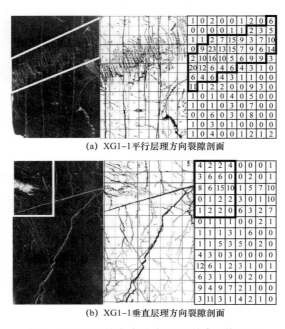

(a) XG1-1平行层理方向裂隙剖面

(b) XG1-1垂直层理方向裂隙剖面

图 3-2-19　网格交点法应用于裂隙网络原理

样品表面裂隙交叉点的总数与样品表面积的比定义为裂隙连通率：

$$f_c = \frac{n_i}{A} \qquad\qquad (3-2-2)$$

裂隙连通率在不同的层理方向表现出了差异性，9个煤样的计算结果表明，平行层理方向的裂隙连通率大于垂直层理方向的，相对应的比值范围为1.06～1.88。

三、矿物分布及其影响

研究区煤中广泛发育矿物（图3-2-20），这些矿物多零星分布且赋存极不均匀，这也导致了煤储层渗透率等物性特征具有明显的各向异性，煤中矿物充填于中大孔和裂隙，影响煤中流体（气、水或煤粉）在割理和裂隙中的流动，极大地改变了储层孔渗结构，因此，裂隙系统矿化及充填作用不可忽视。

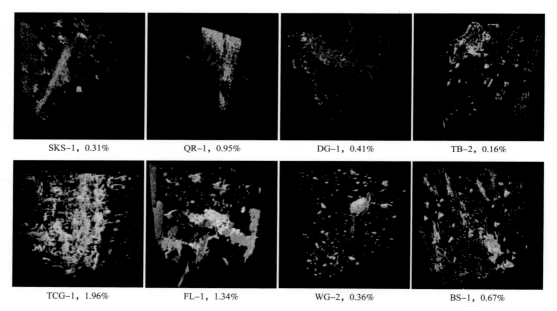

SKS-1, 0.31%　　QR-1, 0.95%　　DG-1, 0.41%　　TB-2, 0.16%

TCG-1, 1.96%　　FL-1, 1.34%　　WG-2, 0.36%　　BS-1, 0.67%

图3-2-20　煤中矿物X射线CT三维立体分布特征
样品后数值为矿物含量

煤层裂隙充填物是在成煤过程中形成的以有机气相为主的流体和来自围岩的液相无机流体因酸碱度、温度、溶液浓度等差异而发生化学反应所形成的沉淀物。煤储层中微裂隙充填物通常有两种产状：一种是呈薄膜状附着，部分占据裂隙体积；另一种则几乎完全充满裂隙，显著降低裂隙渗透性。总体上，这些矿物的类型、成因及分布影响煤储层渗透率，对煤层气的产出影响巨大。

准噶尔盆地南缘煤层中发育有黄钾铁矾、伊利石、铁白云石、磷灰石、石英、重晶石、绿泥石、高岭石、石膏、白云石、水镁矾、钠长石、蒙皂石、钾盐、磷铝钙石、方解石等矿物（表3-2-4）。

表 3-2-4 准噶尔盆地南缘不同矿物扫描电镜—能谱仪（SEM-EDS）半定量原子百分比

矿物	元素组成 /%															煤岩样品
	C	O	F	Na	Mg	Al	Si	P	S	Cl	K	Ca	Fe	Mn	Ba	
黄钾铁矾		75.12		2.28		0.11	0.07		9.25		0.56		12.62			TCG-2
伊利石		69.18	6.62	0.49		12.39	14.20		0.31		0.34		3.12			XHG-1、TCG-1
铁白云石	41.20	38.21			7.26							12.10	1.21			TB-2、LHG-9
磷灰石		62.36		0.85				11.50				18.70				TB-1、HX-1
石英		78.33					21.70									QR-1、SKS-1
重晶石		75.20							12.70						12.10	SKS-2
绿泥石		66.63					15.00							4.50	13.84	SKS-2
高岭石		74.83				12.35	12.80									HD-2等
石膏		30.29							24.49			45.20				SW-1
白云石	25.50	63.58			5.58							5.03	0.29			SW-2、FL-1
水镁矾		83.00			8.90				7.80			0.30				SW-2
钠长石		82.18		2.82		4.11	8.47		0.97	0.65		0.80				LHG-5、HD-1
蒙皂石		77.84			3.84	3.95	6.21		0.67		0.26	7.23				LHG-7、LHG-9
钾盐		59.79		4.30						19.20	16.80					FL-1
磷铝钙石		72.85				11.79	3.70	7.32	2.42			1.92				TCG-1、QR-1
方解石	54.96	37.57			0.52	0.36	0.49					6.11				HX-1等

煤中矿物主要为硅酸盐矿物（图3-2-21），结核状、团块状的高岭石最常见，其主要充填于显微组分原始植物胞腔中，由原始泥炭堆积过程的自生作用形成；少数高岭石以裂隙充填物出现，为后生黏土矿物，偶见绿泥石和钠长石，可能属于与原始成煤物质同时堆积的碎屑矿物。碳酸盐矿物以高含量的方解石为主，多呈裂隙被膜形式产出，多为后生淋滤作用成因。此外，还见有白云石、铁白云石，为方解石的蚀变产物。硫化物矿物主要有黄铁矿，充填裂隙或充填有机质空腔的黄铁矿属于晚生成岩阶段矿物，而在镜质组条带中呈细分散状或成群分布的莓球状黄铁矿，属同生—准同生类型黄铁矿。硫酸盐矿物主要为重晶石和石膏（自生矿物，常为裂隙次生充填物）、水镁矾，偶见黄钾铁矾、针绿矾（铁厂沟煤矿煤中发现）。磷酸盐矿物主要是磷灰石（后生成因，形成于低温流体流经断层发育带）及少量磷铝钙石。在FL-1样品中还发现了钾盐，其成因及发育过程还有待进一步探讨。

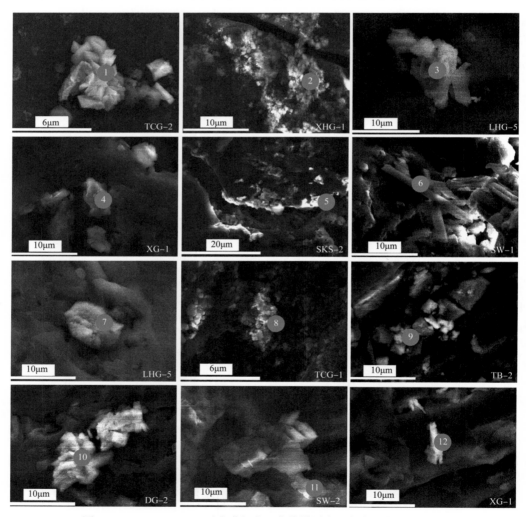

图 3-2-21　SEM-EDS 下准噶尔盆地南缘煤层中矿物类型与分布特征

① 黄钾铁矾；② 伊利石；③ 钠长石；④磷灰石；⑤重晶石；⑥ 石膏；⑦ 蒙皂石；⑧ 石英；⑨ 白云石；⑩ 高岭石；⑪ 水镁矾；⑫ 方解石

准噶尔盆地南缘煤层中裂隙充填物主要为高岭石、方解石、黄铁矿和煤粒（图 3-2-22）。

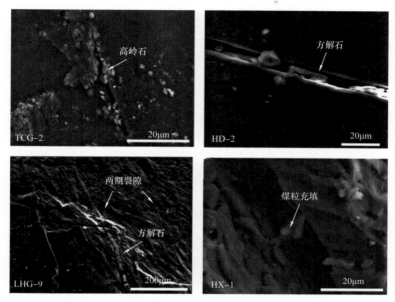

图 3-2-22　准噶尔盆地南缘煤层中裂隙充填物特征

内生微裂隙矿物充填较少，主要为高岭石充填，高岭石很少在裂隙中单独出现，一般多与绿泥石等或与非黏土矿物（金红石、锐钛矿、石英等）共生。外生微裂隙多被方解石和黄铁矿等充填。方解石、白云石裂隙充填物主要有单矿物形式和与高岭石伴生两种填充形式。黄铁矿裂隙充填物多与其他矿物伴生，其沉淀先后顺序一般为黄铁矿—黏土矿物—碳酸盐矿物。裂隙充填物与流体成分的变化有关，流体能使已被矿物充填的裂隙重新张开，随后不同矿物以幕式沉积于裂隙中。

四、储渗空间分布变化

煤的孔隙性直接关系到煤的吸附、解吸以及煤层气在煤中的流动性。煤岩渗透率是储层孔—裂隙系统优劣特征的综合反映，其大小在一定程度上直接反映了煤储层的渗透性能。作为非常规储层，煤层的孔渗性是煤层气开发者最关心的问题。因为在原地气含量达到临界可采界限时，有无高的采收率关键取决于煤层的渗透率。

据准噶尔盆地南缘有限资料点统计，呼图壁—玛纳斯矿区煤层孔隙度为 0.2%～16.4%，平均为 8.4%；渗透率为 0.22～23.2mD，平均为 11.0mD；硫磺沟矿区煤层平均孔隙度为 7.10%，平均渗透率为 2.12mD；乌鲁木齐矿区煤层平均渗透率为 6.38mD，阜康矿区煤层平均渗透率为 0.32～13.83mD。为了进一步表征准南地区中低阶煤岩孔隙度、渗透率空间变化特征，采用物理模拟和数值模拟结合的方式分别提取了氦气孔隙度、核磁共振孔隙度以及煤基质、裂隙孔隙度和渗透率等参数。煤岩氦气孔隙度为 5.07%～28.9%，平均为 12.18%；核磁共振孔隙度为 3.02%～44.61%，平均为 16.64%；核磁共振渗透率为 0.0008～15.584mD，平均为 1.508mD。煤层物性总体上较好，但存在较强的非均质性（表 3-2-5）。

表 3-2-5　煤岩组成和孔渗性参数特征

样品编号	$R_{o, m}$/%	煤级分类	煤岩组成 /%（体积分数）				ϕ_{He}/%	ϕ_{NMR}/%			K_{NMR}/mD		
			V	I	L	M		ϕ_{pore}	ϕ_{cleat}	ϕ_{total}	K_{pore}	K_{cleat}	K_{total}
L1	0.33	褐煤	59.4	36.0	0.4	4.2	28.9	1.91	32.59	34.5	0.153	1.924	2.077
L2	0.35	褐煤	55.9	37.5	3.1	3.5	28.32	2.54	32.56	35.1	0.527	4.487	5.014
L3	0.40	褐煤	58.6	39.9	0.4	1.1	10.79	4.96	39.65	44.61	0.0193	15.5647	15.584
S1	0.46	SC	78.8	5.4	12.1	3.7	14.38	1.47	11.34	12.81	0.0564	0.0109	0.0673
S2	0.47	SC	62.9	30.1	4.9	2.1	11.2	0.82	9.89	10.71	0.004	0.009	0.013
S3	0.50	SC	65.7	18.5	4.4	11.4	10.5	1.62	20.33	21.95	0.0201	0.2869	0.307
S4	0.54	SC	73.1	20.4	6.5	0.0	8.4	1.06	8.12	9.18	0.0078	0.0211	0.029
S5	0.59	SC	68.4	21.7	0.7	9.2	6.28	0.98	3.81	4.79	0.0028	0.0027	0.0055
S6	0.59	SC	65.6	16.6	10.5	7.3	6.21	0.83	3.23	4.06	0.0004	0.0014	0.0018
B1	0.64	HVB	82.8	1.7	14.2	1.3	5.07	0.58	2.44	3.02	0.0003	0.0005	0.0008
B2	0.64	HVB	73.8	16.5	2.3	7.4	6.5	2.32	10.01	12.33	0.0025	0.3725	0.375
B3	0.68	HVB	67.3	11.0	5.2	16.5	5.67	1.22	5.02	6.24	0.0031	0.0093	0.0124
B4	0.82	HVB	68.0	23.8	5.6	2.6	9.6	0.85	4.9	5.75	0.0008	0.0035	0.0043
B5	0.83	HVB	64.0	31.3	1.5	3.2	16.6	1.52	17.09	18.61	0.198	0.095	0.293
B6	0.85	HVB	68.6	24.9	0.5	6.0	12.24	1.16	19.93	21.09	0.0261	0.1819	0.208
B7	0.94	HVB	67.7	25.8	2.2	4.3	14.2	1.1	20.39	21.49	0.0841	0.0569	0.141

注：$R_{o, m}$ 为油浸下镜质组最大反射率；V 为镜质组；I 为惰质组；L 为壳质组；M 为矿物；SC 为亚烟煤；HVB 为高挥发分烟煤；ϕ_{H} 为氦气孔隙度；ϕ_{NMR} 为核磁共振孔隙度；K_{NMR} 为核磁共振渗透率；ϕ_{pore} 为基质孔隙孔隙度；ϕ_{cleat} 为裂隙（割理）孔隙度；ϕ_{total} 为总孔隙度；K_{pore} 为基质孔隙渗透率；K_{cleat} 为割理渗透率；K_{total} 为总渗透率。

1. 孔隙结构及其贡献孔隙度

煤孔隙度一般由孔隙贡献的孔隙度和裂隙（割理）贡献的孔隙度组成。核磁共振孔隙度由孔隙和裂隙贡献的范围分别为 0.58%～4.96% 和 2.44%～39.65%［表 3-2-5、图 3-2-23（a）］。核磁共振总孔隙度一般等于氦气的孔隙度［图 3-2-23（a）］，证实了测量数据的准确性。孔隙度随煤阶的增加而减小［图 3-2-23（b）］，这是由于脱水导致大量的水排出，使得孔隙度降低一个数量级（Flores，2014）。第一次煤化跃变发生的化学变化和物理变化增加了吸附孔隙体积，导致吸附孔隙体积在 $R_{o, m}$ 为 0.5%～0.6% 处突然增大（图 3-2-24）。渗流孔隙体积分数为 17.36%～94.97%，最小值分布在 $R_{o, m}$ 为 0.5%～0.6% 处（图 3-2-24）。这些结果间接表明，吸附孔隙是煤孔隙的主要贡献者。

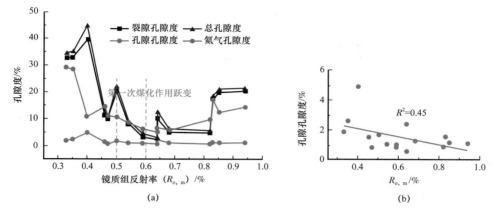

(a)   (b)

图 3-2-23　不同煤级煤的氦气孔隙度和核磁共振孔隙度

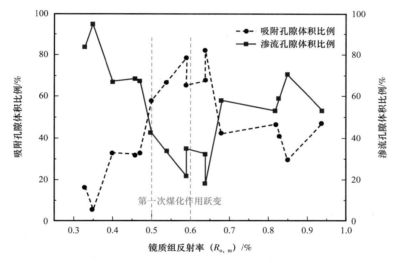

图 3-2-24　不同煤级煤中吸附、渗流孔隙体积的贡献度

2. 裂隙结构及其贡献孔隙度

裂隙（割理）孔隙度、总孔隙度和氦气孔隙度与 $R_{o, m}$ 呈现 U 形趋势，当 $R_{o, m}$ 为 0.5%～0.6% 时出现最小值 [图 3-2-23（a）]。与孔隙相比，割理孔隙度相对较高，贡献率为 79.55%～94.89% [图 3-2-23（a）]。以 S1 样品为例，裂隙长度可以达到 0.1mm，呈零星分布，密度为 327 条 /9cm^2。图 3-2-25（a）中，a2、a3、a4 分别在 680×、2000× 和 4530× 放大倍数下显示出 a1 中的裂隙，可以看出裂隙连通性较好，仅有少量被矿物填充，裂隙直径可达到 50μm，显著影响煤样的孔隙度。图 3-2-25（c）显示了端割理和面割理的特征，面割理一般与层面近似平行，多呈板状延伸，连续性较好，而端割理则发育于两条相邻的面割理之间，与层面近似垂直，一般连续性较差，缝壁不规则。这些属性（长度、宽度、密度、连通性等）决定了孔隙度和渗透率 [图 3-2-25（d）、图 3-2-25（e）]，进而影响煤层气储集与渗流。

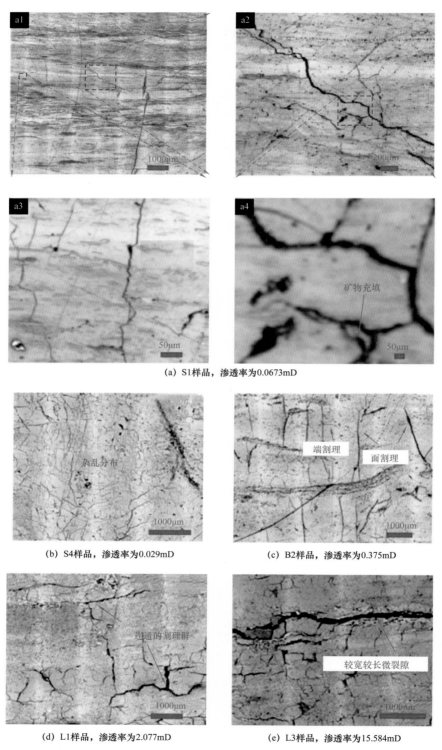

(a) S1样品，渗透率为0.0673mD

(b) S4样品，渗透率为0.029mD

(c) B2样品，渗透率为0.375mD

(d) L1样品，渗透率为2.077mD

(e) L3样品，渗透率为15.584mD

图 3-2-25　不同渗透率下煤割理光学显微镜特征

3. 渗流孔隙结构与（基质）孔隙贡献渗透率

基本上，吸附孔对渗透率的贡献可以忽略不计，而渗透孔对渗透率的贡献率取决于孔径分布和孔连通性（Cai et al., 2016; Pan et al., 2015）。压汞测试显示，阈值压力为0.01～0.94MPa，毛细管中值压力为2.76～166.8MPa，最大进汞饱和度为27.67%～90.37%，退汞效率为14.88%～77.48%。这些参数表明样品之间的孔隙结构有很大差异。最大汞饱和度与煤级的增加没有直接关系，退汞效率与镜质组反射率呈倒U形趋势，最大值出现在镜质组最大反射率为0.6%处（图3-2-26），恰好是脱水作用和沥青化作用的分界，孔隙的连通性随着烃（甲烷）的生成而迅速增加。

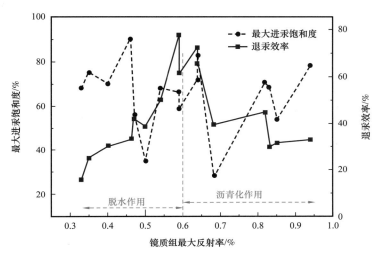

图3-2-26　不同煤级最大进汞饱和度和退汞效率

基质渗透率占煤渗透率的0.07%～79.14%，平均为28.64%（表3-2-5）。图3-2-27（a）、图3-2-27（c）和图3-2-27（e）显示了离心条件前后3种不同阶煤样品的核磁共振T_2谱（0.1～10000ms）。L3样品具有大体上等距的双峰分布，含大量的渗流孔和裂隙[图3-2-27（a）、图3-2-27（b）]。离心后第二振幅低于100%水饱和值，表明流动水在连通的裂隙及渗流孔中迁移（Li et al., 2014; Zhou et al., 2017）。因此，L3样品中渗流能力较强，表现为较高的割理渗透率（K_{NMR}=15.5647mD）。S3样品和B6样品的不同渗透率主要由割理渗透率引起，如图3-2-27（c）和图3-2-27（e）所示。此外，$T_2>$50ms的振幅在离心后变为零（图3-2-27），这种现象表明，$T_2>$50ms的孔裂隙连通性良好，流体可在其中流动。

4. 裂隙结构与割理贡献渗透率

割理渗透率占煤渗透率的20.86%～99.93%，平均贡献率为71.36%（表3-2-5）。褐煤—亚烟煤—高挥发分烟煤样品的大部分渗透率由割理贡献。图3-2-25（b）至图3-2-25（e）显示割理密度、孔径和连通性影响煤的渗透率，表明4个数量级的煤渗透率的变化受割理特征的控制。S4样品具有密集且不连接的割理，因此煤层气不能流动或运输［图 3-2-25（b）］，在具有中等渗流能力的 B2 样品中发育大量裂隙［图 3-2-25（c）］，且具有一定的连通性。L1 样品和 L3 样品具有较大的裂隙，孔径可以超过 100μm ［图 3-2-25（d）、图 3-2-25（e）］，分布密集，对应于较高的渗透率值。

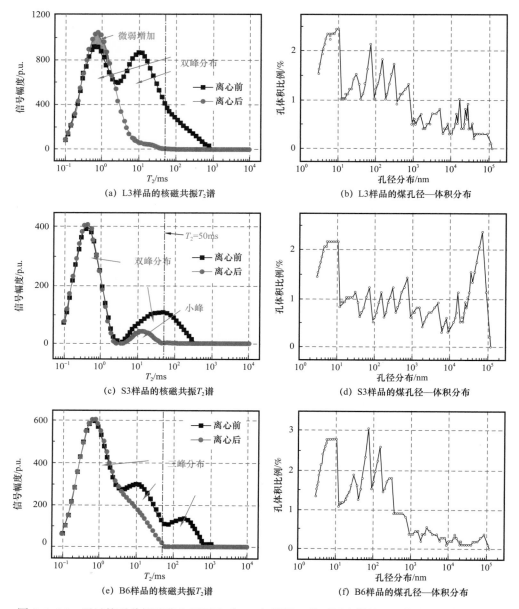

(a) L3 样品的核磁共振 T_2 谱   (b) L3 样品的煤孔径—体积分布

(c) S3 样品的核磁共振 T_2 谱   (d) S3 样品的煤孔径—体积分布

(e) B6 样品的核磁共振 T_2 谱   (f) B6 样品的煤孔径—体积分布

图 3-2-27   通过核磁共振弛豫和压汞法（MIP）测量 3 种不同阶煤样品的煤孔径—体积分布

5. 褐煤—亚烟煤—高挥发分烟煤孔隙度和渗透率的演化

从脱水作用到沥青化作用过程中，图 3-2-28 显示了孔隙贡献的孔隙度 / 渗透率及其随煤阶上升的演化规律。煤孔隙度随煤阶增加呈 U 形变化趋势，且裂隙孔隙度贡献值随煤阶增加也呈 U 形变化趋势，镜质组最大反射率（$R_{o, m}$）为 0.3% 时约为 95%，$R_{o, m}$ 为 0.6% 时约为 80%，$R_{o, m}$ 为 0.9% 时约为 95%［图 3-2-28（a）］。孔隙度的减小可能与机械、化学压实导致的孔隙空间演化有关，当 $R_{o, m}$ 为 0.6% 时，煤的孔隙度急剧下降［图 3-2-28（a）］。众所周知，第一次煤化作用跃变使镜质组结构发生变化，伴随着烃类和沥青生成（Wang et al., 2017），促生了大量新生割理，因此当 $R_{o, m}$ 为 0.6%～0.9% 时孔隙度随煤阶的增加而增加［图 3-2-28（a）］。渗透率演化集中在 4 个椭圆区域内，表明褐煤或高挥发分烟煤的渗透率受割理特征控制（孔隙贡献接近于零，而亚烟煤的孔隙度对渗透率的贡献可达 35%～79%［图 3-2-28（b）］，这些异常值可能是构造活动的结果。此外，新生沥青填充了某些裂隙和大孔，因此渗透率在 $R_{o, m}$ 为 0.3%～0.6% 时发生突变。

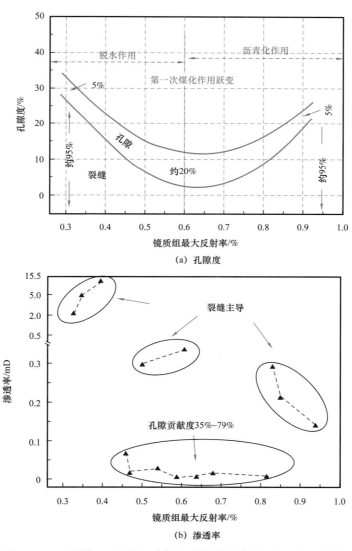

(a) 孔隙度

(b) 渗透率

图 3-2-28　褐煤—亚烟煤—高挥发分烟煤孔隙度和渗透率的演化

第三节 煤层含气性变化

一、煤储层吸附性温压作用机制

为了研究温度和压力对研究区中低煤阶煤储层吸附特性的影响，对不同镜质组（腐殖组）反射率的煤岩样品进行了不同温度、压力条件下的等温吸附实验。实验样品为采集自准噶尔盆地南缘6个煤矿的西山窑组褐煤、长焰煤和气煤，镜质组（腐殖组）最大反射率范围为0.4%～0.81%，灰分变化范围为6.58%～13.25%（表3-3-1）。

表3-3-1 等温吸附实验样品参数　　　　单位：%

样品	镜质组最大反射率	镜质组或腐殖组（全岩）	灰分	水分	煤矿
ZX-1	0.43	64.7	11.23	1.25	中兴
ZND-1	0.6	74.7	9.32	1.74	准东南
SKS-1	0.4	72.1	13.25	1.65	四棵树
SL	0.81	77.8	7.12	1.23	神龙
DHS	0.67	67.8	6.58	1.47	大黄山
ST	0.61	65.4	8.35	2.02	顺通

实验采用TerraTek ISO-300型高压等温吸附仪，遵照国家标准GB/T 19560—2008《煤的高压等温吸附试验方法》的滴定法进行。首先制取粒度为0.18～0.25mm的原煤样，然后在空气中平衡，制备成空气干基粉煤样品。在一定的湿度条件下装入样品缸内，在3个不同的油浴温度下（分别为30℃、60℃和90℃），通过变换不同的压力值来测定煤样对甲烷气体的吸附量，实验结果通过朗格缪尔方程进行拟合，并计算出兰氏体积和兰氏压力，同时绘制等温吸附曲线（表3-3-2、图3-3-1）。

表3-3-2 煤岩不同温度、压力条件下等温吸附模拟实验朗格缪尔参数

样品	30℃		60℃		90℃	
	V_L/（cm³/g）	p_L/MPa	V_L/（cm³/g）	p_L/MPa	V_L/（cm³/g）	p_L/MPa
ZX-1	8.76	4.78	8.02	5.32	6.23	8.75
ZND-1	14.02	3.20	12.32	4.63	9.87	6.23
SKS-1	12.75	5.48	10.95	6.78	7.56	8.24
SL	24.82	2.20	22.35	2.98	16.25	4.26
DHS	20.63	2.66	18.85	3.65	14.26	5.43
ST	17.60	2.97	15.6	3.97	12.24	5.23

注：V_L为兰氏体积；p_L为兰氏压力。

实验结果显示，对于同一煤样，在相同温度下，随着压力的升高，吸附量均呈增大趋势，并存在理论上的最大吸附量，即兰氏体积（图 3-3-2）。在等温条件下，不同煤阶的样品吸附气量随压力变化趋势相同，低压阶段气体吸附量快速增加，而后转为缓慢增加，最后达到吸附饱和（图 3-3-3），而升高温度会降低吸附气量。随着温度从 30℃升至 90℃，各煤样品的兰氏体积降低了 28.88%～40.71%。其中，30℃和 60℃之间兰氏体积降低 8.45%～14.12%；而 60℃与 90℃之间兰氏体积降低 19.89%～30.96%（图 3-3-2、图 3-3-3），说明在 60℃以下煤吸附量随温度变化影响较小，吸附量主要受压力控制。对于更深煤层，温度条件是影响煤吸附量的主要因素，而压力影响相对减弱。

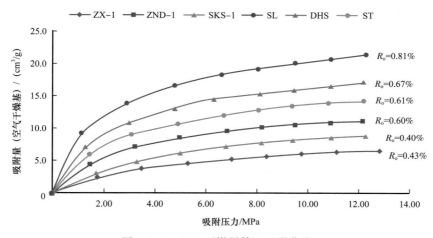

图 3-3-1　30℃下煤样等温吸附曲线

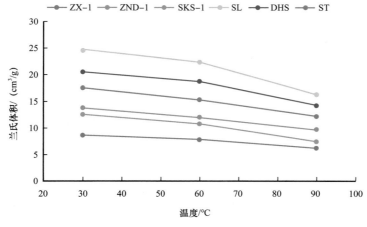

图 3-3-2　煤样兰氏体积随温度变化曲线

煤的吸附量随镜质组（腐殖组）反射率的增高单调递增。当 $R_{o, m} < 0.5\%$ 时，即褐煤阶段，煤岩吸附能力最小，兰氏体积约 8cm³/g；当 $R_{o, m} > 0.5\%$ 时，煤岩吸附能力显著增强，30℃条件下可达到 24.82cm³/g（图 3-3-4）。

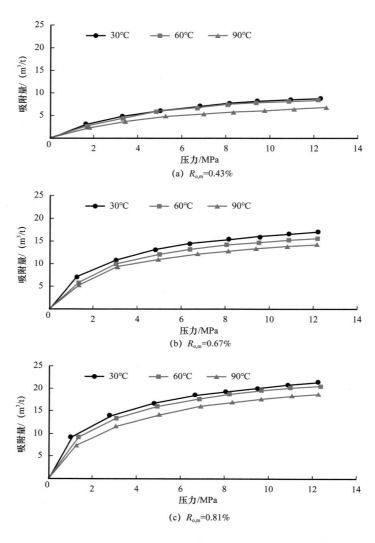

图 3-3-3　不同温度、压力条件下煤等温吸附曲线

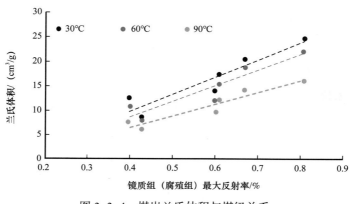

图 3-3-4　煤岩兰氏体积与煤级关系

二、煤层气赋存状态

1. 吸附气预测模型

由前文可知，吸附量在低压情况下更易因压力增加而增大。但是在高压区受压力增加影响较小，吸附量随温度增加而降低。煤储层压力随地层埋深变化，浅部低压储层中吸附量主要受控于储层压力，而对于深部高压煤储层，控制其吸附量的主要因素为储层温度。当温度对吸附量影响的负效应大于压力对吸附量影响的正效应时，将引起煤储层吸附气含量的下降，即在一定埋深（即临界埋藏深度）条件下，存在煤储层吸附气含量的最大值。

将非线性回归分析拟合得到的准噶尔盆地南缘中低煤阶煤储层干燥无灰基条件下的朗格缪尔参数（V_L、p_L）代入朗格缪尔方程，可得到基于流体压力场、地温场和煤阶影响下的准噶尔盆地南缘深部中低煤阶煤储层吸附气量预测模型：

$$V = \frac{pV_L}{p+p_L} = \frac{p\left(-102.43R_{o,m}^2 + 143.52R_{o,m} - 0.16T - 15.36\right)}{p + \left(1.24R_{o,m}^2 - 3.28R_{o,m} + 3.32\right)1.05^T} \quad (3-3-1)$$

式中　V——煤岩吸附气量，m^3/t；

　　　p——储层压力，MPa。

从式（3-3-1）中可以看出，地层压力梯度、温度梯度以及煤化作用的区域性差异，将导致临界埋藏深度在不同的区域具有差异性。准噶尔盆地南缘压力梯度和温度梯度整体变化不大，但全区煤阶变化较大，控制临界埋藏深度的主要因素为煤化作用程度，吸附气量的临界埋藏深度随煤阶升高而增大。

2. 游离气预测模型

由于温度、压力的不同，导致不同埋深条件下的甲烷密度差异较大。申建等（2015）通过实验模拟，认为甲烷密度随压力升高呈抛物线形式增加，与温度呈负指数函数关系递减，甲烷密度与温度、压力拟合关系如下：

$$\rho_{甲烷} = \left(-4.80 \times 10^5 p^2 + 0.000932p - 0.0367\right) e^{-0.00439T} \quad (3-3-2)$$

式中　$\rho_{甲烷}$——甲烷密度，g/cm^3；

　　　p——压力，Pa；

　　　T——温度，℃。

基于理想气体状态方程，叠加甲烷密度与温度、压力拟合关系，标况下的游离气含量与温度、压力关系拟合公式如下：

$$V_{游离} = 22.4 \times \frac{\left(-4.80 \times 10^5 p^2 + 0.000932p - 0.0367\right) e^{-0.00439T}\left(\dfrac{\phi_f}{\rho_{煤}}\right)}{M_{甲烷}} \times 10^3 \quad (3-3-3)$$

式中　$V_{游离}$——游离甲烷气量，m^3/t；

ϕ_{f}——未被水占据孔隙度，%；

$M_{甲烷}$——甲烷摩尔质量，g/mol；

$\rho_{煤}$——煤岩密度，g/cm³。

三、煤层含气量预测

煤层总含气量表达式为：

$$V_{\mathrm{t}} = V_{\mathrm{H}} + V_{\mathrm{g}} + V_{\mathrm{s}} \qquad\qquad （3-3-4）$$

式中　V_{t}——总含气量，m³/t；

　　　V_{H}——吸附气含量，m³/t；

　　　V_{g}——游离气含量，m³/t；

　　　V_{s}——水溶气含量，m³/t。

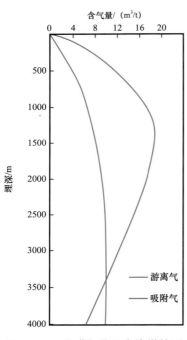

图 3-3-5　准噶尔盆地南缘煤储层
含气性垂向变化预测曲线

根据上述预测模型，以准噶尔盆地南缘平均地温梯度 2.8℃/100m、平均压力梯度 0.9MPa/100m、孔隙度随深度损害系数 0.98、平均镜质组最大反射率 0.75%，计算不同埋深下游离气、吸附气含量，可绘制煤层游离气量、吸附气量随埋深变化曲线（图 3-3-5）。不同地区因地温梯度、压力梯度及煤化作用程度的差异，将导致具有不同的临界埋藏深度。

从埋深与吸附气量关系来看，吸附气含量随埋深增加呈先增大后降低的趋势，即存在吸附气量临界埋藏深度，约 1300m，超过临界范围以深，地层温度所引起的负效应大于地层压力所引起的正效应。游离气含量随埋深增大的变化呈现出 1300m 以浅迅速增大，1300~2500m 增长幅度变缓，而后缓慢降低的趋势。这是由于高地层温度的深部煤层，气体分子热运动更活跃，突破了范德华力，从而使一部分吸附气变成游离气，导致吸附气含量降低，游离气含量升高；但随着埋深继续加大，煤层孔隙度大幅降低，游离气含量增加变缓甚至出现降低的趋势。因此，游离气含量变化规律受储层温度增高下游离气含量增大的正效应，以及孔隙度降低下游离气含量减少的负效应共同影响。

深部煤储层含气量随埋深变化与浅部煤储层不同，并不是单调递增的形式，因此在评价深部煤层含气性时，不能简单采用含气梯度来类推深部煤储层含气量，应当综合考虑储层压力、地层温度、煤化作用及煤的物质组成等因素，对深部煤层含气量做出正确评价。

第四节　煤储层敏感性评价

一、应力敏感性

通过覆压核磁共振与覆压孔渗测试，揭示了应力敏感伤害影响的关键孔径段——大孔及裂隙段，构建了考虑大孔及裂隙压缩系数和煤基质块压缩变形的渗透率应力敏感模型。数值模拟研究表明，急倾斜储层排采过程中下倾方向储层较大的有效应力变化导致其较大的应力敏感伤害，近井筒储层有效应力变化程度最大，应力敏感伤害最为严重。

将宽沟（KG）、硫磺沟（LHG）、乌东（WD）大块煤样沿平行煤层层理方向钻取 $\phi25mm\times50mm$ 圆柱状煤样，在有效应力分别为 3MPa、6MPa、9MPa、14MPa、19MPa 条件下开展了覆压条件下的核磁共振和覆压孔渗测试。

1. 有效应力增大过程 T_2 谱演化

有效应力增大条件下，各样品 T_2 谱幅值趋向于减小（图 3-4-1）。为了直接描述有效应力作用下微—过渡孔（小于 100nm）、中孔（100～1000nm）及大孔—裂隙（大于

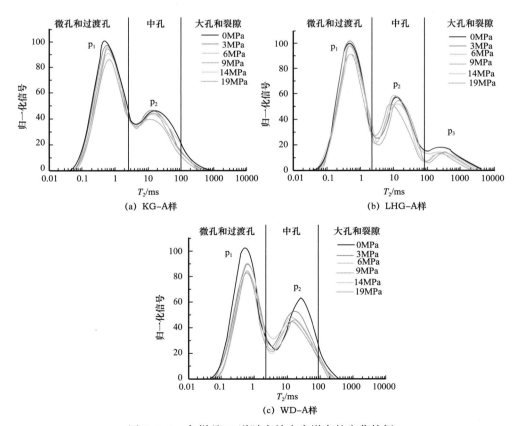

图 3-4-1　各样品 T_2 谱随有效应力增大的变化特征

1000nm）空间变化，定义了无量纲 T_2 谱面积比 A_i（$i=1$ 表示微孔—过渡孔段；$i=2$ 表示中孔段；$i=3$ 表示大孔—裂隙段；$i=4$ 表示全孔径段），即

$$A_i = \frac{S_i}{S_{i-0}} \tag{3-4-1}$$

式中 S_i——不同有效应力下某一孔径段 T_2 谱面积；

S_{i-0}——有效应力为 0 状态下某一孔径段 T_2 谱面积。

A_i 值越小，有效应力作用下相应孔径空间压缩量越大（表 3-4-1）。随着有效应力增大，各样品各孔径段无量纲 T_2 谱面积比呈指数下降（表 3-4-1），大孔及裂隙 A_3 值先快速减小，后缓慢减小，A_1、A_2 及 A_4 值均呈缓慢减小趋势，且减小幅度远小于 A_3 值减小幅度（图 3-4-2）。有效应力达 19MPa 后，KG、LHG 和 WD 样大孔及裂隙段孔隙空间相对减小量分别达到 61%、46% 和 81%（表 3-4-2）。对于高挥发分烟煤，随着有效应力增大，微孔—过渡孔段、中孔段孔隙体积减小程度小于大孔—裂隙段，即应力敏感性小于大孔—裂隙段。

表 3-4-1　各孔径段随有效应力变化的无量纲 T_2 谱面积比

有效应力 / MPa	KG-A				LHG-A				WD-A			
	A_1	A_2	A_3	A_4	A_1	A_2	A_3	A_4	A_1	A_2	A_3	A_4
3	0.97	0.94	0.71	0.95	0.98	0.94	0.82	0.95	0.86	0.95	0.60	0.89
6	0.95	0.91	0.50	0.92	0.98	0.93	0.77	0.94	0.89	0.91	0.45	0.88
9	0.94	0.88	0.48	0.90	1.01	0.91	0.64	0.93	0.85	0.84	0.33	0.83
14	0.91	0.85	0.44	0.87	0.95	0.88	0.61	0.89	0.82	0.79	0.23	0.79
19	0.85	0.83	0.39	0.82	0.94	0.83	0.54	0.86	0.81	0.76	0.19	0.77

表 3-4-2　各样品各孔径段无量纲 T_2 谱面积比（y）与有效应力（x，MPa）的关系函数

A_i	KG-A	LHG-A	WD-A
A_1	$y=1.0014e^{-0.008x}$（$R^2=0.945$）	$y=1.0049e^{-0.003x}$（$R^2=0.667$）	$y=0.9387e^{-0.009x}$（$R^2=0.706$）
A_2	$y=0.9736e^{-0.009x}$（$R^2=0.933$）	$y=0.9808e^{-0.008x}$（$R^2=0.950$）	$y=0.9896e^{-0.015x}$（$R^2=0.974$）
A_3	$y=0.8121e^{-0.045x}$（$R^2=0.806$）	$y=0.9285e^{-0.031x}$（$R^2=0.932$）	$y=0.8174e^{-0.086x}$（$R^2=0.949$）
A_4	$y=0.9845e^{-0.009x}$（$R^2=0.972$）	$y=0.9876e^{-0.007x}$（$R^2=0.964$）	$y=0.9548e^{-0.013x}$（$R^2=0.895$）

2. 有效应力增大过程中的孔渗变化

随着有效应力增大，各样品渗透率在有效应力为 3～9MPa 阶段快速减小，在 9～19MPa 阶段缓慢减小（图 3-4-3）。为了更好地描述有效应力增大过程中渗透率和孔隙度的变化，定义了渗透率伤害率（PDR）和孔隙度损失率（PLR），即

$$PDR = \frac{K_0 - K}{K_0} \qquad (3-4-2)$$

$$PLR = \frac{\phi_0 - \phi}{\phi_0} \qquad (3-4-3)$$

其中　K_0——有效应力为 0 时渗透率，mD；

　　　K——某一有效应力下渗透率，mD；

　　　ϕ_0——有效应力为 0 时孔隙度，%；

　　　ϕ——某一有效应力下孔隙度，%。

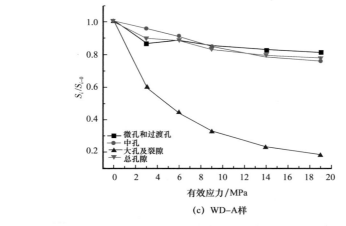

图 3-4-2　各样品各孔径段无量纲 T_2 谱面积比随有效应力增大的变化特征

低压阶段（有效应力为 3MPa、6MPa、9MPa 时），随着有效应力增大，渗透率伤害率快速增大，9MPa 时渗透率伤害率已超过 80%；而高压阶段（14MPa 和 19MPa），渗透率伤害率缓慢增大，有效应力大于 14MPa 后各样品渗透率伤害率达 90% 以上（图 3-4-3、表 3-4-3）。随着有效应力增大，孔隙度损失率增加较为缓慢，最终损失率为 22.78%～38.13%。

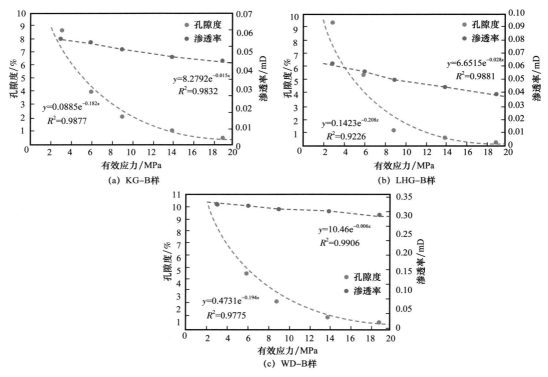

图 3-4-3　各样品渗透率与孔隙度随有效应力增大的变化规律

表 3-4-3　不同有效应力条件下各样品渗透率伤害率（PDR）及孔隙度损失率值（RLR）

样品	有效应力 /MPa	渗透率 /mD	孔隙度 /%	PDR/%	PLR/%
KG-B	0	0.109	8.12	0	0
	3	0.060	7.93	44.95	2.34
	6	0.028	7.62	74.31	6.16
	9	0.014	7.14	87.16	12.07
	14	0.007	6.57	93.58	19.09
	19	0.003	6.27	97.25	22.78
LHG-B	0	0.129	6.32	0.00	0.00
	3	0.094	6.24	27.13	1.27
	6	0.054	5.59	58.14	11.55
	9	0.012	4.99	90.70	21.04
	14	0.006	4.51	95.35	28.64
	19	0.004	3.91	96.90	38.13

样品	有效应力 /MPa	渗透率 /mD	孔隙度 /%	PDR/%	PLR/%
WD-B	0	0.640	12.77	0	0
	3	0.325	10.27	49.22	19.58
	6	0.142	10.10	77.81	20.91
	9	0.068	9.81	89.38	23.18
	14	0.027	9.58	95.78	24.98
	19	0.014	9.27	97.81	27.41

3. 改进的应力敏感渗透率模型

以 Matchstick 模型为基础，采用大孔及裂隙渗透率压缩系数的改进的应力敏感渗透率模型，提高应用 Matchstick 模型计算应力敏感性的准确性。此外，改进模型还考虑了低煤阶煤基质块的压缩性。

相比大孔及裂隙，微孔、过渡孔和中孔压缩量小，对渗透率下降的影响较小。因此，可根据大孔及裂隙的孔隙压缩系数来计算有效应力增大条件下的煤心渗透率。假设条件：（1）煤样假设为 Matchstick 模型，基质块为割理分割成的最小单位，面割理与端割理开度相同，基质块长度（l）远大于割理开度（w）；（2）考虑低煤阶煤强度较低特点，认为有效应力增大会引起基质块压缩；（3）煤为各向异性材料，基质块为各向同性材料；（4）基质块间无相互作用力；（5）覆压下 LF-NMR 测得的大孔及裂隙孔隙度视作割理孔隙度；（6）割理中流体符合达西定律。孔隙度（ϕ_f）和渗透率（K_f）可分别表示为：

$$\phi_f = 3w/l \tag{3-4-4}$$

$$K_f = w^3/(12l) \tag{3-4-5}$$

式中　l——基质单元长度；

w——割理开度。

可根据有效应力增大过程中割理开度的变化求渗透率变化。对于低煤阶煤，割理开度受割理压缩和基质压缩双重影响。有效应力增大过程中割理开度可由割理压缩系数与有效应力变化量求得，改进的有效应力增大过程渗透率计算模型为：

$$K_f = K_{f0}e^{-3\left[\frac{S_3/S_{3-0}-1}{p_f} + \frac{3}{\phi_0}\frac{(1-2\nu)}{E}\right](p_f-p_{f0})} \tag{3-4-6}$$

式中　S_3/S_{3-0}——大孔及裂隙无量纲 T_2 谱面积比；

p_f——有效应力，MPa；

p_{f0}——初始条件下有效应力，MPa；

E——弹性模量，MPa；

ν——泊松比；

K_{f0}——初始渗透率，mD；

ϕ_0——初始孔隙度，%。

采用改进的渗透率模型计算 WD–B 样随有效应力变化的渗透率值与覆压孔渗实测的渗透率值十分接近（图3-4-4）。与 Matchstick 模型相比，该改进模型采用了覆压条件低场核磁共振实验计算的大孔及裂隙的孔隙压缩系数，即考虑了大孔与裂隙是有效应力增大过程中主要孔隙的压缩空间。由于低煤阶煤岩弹性模量较小，改进模型还考虑了基质块在有效应力增大过程中的压缩变形。因此，该改进模型可准确描述有效应力增大过程中煤心的渗透率变化。

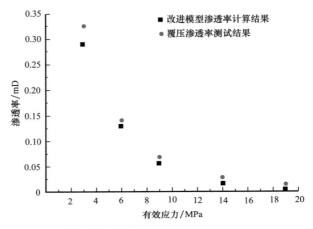

图 3-4-4　改进模型渗透率计算结果与覆压渗透率测试结果对比

4. 急倾斜储层应力敏感性特征数值模拟

1）急倾斜储层排采历史拟合

采用 Eclipse E300 软件对准噶尔盆地南缘阜康矿区阜康向斜 CS11–X1 井进行了产气量历史拟合（表3-4-4）。依据历史拟合得到了排采初期、第60天、第360天和第720天储层压力分布状态，依据排采各时间段储层压力动态估算了排采过程中水平有效应力与垂直有效应力的变化，并分析了储层不同位置的应力敏感性。

表 3-4-4　CS11–X1 井历史拟合参数

参数	符号	拟合值	实际值
煤层中深 /m	H	1023	1023
煤层厚度 /m	T	20	20[①]
煤层倾角 /（°）			55[①]
储层孔隙度 /%	ϕ	2.5	2.75
储层渗透率 /mD	K	5	0.012
随埋深增加水平渗透率变化函数 /mD	K_{xy}	$K_{xy}=18100e^{-0.008H}$	未分析

续表

参数	符号	拟合值	实际值
随埋深增加垂向渗透率变化函数 /mD	K_z	$K_z=0.1K_{xy}$	未分析
储层压力 /MPa	p	7.6	7.6[2]
储层压力梯度 /（MPa/100m）	p_{gra}	1	0.775[2]
含气量 /（m³/t）	V	11.1	14.76[1]
解吸时间 /d	DT	10.0	未分析
兰氏体积 /（m³/t）	V_L	21.7	未分析
兰氏压力 /MPa	p_L	2.99	未分析

① 测井数据。

② 试井数据。

　　构建了 40×40 的网格，代表了 300m×300m 范围储层（图 3-4-5），储层厚 20m，钻遇储层中部埋深 1023m。假设储层边界无供给。储层被 A—A′ 剖面划分为上倾方向和下倾方向。历史拟合过程中，首先明确可调参数和不可调参数，在确定各个可调参数的可调范围之后，进行试凑和多次历史拟合，以最终与实际产气曲线最接近的拟合结果作为拟合值。并根据井筒钻遇储层参数及相应梯度估计了倾斜储层各位置的储层压力、渗透率和含气量。

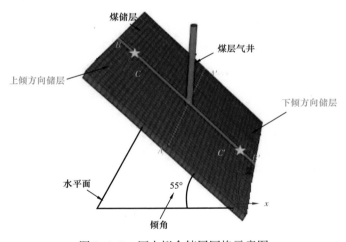

图 3-4-5　历史拟合储层网格示意图

2）排采过程中有效应力变化

　　假设储层各向同性，储层垂直有效应力 σ_{ev} 可由式（3-4-7）表示：

$$\sigma_{ev}=\sigma_v-\alpha p \tag{3-4-7}$$

式中　α——Biot 系数；

　　　　p——储层压力，MPa；

　　　　σ_v——垂直应力，MPa。

排采过程相对于排采初期垂直有效应力变化 $\Delta\sigma_{ev}$ 可由式（3-4-8）计算：

$$\Delta\sigma_{ev}=(\sigma_v-\sigma_{v0})-\alpha(p-p_0) \tag{3-4-8}$$

式中 p_0——初始条件储层压力，MPa；

  σ_{v0}——初始条件垂直应力，MPa。

储层水平应力 σ_{eh} 可表示为：

$$\sigma_{eh}=\sigma_{h0}-\alpha p_0+\Delta\sigma_{eh} \tag{3-4-9}$$

式中 σ_{h0}——初始条件下水平有效应力，MPa。

为单一讨论应力敏感性，忽略了煤基质收缩对水平有效应力的影响。因此，水平有效应力变化量 $\Delta\sigma_{eh}$ 可由式（3-4-10）表示：

$$\Delta\sigma_{eh}=-\frac{v}{1-v}(p-p_0) \tag{3-4-10}$$

式中 v——泊松比。

急倾斜储层应力变化可由式（3-4-8）和式（3-4-10）计算。

3）急倾斜储层排采有效应力变化

拟合的产气量曲线与实际排采曲线较为接近（图3-4-6），故通过拟合反演的储层压力变化可反映实际储层压力的变化（图3-4-7）。第0天为未排采的初始状态，井筒下倾方向储层压力大于上倾方向；排采0~60天为单相水流阶段和气水两相流初期，储层压力明显减小，下倾方向仍然大于上倾方向；排采第360天至第720天主要为气水两相流阶段，储层压力减小速率减缓。计算的垂直与水平有效应力在排采初期快速增大，排采至第60天后缓慢增大，且下倾方向水平与垂直方向有效应力均高于上倾方向，上倾方向垂直与水平有效应力变化量小于下倾方向（图3-4-8）。由于下倾方向渗透率小于上倾方向，更大的有效应力变化量会导致更为明显的应力敏感性。值得注意的是，井筒附近有效应力变化量在同期始终最大，反映了井筒附近储层应力敏感性最强（图3-4-8）。

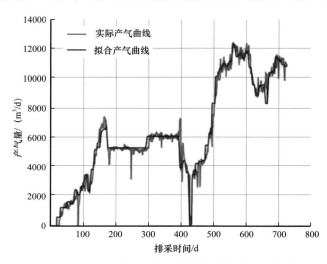

图3-4-6 CS11-X1井实际产气曲线与拟合的产气曲线对比

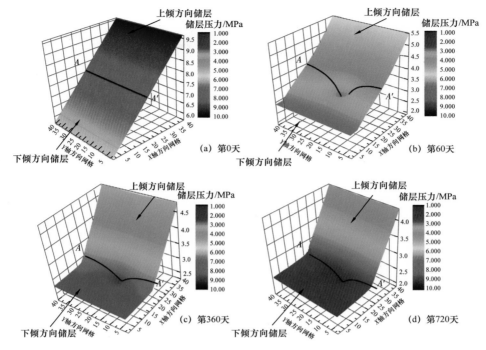

图 3-4-7　排采过程中储层压力动态变化

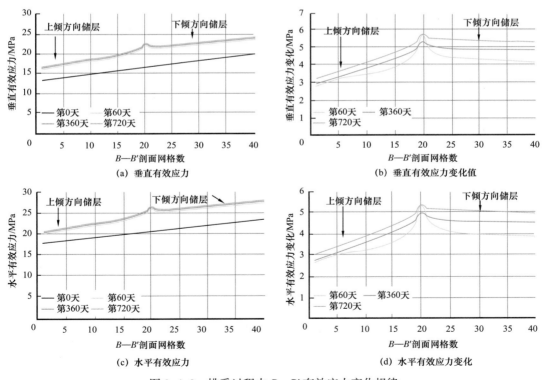

图 3-4-8　排采过程中 B—B′ 有效应力变化规律

4）有效应力非均质分布对产气量的影响

WD 煤样与阜康向斜煤级相似，可以 WD–B 样渗透率随有效应力增大的指数递减趋势来估算 CS11–1 井上倾及下倾方向储层特定位置（图 B–B′ 剖面的 C、C′ 点）的渗透率。下倾方向的 C′ 点垂直有效应力大于上倾方向 C 点 [图 3–4–9（a）]，而下倾方向 C′ 点的储层水平渗透率明显小于上倾方向 C 点 [图 3–4–9（b）]。由于渗透率低，气、水产出阻滞更易发生于下倾方向。从排采开始至第 60 天，储层渗透率受应力敏感影响下降速率快（图 3–4–9），而排采 60 天后储层渗透率下降速率变小。为避免排采初期井底压力激动导致的应力敏感伤害，在排采初期 0～60 天应尽可能保证排采进程的连续和稳定。

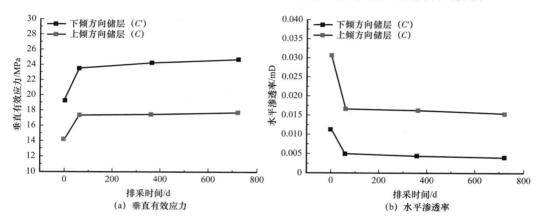

图 3–4–9　排采过程中上倾方向储层（C）和下倾方向储层（C′）垂直有效应力和水平渗透率变化曲线

二、"五敏"特征

选择乌东矿（WD）、硫磺沟矿（LHG）、宽沟矿（KG）3 个沿平行煤层层理方向钻取的 $\phi25mm \times 50mm$ 煤柱样，在"五敏"实验装置（图 3–4–10）上分别进行速敏、水敏、盐敏、酸敏和碱敏实验。

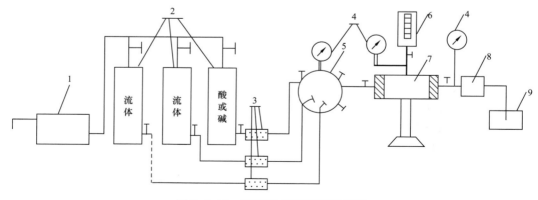

图 3–4–10　"五敏"实验装置示意图

1—高压驱替泵；2—高压容器；3—过滤器；4—压力计；5—六通阀；6—环压泵；7—岩心夹持器；
8—回压阀；9—出口流量计

1. 速敏实验

配制与煤样同矿化度的地层水（WD 样 12984mg/L；LHG 样 11667.6mg/L；KG 样 1995.4mg/L），在室温、围压 10MPa、出口压力 0.1MPa 条件下，不断增大流量（WD 样 0.05cm³/min、0.1cm³/min、0.2cm³/min、0.5cm³/min；LHG 样 0.05cm³/min、0.1cm³/min、0.2cm³/min、0.3cm³/min；KG 样 0.05cm³/min、0.06cm³/min、0.07cm³/min），分别在出口流量稳定后计算各煤样渗透率，即

$$K = \frac{uLQ}{\Delta p \cdot A} \times 10^2 \qquad （3-4-11）$$

式中　K——岩心液相渗透率，mD；

　　　u——测试条件下流体黏度，mPa·s；

　　　L——岩样长度，cm；

　　　A——横截面积，cm²；

　　　Δp——岩样两端压差，MPa；

　　　Q——流体单位时间内通过岩样的体积，cm³/s。

2. 水敏实验

按等效 KCl 溶液矿化度配制地层水，在室温、围压 10MPa、出口压力 0.1MPa 条件下，各煤样流体注入速度依次为：WD 样 0.08cm³/min；LHG 样 0.08cm³/min；KG 样 0.04cm³/min。待流量稳定后按式（3-4-11）计算地层水条件下各煤样渗透率，并与蒸馏水条件下测的渗透率进行对比。

3. 盐敏实验

按等效 KCl 溶液矿化度配制地层水、200% 矿化度地层水、400% 矿化度地层水、800% 矿化度地层水，在室温、围压 10MPa、出口压力 0.1MPa 条件下，各样不同矿化度流体注入速度依次为：WD 样 0.03cm³/min；LHG 样 0.08cm³/min；KG 样 0.02cm³/min。待流量稳定后按式（3-4-11）计算地层水矿化度增大条件下各渗透率（图 3-4-11）。

4. 酸敏实验

在室温、围压 10MPa、出口压力 0.1MPa 条件下，按如下步骤进行操作：（1）以恒定注入速度（WD 样 0.01cm³/min；LHG 样 0.008cm³/min；KG 样 0.03cm³/min）将地层水注入岩心，出口端流量稳定后按照式（3-4-11）测岩心渗透率（稳态法）；（2）将 15% 盐酸（WD 样 0.01mL；LHG 样 0.008mL；KG 样 0.03mL）注入岩心，静置 1h；（3）重新按与步骤（1）相同流速将地层水注入岩心，稳定后按照式（3-4-11）测岩心渗透率。

5. 碱敏实验

在室温、围压 10MPa、出口压力 0.1MPa 条件下，将 pH 值依次为 7.0、8.5、10.0、11.5 和 13.0 的地层水依次以相同速度（WD 样 0.006cm³/min；LHG 样 0.03cm³/min；KG 样 0.02cm³/min）注入岩心，出口端流量稳定后按照式（3-4-11）计算岩心渗透率。

实验结果表明，速敏程度分别为中等偏强、中等偏弱、无（表 3-4-5）；水敏程度均为中等偏弱（表 3-4-6）；盐敏程度均较弱，不同矿化度条件下渗透率变化很小（表 3-4-7），临界矿化度达 46668mg/L（图 3-4-11）；酸敏程度分别为弱、中等偏弱、无（表 3-4-8）；碱敏程度分别为弱、弱、中等偏弱（表 3-4-9），不同碱度条件下渗透率变化很小（图 3-4-12）。

表 3-4-5　速敏实验成果

岩心号	长度 /cm	直径 /cm	气渗透率 /mD	孔隙度 /%	临界流速 /（m/d）	损害率 /%	速敏程度
WD	4.798	2.525	5.252	14.3	1.43	51.3	中等偏强
LHG	4.802	2.513	10.860	13.1	0.29	35.7	中等偏弱
KG	4.190	2.524	0.432	6.56	—	—	无

注：孔隙度为计算值，即 110℃ 干燥 24h 至质量不变，然后加压饱水 24h 测质量差。

表 3-4-6　水敏实验成果

岩心号	长度 /cm	直径 /cm	孔隙度 /%	渗透率 /mD			水敏指数	水敏程度
				气测	地层水	蒸馏水		
WD	4.179	2.526	12.5	0.533	0.103	0.066	0.36	中等偏弱
LHG	4.292	2.520	9.3	2.169	0.024	0.013	0.46	中等偏弱
KG	4.588	2.528	9.6	0.253	0.013	0.010	0.23	中等偏弱

表 3-4-7　盐敏实验成果

岩心号	长度 / cm	直径 / cm	气渗透率 / mD	矿化度 / mg/L	孔隙度 / %	地层水渗透率 /mD			
						100% 矿化度	200% 矿化度	400% 矿化度	800% 矿化度
WD	4.415	2.527	0.126	12984	12.9	0.026	0.025	0.026	0.026
LHG	4.614	2.519	2.842	11667	5.61	0.050	0.043	0.040	0.039
KG	4.147	2.525	0.139	1995	6.98	0.0063	0.0058	0.0057	0.0057

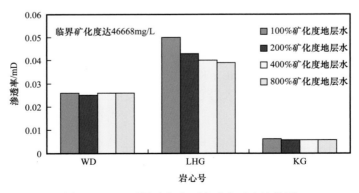

图 3-4-11　不同矿化度下渗透率对比柱状图

表 3-4-8 酸敏实验成果

岩心号	长度 /cm	直径 /cm	渗透率 /mD			酸敏指数	酸敏程度
			气测	地层水	注酸后地层水		
WD	4.870	2.528	0.059	0.0034	0.0030	0.12	弱
LHG	3.826	2.534	0.425	0.0018	0.0012	0.33	中等偏弱
KG	4.567	2.523	0.209	0.011	0.013	—	无

表 3-4-9 碱敏实验成果

岩心号	长度 /cm	直径 /cm	气渗透率 /mD	渗透率 /mD					碱敏程度
				pH 值为 7.0	pH 值为 8.5	pH 值为 10.0	pH 值为 11.5	pH 值为 13.0	
WD	4.367	2.527	0.032	0.0020	0.0019	0.0019	0.0018	0.0018	弱
LHG	3.794	2.519	1.765	0.0110	0.0089	0.0077	0.0082	0.0077	弱
KG	4.614	2.528	0.248	0.0083	0.0078	0.0077	0.0073	0.0049	中等偏弱

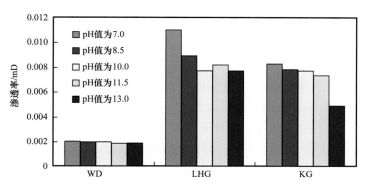

图 3-4-12 不同碱度条件下的渗透率对比柱状图

第四章　煤层气选区评价与资源分布

准噶尔盆地属于我国典型的中—低煤阶含煤盆地，蕴藏着丰富的煤层气资源，约为 $2.26 \times 10^{12} m^3$。勘探开发史表明，准噶尔盆地南缘的煤层气勘探工作始于 20 世纪 80 年代，但其商业化开发迟迟未取得关键突破。由于大陆板块构造演化过程、自然气候演变、聚煤环境等差异，新疆乃至中国的低煤阶煤层气资源赋存与北美、澳大利亚的低煤阶煤层气资源有很大区别。区域辽阔、构造条件复杂以及资源条件分布不清等因素导致煤层气井的部署与实际地质背景不匹配，进而制约了准南地区煤层气的勘探开发进程。整体看来，准南大部分地区仍处于煤层气勘探开发的初级阶段，煤层气资源动用程度仍然较低，需开展全区范围内的煤层气勘探选区评价工作，进一步寻找优质接替区块。

第一节　煤层气选区评价标准及有利区优选

我国大陆板块构造演化复杂，在新疆以挤压、碰撞为主的构造背景下，低煤阶煤层物性显著变差，但深成变质作用和区域动力变质作用使新疆煤层产生热成因气，叠加干旱气候区山前冰川融水补给而产生的次生生物气，煤层含气量较国外普遍偏高；同时，国内低煤阶煤层气资源多赋存较深、煤层渗透性较差、淡水补给深度有限、煤层水矿化度较高，煤层气多在单斜、向斜的承压汇水区以及背斜、断块等圈闭部位聚集（图 4-1-1），尤其是准噶尔盆地南缘阜康四工河区块、乌鲁木齐河西区块的断块及乌鲁木齐河东区块八道湾向斜 WS-21 井构造圈闭、七道湾背斜等"甜点区"的煤层气井产量可达 $2500 \sim 28000 m^3/d$；准噶尔盆地东缘、三塘湖盆地西部地区、吐哈盆地、鄂尔多斯盆地北部等干旱气候区的煤层水位低、矿化度极高，原生生物气保存不佳且次生生物气生成受阻，导致煤层含气量极低，风化带深度大，勘探潜力较差（王刚，2020）。

新疆特殊的干旱气候、低煤阶、大倾角、厚煤层、多煤层组合的煤层气地质特征，使新疆地区中低煤阶煤层气聚集特征与国内外其他区块有较大差异，因此，已发布的 NB/T 10013—2014《煤层气地质选区评价方法》难以针对新疆煤层气区块进行科学评价。

一、勘探有利区

1. 地质评价关键参数优选

1）煤阶

根据新疆煤层气勘查经验，煤阶高低与煤层含气量、煤层气成因呈明显相关性，中煤阶煤层气以热成因气为主，低煤阶煤层气均为生物成因气。变质程度相对较高的中煤阶煤层气所分布的阜康、库拜、阳霞、艾维尔沟等区块，煤矿瓦斯含量高，煤层含气量高，受构造挤压使煤层构造形态复杂（煤层高陡甚至直立），相对热成因气生成量大，煤层吸附能力强，煤层含气量普遍高于低煤阶区域，风化带深度较浅。低煤阶煤层气所分布的乌鲁木齐河东、硫磺沟、三塘湖等区域，煤层含气量中等—较低，煤层倾角相对较缓，受水文地质因素影响大，风化带深度较深。

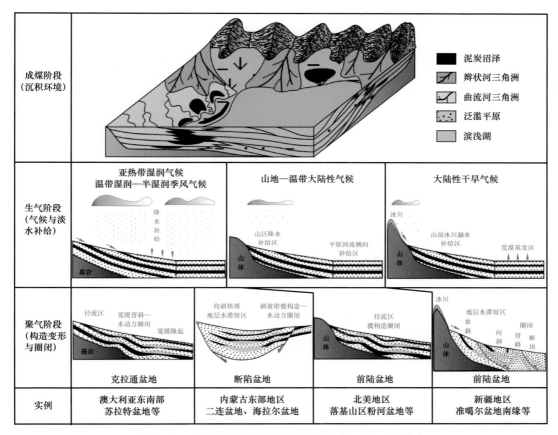

图 4-1-1　国内外低煤阶煤层气的"生气—聚集"模式

以煤层的镜质组反射率为基本参数，通过"煤阶"这一特色且更易获取普遍性高的参数，对新疆广泛的煤层气区块进行初步分类，能够实现对煤层气地质特征的更合理分级评价。

2）水文地质条件

受干旱性气候条件控制，新疆地区煤层水矿化度普遍较高，低煤阶煤层气的形成与聚集受水文地质条件影响显著。在地层高倾的构造格局下，径流区煤层水矿化度低，次生生物气生成有利但保存不利；滞留区煤层水矿化度中等—较高，对现阶段次生生物气生成不利，但对地质历史时期形成的次生生物气甚至原生生物气保存有利。在地层倾角较缓的盆地缓坡区域，大气降水极少，煤层水矿化度极高，对生物气生成、水溶气保存均不利。

通过水文地质条件这一关键参数，利用煤层水矿化度、水动力区域两项半定量、定性指标，对新疆中低煤阶煤层气地质选区予以合理的分级，能够有效指导地区选区。

3）构造条件

煤层气勘查发现，在构造复杂的准噶尔盆地南缘，所分布的特高产、高产井均位于构造圈闭位置，比如准噶尔盆地南缘阜康四工河区块、乌鲁木齐河西区块的断块及乌鲁木齐河东区块八道湾向斜 WS-21 井构造圈闭、七道湾背斜等"甜点区"的煤层气井产量可达 2500～28000 m³/d，且圈闭部位的煤层气井产水量极小，对渗透性变化不敏感，即 WCS-22 井即便在试验关井前的"放喷"式排采阶段，煤粉大量涌出，产气量仍然保持较高值。

因此，在新疆煤层气勘查、开发中，对于构造圈闭的识别也成为煤层气区块评价的重要参数。

4）煤层渗透率

煤层渗透率对煤层气生产至关重要，但勘查、开发的不同阶段，其研究程度、实验参数丰富程度均不相同。结合勘查、开发实际，在勘查阶段选用一致性更好、小尺度的覆压基质渗透率，在开发阶段选用对生产影响更关键、评价范围更大的试井渗透率。

5）煤层倾角

在新疆复杂的构造背景下，煤层倾角对煤层气开发决策极为重要，其直接影响到煤层气开发井网部署、煤层气可开发面积等。

6）直井产气量梯度

直井产气量梯度是指煤层气直井、定向井条件下，煤层气井稳产期的日产气量与目的煤层中部垂深的比值，单位为 m³/（m·d）。

新疆地区煤层倾角大、深度变化大，同一区块的煤层气井目的层深度变化很大，邻井的目的层深度相差 150～250m 的情况较普遍，使用原标准内的"深度范围段—平均产气量"分级不适宜新疆地区煤层气区块评价的实际应用。采用直井产气量梯度指标，弱化目的层深度这一因素对评价的影响，更有利于高倾角地层条件下的煤层气区块评价。

2. 有利区评价标准

经过"十三五"时期的研究，基于新疆中低煤阶煤层气富集主控因素研究成果，制定了 Q/XMDZ 001—2020《新疆地区中低煤阶煤层气地质选区评价方法》，该方法在资源、储层、保存、开发四大类条件的约束下，针对性地优化了评价参数种类，尤其是能够对新疆复杂、多类型的煤层气区块进行区分、分类评价（表4-1-1）。

相比 NB/T 10013—2014《煤层气地质选区评价方法》的低煤阶选区评价分级表，新疆地区中低煤阶煤层气勘探阶段选区评价参数及分级主要具有如下特色：（1）增加了影响新疆中低煤阶煤层含气量及可采条件的煤层气成因、风化带深度、煤层倾角等评价内容；（2）因新疆山前逆冲推覆构造导致煤层陡立、分布面积较小，删除了面积评价指标；（3）重新确定了煤层（组）厚度、含气量、渗透率等指标的参数分级；（4）针对新疆地区特殊的干旱气候、高矿化度低煤阶煤层气聚集特征，重新制定了风化带深度、水文地质条件等指标的参数分级。

表 4-1-1　新疆地区中低煤阶煤层气勘探阶段选区评价参数及分级

评价参数			分类评价级别		
			Ⅰ类	Ⅱ类	Ⅲ类
资源条件	含气量 / m³/t	低煤阶	≥5	1～5	<1
		中煤阶	≥10	4～10	<4
	煤层总厚度 /m		≥60	20～60	<20
	甲烷浓度 /%		≥80	60～80	<60
	煤层气风化带深度 /m	低煤阶	<500	500～700	≥700
		中煤阶	<300	300～500	≥500
储层条件	覆压基质渗透率 /mD		≥0.1	0.01～0.1	<0.01
	兰氏体积 /（cm³/g）		≥15	5～15	<5
	压力系数		≥1.05	0.95～1.05	<0.95
	含气饱和度 /%		≥60	30～60	<30
	煤体结构		原生结构煤、碎裂煤	碎粒煤	糜棱煤
保存条件	构造条件		构造简单—中等，处于向斜构造、断块或断背斜圈闭	构造中等—复杂，处于向斜或背斜构造	构造复杂，断层发育
	水文地质条件		中高矿化度（7000～30000mg/L）、滞留区、简单易降压	中矿化度（3500～7000mg/L）、弱径流区	超高矿化度（大于30000mg/L）或低矿化度（小于3500mg/L）、径流区、排水量大
	顶底板封堵性能		以泥岩、碳质泥岩为主，裂缝不发育	以粉砂岩、砂泥岩互层等为主，发育少量裂缝	以中—粗砂岩、砾岩为主，裂缝较发育

3. 有利区预测

在准噶尔盆地南缘煤层气地质特征的分析和煤层气资源量预测的基础上，开展煤层气区块的评价，优选勘探有利区。

1）评价区块

按照煤田边界、县域边界等划分的评价单元，准噶尔盆地南缘可分为 3 个煤田、11个区块（表 4-1-2）。

表 4-1-2　准噶尔盆地南缘煤层气评价区块划分一览表

盆地区域	煤田	区块
准噶尔盆地南缘	准南煤田	吉木萨尔水溪沟区块、阜康区块、乌鲁木齐区块、玛纳斯—呼图壁区块、乌苏四棵树区块
	后峡煤田	后峡区块、南玛纳斯区块、呼图壁区块、昌吉区块、黑山区块
	达坂城煤田	达坂城区块

2）有利区预测

按照 Q/XMDZ 001—2020《新疆地区中低煤阶煤层气地质选区评价方法》中的"新疆地区中低煤阶煤层气勘探开发潜力分级"，经煤田级、区块级两次优选，最终确定准噶尔盆地南缘 11 个区块的综合评价结果为：准南煤田阜康区块、准南煤田乌鲁木齐河东区块、准南煤田吉木萨尔水溪沟区块资源潜力级别为好，达坂城煤田、后峡煤田后峡区块、准南煤田玛纳斯—呼图壁区块资源潜力级别为中等（表 4-1-3、表 4-1-4）。

表 4-1-3　各煤层气区块量化指标一览表

名次	区块	U_i 评分	名次	区块	U_i 评分
1	准南阜康	0.8537067	7	后峡昌吉	0.5343467
2	准南乌鲁木齐	0.84198	8	准南乌苏四棵树	0.4930367
3	准南吉木萨尔水溪沟	0.7053633	9	后峡黑山	0.45971
4	达坂城	0.65873	10	后峡呼图壁	0.32549
5	后峡	0.61333	11	后峡南玛纳斯	0.30729
6	准南玛纳斯—呼图壁	0.6093633			

注：U_i 为定量评价指标值，为通用的指标代号。

表 4-1-4　煤层气勘探有利区块优选成果

资源潜力级别	煤层气区块
好	准南阜康、准南乌鲁木齐、准南吉木萨尔水溪沟
中等	达坂城、后峡、准南玛纳斯—呼图壁
差	后峡昌吉、准南乌苏四棵树、后峡黑山、后峡呼图壁、后峡南玛纳斯

二、开发"甜点区"

煤层气"甜点区"优选是从有利区中寻找更具开发潜力的区块，即优中选优，为下一步勘探开发部署提供有利"靶区"，规避不适合勘探部署的区域。针对中低煤阶煤层气在成因类型、储层物性、控藏因素等诸多方面有别于中—高煤阶煤储层的地质特点，选择以定量与定性相结合的方式建立准南中—低煤阶煤层气"甜点区"优选的评价模型及评价标准。

1."甜点区"评价指标体系

1）含气性特征

（1）含气饱和度。

煤层含气饱和度是计算煤层气资源量的重要参数，主要受控于沉积、构造及水文地质条件演变而引起的煤层气生成和运移，一定程度上反映煤层气保存条件和赋存特征。

煤层含气饱和度也是用于衡量煤层气井开始产气时间的参数，对于高含气饱和度煤层尤其是过饱和煤层可能蕴藏着一定规模的游离气，气井生产过程中，见气时间会大幅度缩短。

（2）甲烷浓度。

对于低煤阶煤层气而言，以甲烷含量不小于 $1m^3/t$，同时氮气浓度不大于 20% 作为低煤阶煤层气风化带边界（杨曙光等，2019），边界以浅煤层一般不具有经济开发价值。准噶尔盆地南缘大倾角煤层受水动力作用与外界广泛沟通，加之煤层局部自燃，导致混入大量 N_2 和 CO_2，不同地区煤层气资源品质存在显著差异，因此在优选"甜点区"的过程中，煤层气中甲烷浓度这一指标应纳入评价体系。

（3）主煤层含气量。

煤层含气量作为选区评价的关键参数，其重要性已在各个选区评价实例中得到了充分证实。"甜点区"优选则是在有利区中选择适合开发的区域和层段，不同区域主力煤层不同且含气量存在差异，而现今煤层气开发一般会选择主力煤层进行压裂排采，煤层含气量均值不足以指导"甜点"级别的选区工作，因此将区域主力煤层含气量作为"甜点区"优选评价的考量指标。

2）开发关键参数

（1）吸附时间。

吸附时间是含气量测定过程中实测气体达到总吸附量 63% 时所用时间，可作为表征气体从煤储层中解吸并运移出来的速率的近似指标。煤的吸附时间越短，煤层解吸扩散速率则越快（李景明等，2008），因此吸附时间可用于预测煤层气早期开发效率，早期开发效率越高，煤层气井获得收益时间越短，经济成本回收也越快。

（2）临储压力比。

煤层气生产排采过程首先对煤储层进行排水降压，使吸附于煤岩基质表面的甲烷气体解吸成游离态，进而对煤层有效排采。临界解吸压力则是甲烷气体由吸附态转变到游离态所需的最大压力，临界解吸压力与储层压力比值越大，则煤层中甲烷气体压力降至临界点所需时间越短，煤层气井进入产气高峰越快。

（3）煤层渗透率。

煤层渗透率是反映煤层对流体传导作用能力的度量，影响着排采阶段煤层甲烷气体的运移和产出作用，是生产开发阶段最重要的评价参数，一定程度上决定着开发的成败。阜康向斜转折端部位的挤压碎裂导致这一构造部位煤层发生有效破碎，渗透率得到极大的改善（石永霞等，2018），位于向斜转折端位置的煤层气井组产能效果明显优于其他井组。

（4）煤体结构。

煤层气开发利用过程中，一般来说需要对煤层进行压裂改造，煤层原生性结构特征保存得越好，则压裂改造越容易产生有效裂缝，更利于煤层气排采。一般来说，煤体可改造性结构优劣程度为：原生结构＞碎裂结构＞碎粒结构＞糜棱结构。对于煤层气渗流，起主要作用的是煤岩裂隙，煤层气可采性主要取决于煤层本身的裂隙（割理）的发育情况。

2. 评价模型与标准

1）模糊综合评判

煤层气选区评价是煤层气资源进一步开发利用的重要工作，在一定程度上直接决定着煤层气商业化开发利用的成败。现阶段学者对煤层气的选区评价做了大量工作，从早期定性评价阶段逐渐过渡到现在更为科学、合理的定性＋定量两方面综合性分析的选区评价模式。层次分析法（AHP）作为一种基于数学模型从定性与定量的角度分析复杂问题、值得信赖的数学方法，成为近年来煤层气与页岩气等化石能源选区评价的关键方法手段，已在中—高煤阶煤层气勘探领域得到广泛的应用，受到了众多学者的认可，逐渐成为近年来选区评价的关键技术手段（孟艳军等，2010；Tao et al.，2014；贾秉义等，2017）。

模糊数学层次分析法作为一种较为成熟的选区评价方法，虽然其方法原理与操作流程等内容已无法进行大幅度的修正，但由于不同煤层气勘探区的实际地质条件以及勘探开发阶段不同，导致某一个煤层气区块可获取的、值得信赖的地质信息存在较大差异，在利用层次分析法模型进行选区评价时应区别对待。根据准噶尔盆地南缘地区基本地质条件，建立了适用于研究区"甜点区"优选的多层次模糊综合评判模型，其Ⅰ级综合指标与Ⅱ级评价参数见表4-1-5。

表4-1-5　准南地区多层次评价指标参数

目标	Ⅰ级综合指标	Ⅱ级评价参数
"甜点区"优选（U_2）	含气性特征 O_1	主煤层含气量 P_{11}
		甲烷浓度 P_{12}
		含气饱和度 P_{13}
	开发关键参数 O_2	吸附时间 P_{21}
		临储压力比 P_{22}
		煤层渗透率 P_{23}
		煤体结构 P_{24}

多层次模糊综合评判模型的最终目的在于定义一个综合性的定量评价指标 U 值（范围：0～1.0），且 U 值越大表明该区域的煤层气勘探开发潜力越大。通过层次分析模型，建立两两对比判别矩阵，将同一层次的不同参数进行对比，根据其相对重要性打分（表4-1-6）。相对重要性打分这一环节对整个煤层气评价过程来说是至关重要的步骤，也是层次分析综合评判过程中的定性分析环节，两个评价参数的重要性评判，需要与研究区地质背景、煤层特征、经济状况等众多因素相结合，从选区评价的目的和意义出发，根据矿区勘探开发下一步需求，结合前人对评价指标的研究成果，综合、全面、合理地对该地区指标之间的重要性进行打分。因此，打分阶段一般由该领域专家完成，根据相对重要性评分表，完成判别矩阵的构建。

各级评价指标确定以后，需要对各评价参数的权重进行赋值，权重的赋值主要运用判别矩阵计算特征向量进而求得。将判别矩阵导入 MATLAB 程序中进行运算，经不断定义和计算，得到随机一致性条件在可接受范围内的特征向量值（表4-1-6）；最后，将两级指标进行叠合运算得到各评价参数最终权重（表4-1-7）。

表4-1-6 准噶尔盆地南缘"甜点区"多层次分析模型判别矩阵

判别矩阵					特征向量	最大特征根	随机一次性比率
$U_2 \sim O$	U	O_1	O_2		W_O	λ_{max}	CR
	O_1	1	0.75		0.4365	1.9682	−0.0318
	O_2	1.25	1		0.5635		
$O_1 \sim P_1$	O_1	P_{11}	P_{12}	P_{13}	W_{P_1}		
	P_{11}	1	1.2	1.2	0.3683	3.0581	0.0501
	P_{12}	0.9	1	0.8	0.2928		
	P_{13}	0.9	1.25	1	0.3389		
$O_2 \sim P_2$	O_2	P_{21}	P_{22}	P_{23}	P_{24}	W_{P_2}	
	P_{21}	1	0.8	0.6	0.5	0.1693	
	P_{22}	1.25	1	0.85	0.7	0.2246	4.0133	0.0049
	P_{23}	1.5	1.2	1	0.9	0.2732	
	P_{24}	2	1.5	1.2	1	0.3329	

表4-1-7 准噶尔盆地南缘"甜点区"优选评价参数及权重

目标	Ⅰ级综合指标	Ⅰ级权重	Ⅱ级评价参数	Ⅱ级权重	最终权重
"甜点区"优选	含气性特征	0.44	主煤层含气量	0.3683	0.16
			甲烷浓度	0.2928	0.13
			含气饱和度	0.3389	0.15
	开发关键参数	0.56	吸附时间	0.1693	0.10
			临储压力比	0.2246	0.13
			煤层渗透率	0.2732	0.15
			煤体结构	0.3329	0.19

2）模糊聚类分析

煤层气勘探或开发阶段不同，其选区评价指标也不同，并非所有的指标均被用于同一阶段的选区评价中，处于不同煤阶的煤层气资源，其煤层含气量、厚度等指标标准也有着较大的差异。对于煤层某一性质变化较平均的区域，选区评价中对目的煤层相关评价参数按照统一标准，极大可能整个区域这一参数均划分于同一分类区间中（尤其在

"甜点区"各项参数都表现为有利情况下），这显然与评价优选的实际目的不符，这样的评价标准无法直观地体现出区域煤层性质的差异性以及优劣性，因此在针对这一区域煤层指标参数的评价过程中，应结合区域煤层实际地质情况，把握其突出特征重新划分评价标准。建立科学有效、适合度高和针对性强的评价标准，需要对这些特征值数据进行定量研究分析，探寻其内在规律和逻辑关系。

模糊聚类分析（Fuzzy Cluster Analysis）是采用模糊数学语言，对事物按照一定的要求进行定量分析描述，根据事物的基本属性进行相应的数学逻辑运算，客观、准确地将数据分为多个类或簇，相同类（簇）内的数据差异性尽可能小，各个类（簇）之间差异性尽可能大，最终确定事物之间聚类关系的一种数理统计方法，聚类分析对数据进行分类的基本思想是从数据点之间的距离出发进行判别，以多个变量表述某一样品性质，形成一个多维向量，将 n 个样品看作多维空间中的 n 个点，用多维空间中两点距离来度量两个样品的相似性。

不同的距离算法对最终聚类的结果有着一定的影响，聚类试验中发现，欧式距离算法对煤层气相关参数聚类效果较好，后期结合基本地质特征分析后，不需要进行较大程度矫正，因此此次聚类采用欧式距离公式进行聚类。

基于划分标准区间的需求，运用 SPSS 软件采用系统聚类方法对数据进行处理，得到相应谱系图（图 4-1-2），按照评价区间分为多个类（簇），根据各个类内数据特点划分标准区间（表 4-1-8）。

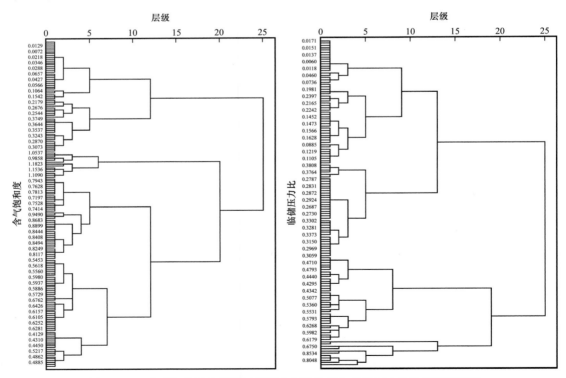

图 4-1-2　准噶尔盆地南缘地区煤层含气饱和度和临储压力比数据聚类谱线

表 4-1-8　准噶尔盆地南缘中—低煤阶煤层气"甜点区"优选评价标准

I 级综合指标	II 级评价参数	隶属度评价标准		
		I 类"甜点"（1）	II 类"甜点"（0.5～1）	非"甜点"（<0.5）
含气性特征	主煤层含气量 /（m³/t）	>14	8～14	<8
	甲烷浓度 /%	>80	68～80	<68
	含气饱和度	>0.95	0.40～0.95	<0.40
开发关键参数	吸附时间 /d	<4.25	4.25～10	>10
	临储压力比	>0.65	0.40～0.65	<0.40
	煤层渗透率 /mD	>1	0.1～1	<0.1
	煤体结构	原生结构为主	碎裂结构为主	碎粒—糜棱结构为主

3. "甜点区"评价优选

1）煤层气开发潜力评价

准噶尔盆地南缘地区褶皱构造的广泛发育以及水动力的长期作用使得大倾角煤层含气性特征存在显著差异，同一构造的不同构造部位其含气量明显不同。因此，即便是在有利区范围内，仍然存在煤层气资源品质较低的地区，而次级有利区中可能存在供进一步开发的"甜点"区域。因此，该阶段的"甜点区"优选工作：一是为了在现有的有利区的基础上，进一步划分优质"甜点区"、次级"甜点区"和非"甜点区"；二是为了解决区域内优质"靶区"的分布问题，筛选出优质煤层气资源分布位置，厘定有利的构造部位以及埋深范围，并分析总结优质"甜点区"关键地质要素，以此类比分析次级"甜点区"中优势开发单元的分布规律及其构造、水文等地质特征。基于模糊数学评价模型，得到各地区煤层气资源开发潜力值 U_2（表 4-1-9），其中优质"甜点区" U_2 值大于 0.85，为四工河、白杨河矿区、乌鲁木齐河西矿区，次级"甜点区" U_2 值介于 0.70～0.85，为硫磺沟、呼图壁、吉木萨尔地区。

2）优质"甜点区"地质特征

勘探部署"甜点区"分布特征主要受控于煤层气风化带深度和构造—水动力组合。风化带深度不仅影响着煤层气商业化开发，同时也反映出该地区煤层气藏的保存条件，研究区由于高倾角煤层受水动力作用、局部自燃、北天山融雪的影响，含气性特征复杂，浅部煤层与地表沟通作用较强，大气中 N_2、CO_2 等气体混入，导致甲烷含量区域上变化极大（0.06%～100%），受风化带影响一般于向斜近核部或单斜深部形成高甲烷含量区域；构造—水动力组合模式则是该地区水文地质控气的典型表现形式，向斜翼部、单斜为径流水体环境，埋深相对较浅，风化作用强，不利于气体赋存，向斜核部及单斜深部为滞留水体环境，易形成煤层气局部富集区。

表 4-1-9 准噶尔盆地南缘"甜点区"优选煤层基础数据

地区	井号	主煤层含气量/m³/t	厚度/m	甲烷浓度	含气饱和度	吸附时间/d	临储压力比	渗透率/mD	煤体结构	U_2值
呼图壁	新呼地1	4.77	12.35	0.81~0.93 / 0.85	0.29~0.58 / 0.43	1.84~9.84 / 5.99	0.98	0.130~0.880 / 0.408	原生-破裂结构	0.72
硫磺沟	LHG-10-01	5.03	17.30	0.75	0.42~0.78 / 0.58	0.29~245.46 / 111.56	/	/	/	0.25~0.72*
硫磺沟	LHG-08-01	5.57	10.43	0.86~0.99 / 0.94	0.29~0.96 / 0.70	/	0.11~0.78 / 0.53	/	/	0.39~0.83*
乌鲁木齐-河西	WXC-1	17.06	23.32	0.69~0.84 / 0.75	0.59~1.23 / 0.83	3.52~27.55 / 14.57	0.34~1.00 / 0.66	0.130~7.280 / 3.71	原生-碎裂结构	0.91
乌鲁木齐-河西	WXC-2	4.89	4.51	0.71~0.97 / 0.88	0.55~1.02 / 0.87	33.10~176.59 / 85.51	0.11~0.92 / 0.66	0.160~14.490 / 8.19	原生结构	0.79
乌鲁木齐-河西	WS-1	3.55	7.30	0.06~1.00 / 0.61	0.12~0.65 / 0.31	1.26~19.73 / 7.41	/	0.110~0.140 / 0.125	原生结构	0.50~0.63*
乌鲁木齐-河西	WS-2	4.80	53.30	0.76~1.00 / 0.90	0.01~0.63 / 0.28	10.20~17.76 / 15.19	/	0.013~0.031 / 0.018	原生结构	0.48~0.60*
乌鲁木齐-河东	WCS-7	5.35	30.00	0.60~0.89 / 0.76	0.38~0.74 / 0.51	6.61~15.70 / 9.09	0.17~0.56 / 0.31	0.041~0.100 / 0.074	碎裂-碎粒结构	0.57
乌鲁木齐-河东	WCS-14	12.25	24.29	0.72~0.73 / 0.725	0.49~0.91 / 0.70	0.15~0.38 / 0.26	0.25~0.81 / 0.53	0.008~0.038 / 0.023	碎粒-糜棱结构	0.63
四工河	CS13-1	12.35	17.45	0.90~0.92 / 0.91	0.49~0.62 / 0.55	0.25~1.21 / 0.56	0.21~0.64 / 0.32	0.010~0.296 / 0.056	碎裂结构	0.66
四工河	CS16-X1	13.20	26.00	0.91~0.93 / 0.92	0.87~0.94 / 0.89	0.60~0.75 / 0.675	0.37~0.40 / 0.39	0.015~0.038 / 0.028	碎粒结构	0.69

续表

地区	井号	主煤层含气量/ m³/t	厚度/ m	甲烷浓度	含气饱和度	吸附时间/ d	临储 压力比	渗透率/ mD	煤体结构	U_2值
四工河	CS8-X4	11.53	14.38	0.92	0.86~0.64 0.75	0.97	0.58	0.003~0.016 0.010	碎裂—碎粒结构	0.70
	CSD01	11.65	19.8	0.94	0.89~1.02 0.96	6.89	0.81	16.640	原生结构	0.97
	FS-24	15.15	20.30	0.74~0.90 0.81	0.41~0.85 0.67	0.80~6.08 2.64	/	0.027~4.230 1.753	碎裂结构	0.80~0.93*
白杨河	FS-60	9.55	10.30	0.80~0.90 0.83	0.56~0.75 0.60	1.83~3.60 2.92	0.19~0.35 0.25	0.480	碎裂结构	0.72
	FS-61	14.25	30.70	0.61~0.79 0.68	0.20~0.58 0.43	0.80~1.30 1.00	0.08~0.17 0.15	0.097	原生结构	0.68
	FC-3	16.86	27.66	0.70~0.91 0.80	0.55~0.85 0.75	1.80~13.88 6.53	0.30~0.53 0.42	0.100~0.260 0.17	原生结构	0.87
	FS-58	6.67	30.02	0.74	0.59	17.53	0.28	0.050	原生结构	0.58
吉木萨尔	JCS-2	5.09	10.20	0.92~0.97 0.95	0.64~0.82 0.73	10.97~13.43 11.72	/	1.160~1.800 1.437	原生结构	0.68~0.81*

注："/" 代表该参数值缺失；"*" 代表当赋予缺省参数为最差或最优时所对应潜力值范围；横线下方数据为该参数均值；渗透率主要为试井测试所得，斜体则表示测井渗透率。

根据评价井分布的不同位置以及煤层构造—埋深发育特征（图4-1-3），可以得到不同矿区"甜点"分布的地质特征。四工河矿区主要位于阜康向斜部位，煤层甲烷含量高，向斜转折端附近具有良好的孔渗条件，受水动力作用影响，构造深部煤层为局部滞留水体环境，于向斜转折端及核部形成优势区域；白杨河矿区主要位于黄山—二工河倒转向斜北翼，煤层含气量高（最高达21.23m³/t），资源丰度大，煤层以原生结构煤为主，可改造性强；乌鲁木齐矿区主要分为河东矿区与河西矿区，其中河东矿区主要位于八道湾向斜北翼，矿区整体含气性相对较差，但发育巨厚西山窑组煤层（单煤层厚53.3m），且随埋深增加含气性有所改善，河西矿区主要位于西山单斜构造带和头屯河向斜，煤层含气饱和度高（最高达121%），主煤层含气量为17.06m³/t，含气性略优于河东地区。总体来说，在大倾角煤层风氧化带普遍深延的地质背景下，较大的埋深既保证了煤层气资源品质，同时也利于煤层气富集；构造特征及水动力条件的有效组合是该地区煤层气富集主要控制因素，煤层气易于在构造向斜部位、单斜深部区域形成富集区。

3）次级"甜点区"预测

硫磺沟构造特征在剖面上属于复合式褶皱，南部天山隆起，向北依次为南小渠子穹隆、阿克德向斜和喀拉扎背斜，中间夹杂小渠子断层和西山断层，由于南缘地区埋深较浅，受到剥蚀，煤层主要发育在阿克德向斜；地下水主要来源于地表径流与大气降水，含煤地层封闭性相对较差，使各煤层处于独立的流体压力系统，煤层顶底板厚层泥岩构成煤层气系统的成藏边界。

硫磺沟区域煤储层地质条件良好，为典型的断层—复合褶皱式富集模式，盖层封闭性强，在构造—水动力封堵作用下，甲烷气体得到了较好保存，其中西山窑组主力煤层含气量为1.76~5.57m³/t，平均3.80m³/t，含气饱和度为70.38%~85.89%，平均80.40%，以B9-10、B14-15为主力煤层（9.39~33m，均值14.50m），整体上煤层埋藏较浅（多分布在1500m以浅区域）且甲烷浓度较高（86.48%~99.30%，均值95.07%），具有良好的煤层气资源条件。八道湾组煤层含气量较高（9.79~10.87m³/t，均值10.49m³/t），含气饱和度变化较大，为29.42%~96.00%，平均为62.06%，但其埋深普遍较大（约1300m），以薄煤层为主，其资源配置关系较差，可采性弱于西山窑组煤层（图4-1-4）。

呼图壁地区煤层气成藏模式以宽缓褶皱式为主，发育齐古背、向斜复合式褶皱构造。齐古背斜北翼较陡、南翼较缓，并进一步转换为向斜核部，背斜内部发育有大断裂，多集中于背斜核部；齐古向斜则构造简单，地层坡度较缓，无断层发育，向斜构造南翼接受冰川融水的补给，受宽缓型褶皱构造和水动力联合作用的影响，在褶皱核部形成地下水滞留区，为煤层气富集成藏提供了有利的构造—水动力环境。煤层及围岩砂泥并存，造成局部区域煤层之间的相互连通，形成多层叠置混合含煤层气系统（图4-1-5）。

呼图壁地区煤层整体上埋深较大（900~1000m），煤体结构以原生结构为主，资源配置关系较好，呼图壁地区煤层总厚度为27.62~45.00m，其中主力煤层为B1、B2和B4煤层，单煤层厚度为4.23~19.4m，平均10.54m，煤层含气量为2.10~4.77m³/t，平均3.62m³/t，厚煤层与适中含气量的组合关系提高了该地区煤层气开发资源潜力。

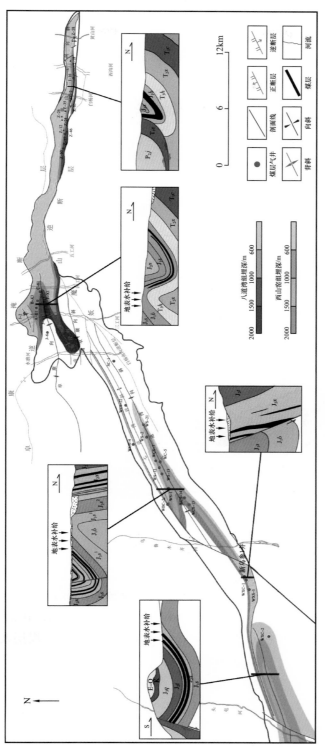

图 4-1-3　准噶尔盆地南缘优级"甜点区"构造—埋深发育特征

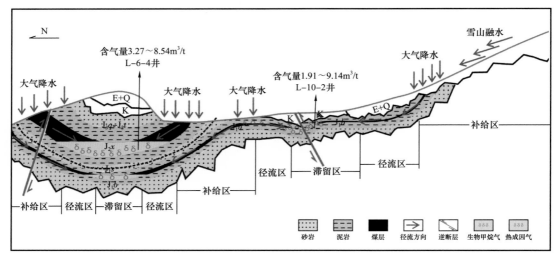

图 4-1-4　硫磺沟地区构造—水文组合控气模式

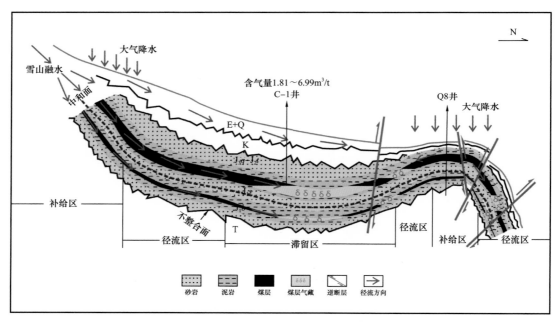

图 4-1-5　呼图壁地区构造—水文组合控气模式

吉木萨尔地区大地构造位置属准噶尔盆地南缘乌鲁木齐山前坳陷的泉子街凹陷，构造行迹以北西向的褶皱和与之相交的弧形断裂及北西向断裂为主（宋来伟，2014），褶皱主要为水溪沟向斜，共发育八道湾组煤层 7 套，其中主力煤层为 A3、A4、A6 和 A7，厚度为 6.7～13.3m，平均值为 9.3m，煤层含气量为 3.79～5.60m³/t，平均值为 4.80m³/t，煤体结构以原生结构为主，甲烷浓度较高（92%～97%，平均值为 95%），主力煤层埋深介于 600～800m。吉木萨尔地区煤层各项参数相对较均衡，有利于煤层气富集成藏的向斜构造、较好的含气性条件以及可改造性强的煤体结构特征，可作为优势开发区块。

第二节　煤层气资源分布

一、估算方法

应用于煤层气资源量的计算方法主要有体积法、类比法、递减分析法、物质平衡法和数值模拟法。后 4 种方法均需要有已生成若干年的生产井所获得的煤层气产出的动态变化数据。因此，对于盆地级且大部分煤田 / 块段勘查程度偏低的煤层气资源评价，采用体积法估算煤层气资源量，体积法也是煤层气地质资源量 / 储量计算的基本方法。

煤层气资源量体积法计算公式为：

$$G_i = \sum_{j=1}^{n} C_{tj} C_j$$

式中　n——计算单元中划分的次一级计算单元总数；

　　　G_i——第 i 个计算单元的煤层气地质资源量，10^8m^3；

　　　C_{tj}——第 j 个次一级计算单元煤炭储量或资源量，10^8t；

　　　C_j——第 j 个次一级计算单元煤储层平均原地基含气量，m^3/t。

二、计算单元划分

1. 划分原则

（1）横向上，先以煤田为大的划分单元，再在一个煤田中，根据地理界线、构造和煤层特性划分评价的最小单元，例如将准噶尔盆地南缘划分为准南煤田、后峡煤田和达坂城煤田，其中准南煤田自西向东划分为霍尔果斯河以西（四棵树区块）、霍尔果斯河—三屯河（玛纳斯区块）、三屯河—四工河（乌鲁木齐区块）、四工河—大黄山（阜康区块）及水溪沟预测区（吉木萨尔水溪沟区块）。

（2）纵向上，资源量估算范围以煤层气风化带底界为计算单元的上界，以煤组垂深 2000m 为计算单元的下界（各煤组以最底部可采煤层的底板为准），此次工作以 2012 年提交的《新疆煤炭资源潜力评价成果报告》的煤层底板等高线为基础，以煤层气风化带～1000m、1000～1500m 和 1500～2000m 将资源量纵向上分为 3 个水平块段，划分不同的计算单元。

（3）依据含煤地层不同，以煤组为计算单元，划分为中侏罗统含煤组和下侏罗统含煤组两个煤层组。

2. 划分结果

根据上述原则，以准噶尔盆地南缘的中侏罗统和下侏罗统含煤组为对象估算煤层气资源量，划分了 3 个煤田 / 块段、11 个评价单元（表 4-2-1）。

表 4-2-1　资源评价单元划分结果

盆地	煤田划分情况	区段划分情况
准噶尔盆地南缘	准南煤田	水溪沟区、阜康区、乌鲁木齐区、玛纳斯区、四棵树区
	后峡煤田	南玛纳斯区、呼图壁区、昌吉区、后峡区、黑山区
	达坂城煤田	达坂城区

三、参数确定

涉及煤层气地质资源量计算的参数有煤炭资源量、煤层空气干燥基含气量、兰氏体积、兰氏压力、废弃压力、可采系数等参数。

1. 煤炭资源量 / 储量

各计算单元的煤炭资源量 / 储量，根据 2012 年提交的《新疆煤炭资源潜力评价成果报告》，分煤田、分煤组、分预测区、分埋深求取并扣除煤层气风化带界内的煤炭资源量 / 储量。

2. 空气干燥基含气量

1）含气量确定方法

（1）实测法。

煤田勘探阶段进行过煤层含气量测试的计算单元或进行过煤层气勘探有实测含气量数据的计算单元，采用实测数据。如果认为煤田勘查钻孔所测得的含气量存在问题，需要采用回归方法进行校正。

（2）推测法。

以获得的浅部计算单元内含气量与深度关系为前提，可推算地质条件相似的深部计算单元内的含气量。根据实际情况，可选择梯度法和等温吸附法。

① 梯度法。

梯度法主要用于同一构造单元中的深部外推预测区，或不同构造单元中基本条件相近的预测区。其理论基础为：在构造相对简单的含煤块段，在一定的深度范围内，煤层含气量主要受煤层埋深控制。因此，梯度法应用的前提条件为：同一构造单元中已有浅部区含气性资料，煤级相当或变化较小，埋深与煤层含气量关系密切。

② 等温吸附法。

等温吸附法预测深部煤层含气量的理论基础为：煤储层含气性取决于煤的吸附能力和含气饱和度。煤的吸附能力又是煤储层压力和温度的函数，在温度相差不大的情况下，与煤储层压力关系密切，其关系可由等温吸附实验得到。理论吸附量可由朗格缪尔方程求得，煤储层压力由试井获得或通过浅部压力梯度推算，含气饱和度根据浅部煤层实测饱和度或煤储层成藏条件估算。

根据 DZ/T 0216—2010《煤层气资源/储量规范》，各煤层气资源量计算块段中的煤层气含量要达到表 4-2-2 所规定的下限标准，才能参与煤层气资源量估算。

表 4-2-2 煤层含气量下限标准

煤类	变质程度 $R_{o,max}$ /%	含气量（空气干燥基）/（m³/t）
褐煤—长焰煤	<0.70	1
气煤—瘦煤	0.70～1.90	4
贫煤—无烟煤	>1.90	8

2）确定结果

根据各单元煤层气参数，选择"1000m 以浅采用实测含气量，1000m 以深含气量用等温吸附法和深度—含气量梯度法求取"的含气量确定方法，不同计算单元煤层气含量见表 4-2-3。

表 4-2-3 准噶尔盆地煤层含气性预测成果

位置		煤组	不同埋藏深度含气量 /（m³/t）			备注
			风化带～1000m	1000～1500m	1500～2000m	
后峡煤田		J_1b、J_2x	5.51	8.47	10.39	1000m 以浅采用实测含气量，1000m 以深含气量用等温吸附法和深度—含气量梯度法求取
达坂城煤田		J_2x	5.48	6.58	7.48	
准南煤田	乌苏四棵树	J_1b、J_2x	3.23	3.83	4.22	
	玛纳斯—呼图壁	J_1b	3.23	3.83	4.22	
		J_2x	2.66	4.75	6.65	
	乌鲁木齐	J_1b	3.26	7.16	9.97	
		J_2x	5.53	8.72	11.55	
	阜康	J_1b	8.33	17.44	22.72	
		J_2x	10.39	11.97	12.94	
	吉木萨尔水溪沟	J_1b、J_2x	4.34	11.29	—	

3. 煤层气风化带底界深度

1）煤层气风化带科学划定方法

根据准噶尔盆地南缘、三塘湖盆地的煤层含气性、各种气体成分的分布差异，结合煤层气成藏与气体成分差异的关系，研究发现：对于低煤阶煤层气藏，二氧化碳（CO_2）成分与煤层含气量具有一定正相关性，结合生物成因煤层气以二氧化碳作为中间产物的转化过程，其较高的含量也一定程度反映了低煤阶生物成因煤层气能够聚集成藏，未受破坏；无论何种成因类型的煤层气藏，均只有氮气（N_2）为煤层气与空气沟通后保留在煤层中的气体。

从煤层气风化带形成的地质演化过程和准噶尔盆地南缘、三塘湖盆地的煤层气含气量与气成分关系研究，综合分析认为，针对新疆地区的中低煤阶煤层气区块而言，在满足经济边界的前提下，以"氮气浓度不大于20%"作为划定煤层气风化带下限的评价依据最为科学。

2）煤层气风化带划定

根据新疆中低煤阶煤层气风化带合理划定的研究成果，准噶尔盆地南缘各评价单元的煤层气风化带底界划分成果见表4-2-4。

表4-2-4　准噶尔盆地南缘煤层气风化带确定结果

煤田/块段		风化带底界/m
准南煤田	乌苏四棵树	600
	玛纳斯—呼图壁	600
	乌鲁木齐	400
	阜康	400
	吉木萨尔水溪沟	500
达坂城煤田		500
后峡煤田		600

四、资源分布

1. 煤层气资源量

通过对准噶尔盆地南缘中—下侏罗统煤层气风化带以深至埋深2000m以浅区煤层气资源量计算，煤层气地质资源量为$5390.96 \times 10^8 m^3$，其中中侏罗统西山窑组资源量为$3738.91 \times 10^8 m^3$，占总资源量的69.36%；下侏罗统八道湾组资源量为$1652.05 \times 10^8 m^3$，占总资源量的30.64%。根据埋藏深度划分，风化带～1000m煤层气资源量为$0.62 \times 10^8 m^3$，占43.26%，1000～1500m煤层气资源量为$0.55 \times 10^8 m^3$，占30.47%，1500～2000m煤层气资源量为$0.68 \times 10^8 m^3$，占26.27%（表4-2-5、图4-2-1）。

表4-2-5　准噶尔盆地南缘各煤田煤层气资源量估算汇总

煤田	煤组	煤层气资源量/$10^8 m^3$			
		风化带～1000m	1000～1500m	1500～2000m	合计
准南煤田	J_2x	1011.96	671.82	716.85	2400.63
	J_1b	455.47	387.40	522.01	1364.88

续表

煤田	煤组	煤层气资源量 /10⁸m³			
		风化带～1000m	1000～1500m	1500～2000m	合计
后峡煤田	J₂x	420.42	228.52	1.25	650.19
	J₁b	170.97	116.20		287.17
达坂城煤田	J₂x	273.07	238.79	176.23	688.09
	J₁b	0	0	0	0
总计		2331.89	1642.73	1416.34	5390.96

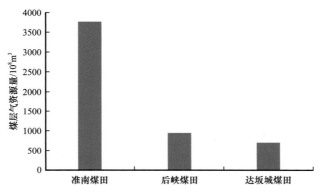

图 4-2-1　准噶尔盆地南缘各煤田煤层气资源量分布

2. 煤层气资源丰度

煤层气资源丰度是指单位面积内煤层气资源量，它是煤层气资源评价的重要参数之一。准噶尔盆地南缘内煤层气资源丰度 [（0.51～1.23）×10⁸m³/km²]（表 4-2-6）为中等。

表 4-2-6　准噶尔盆地南缘煤层气资源丰度计算结果

煤田	含气面积 / km²	煤层气资源量 / 10⁸m³	煤层气资源丰度 / 10⁸m³/km²
准南煤田	3293.8	3765.51	1.14
后峡煤田	1832.7	937.36	0.51
达坂城煤田	561.67	688.09	1.23

第五章 大倾角多厚煤层快速钻完井工艺技术

钻完井工程是勘探开发煤层气资源的重要环节与手段，如寻找和证实含气构造，获得工业煤层气流，探明含气面积和储量，取得煤层气田的地质资料和开发数据，建立地面与地下煤层相连的通道，无一不通过钻完井工程来完成。提高钻井速度和采用钻完井新技术是提高勘探成功率、开发效率和降低煤层气生产成本的重要手段。"十二五"和"十三五"期间，准噶尔盆地南缘煤层气钻完井技术经历了探索、试验、推广阶段，各项技术日趋成熟，已形成了自主的煤层气钻井技术系列。本章介绍了针对研究区煤层气地质特点与钻完井工程难点的大倾角、多厚煤层快速钻完井工艺技术及其应用效果。

第一节 煤层气钻完井工程难点

煤层气钻井与石油天然气的钻井技术基本相同，但煤层气所处的地质条件给钻井技术的应用提出了较大挑战，准噶尔盆地南缘煤层气钻完井难点主要有以下几个方面：

（1）地层可钻性差，机械钻速低。根据区块内地质条件，中生界黄山街组含菱铁矿结核，下侏罗统八道湾组中段含砂砾岩，地层可钻性差。部分区域上部地层含有大量卵砾石，用常规钻井工艺施工严重影响了钻井速度。

（2）故障复杂且多，井身质量难以控制。直井施工过程中采用常规钻井工艺容易发生井斜，井斜较大时导致钻具在井下"甩开"，易造成脱扣、断钻具等井下事故，处理井下事故工程风险及成本极高。区内多为低阶煤层，强度低、胶结质量差，同时存在着相互垂直的天然裂缝，顺煤层钻进时，高密度钻井液易使煤层裂隙进一步造缝，使煤层膨胀掉块、卡钻，低密度钻井液易导致煤层因应力释放而产生掉块、坍塌、卡钻；极易引起井下垮塌、卡钻等故障复杂，严重时会导致井眼报废；煤层性脆、机械强度低，易垮塌、掉块，形成扩径或"大肚子"井段。

（3）砂泥岩互层，倾角大，煤层段长，井眼轨迹控制困难。新疆准南地处准噶尔盆地边缘，属于山前构造地带，地应力较大，且上部多为软硬交错的砂泥岩互层，倾角大（图5-1-1），如阜康白杨河矿区地层倾角为45°～53°，河东区块地层倾角接近垂直。大倾角的煤层走向致使顺煤层定向井施工过程中存在直井段容易发生井斜和稳斜段井斜、方位出现漂移等问题。此外，在长、脆性煤层段地层中钻进，井眼轨迹也不易控制。

（4）煤层孔隙裂缝发育，易发生井漏，储层易受伤害。煤层煤阶低，埋深浅，煤岩演化程度低，压实程度弱，基质孔隙度较高，存在割理和裂隙，孔隙连通性好，渗流通道发育且大小不一，分布范围大，易发生井漏。同时煤层段孔隙压力一般较低。在钻完井过程中，为安全钻穿煤层，防止井壁坍塌，需适当提高钻完井液密度，致使煤层极易发生井漏，伤害煤层。此外，钻井过程中固相含量高、滤失量大、漏失量不可控，也会对煤层造成伤害。

（5）地质构造较复杂，储层夹矸多，储层钻遇率低。地层产状复杂，沿倾向倾角变化，沿走向方位变化，导致顺煤层井以及水平井在沿储层钻进时易出煤层，进入顶底板，目的层钻遇率低，重新入煤困难。煤层夹矸多影响目的煤层的判断，无法判断是否进入目的煤层，钻遇夹矸对调整轨迹产生影响。因此，水平井储层钻进技术、顶底板判断技术和侧钻技术需根据实际情况进行适应性研究。

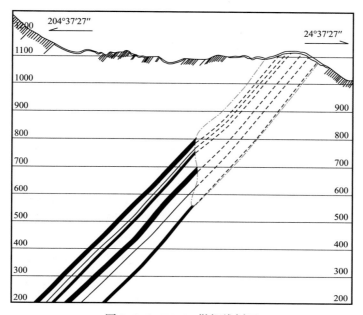

图 5-1-1　FS-36 勘探线剖面

（6）煤储层控制精度低。煤储层控制精度对实施水平井来说较低，存在目标储层垂深、产状的不确定性，造斜率的不确定性，需针对实际情况进行操控。

（7）完井方式适应性有待探索。完井方式可选择裸眼完井、筛管完井、套管固井射孔完井，由于准噶尔盆地南缘大倾角低阶煤煤岩力学特点，选择清水钻进易出现煤层坍塌等事故，钻井液钻进又会对储层造成不同程度的伤害，需根据煤岩特点及增产改造效果进行完井方式适应性研究及钻井液体系优选。

第二节　钻完井工艺优化设计

一、井身结构优化设计

1. 基本原则

井身结构设计时遵循的主要原则（杨国胜等，2015；楼一珊等，2013）为：

（1）有利于发现、认识和保护煤层气储层，尽量采用较低钻井液密度，减小产层伤害。

（2）避免漏、塌、卡等复杂情况的发生，保证目的层段安全钻进，缩短建井周期，实现安全快速完井，尽可能提高机械钻速、减小成本。

（3）当发生溢流时，具有压井处理溢流的能力，在井涌压井时不压漏地层；下套管过程中，井内钻井液柱压力和地层压力之间的压差，不得产生压差卡阻套管事故。

（4）有利于井眼轨迹控制，有利于精确中靶。

（5）生产套管的尺寸应与井眼尺寸匹配，固井质量应满足压裂作业要求。

2. 设计方法

1）下入深度设计

生产套管下入深度取决于煤层气层位置及完井方法等，其他套管下入深度一般依据地层压力及地层破裂压力等压力剖面设计。由于区内无异常高压地层，故其他套管下入深度设计主要依据地层复杂情况，如对易漏易塌层等复杂地层进行封隔，保证下部井段的正常钻进。

2）钻头尺寸与套管尺寸的配合

套管的层次和每层套管的下入深度确定之后，相应的套管尺寸和井眼直径也就确定了。套管尺寸及其井眼（钻头）尺寸的选择和配合不但决定着钻井工程的进度和成本，同时对采气等也有着重要的影响，在进行井身结构设计时，需要进行全面考虑。

（1）确定套管尺寸的原则。

一般是由内向外、由下向上，即生产套管→生产套管井眼（或钻头）尺寸→中间套管尺寸→中间套管井眼尺寸→……→表层套管尺寸→表层套管井眼尺寸→……→导管尺寸。

生产套管尺寸则要根据采气方面的要求来定。

套管与井眼之间有一定间隙，间隙太大不经济；间隙太小导致下套管困难及注水泥后水泥过早脱水形成水泥桥。间隙值一般最小在 9.5～12.7mm（3/8～1/2in）之间，最好为 19mm（3/4in）。

（2）套管和井眼尺寸的配合。

目前，国内外所生产的套管尺寸和钻头尺寸都已经标准化，所以套管与井眼尺寸之间的配合关系基本确定（或在较小范围内变化）。图 5-2-1 给出了套管和井眼尺寸配合标准。图中的流程表明下该层套管所需要的井眼尺寸，实线表示套管和井眼的常用配合，虚线表示不常用的配合。表 5-2-1 给出了国内各油田常用的二开、三开井身结构中套管和井眼尺寸的配合关系（柴君锋等，2020）。

（3）套管钢级、壁厚的选择。

根据区域地层压力、最大破裂压力、压裂最高施工压力及高倾角地区煤层气井排采过程中是否有煤层蠕动造成套管形变等优选套管钢级、壁厚。

3. 新疆准南煤田井身结构设计

以准噶尔盆地南缘乌鲁木齐矿区为例，为节约钻井成本，提高机械钻速，采用二开井身结构，井身结构设计数据见表 5-2-2。

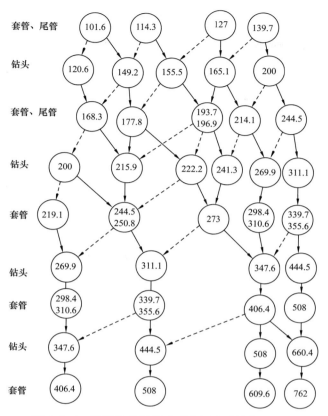

图 5-2-1 套管和井眼尺寸配合标准（单位：mm）

表 5-2-1 国内常用二开、三开井身结构中套管和井眼尺寸的配合关系

类别	开钻次序	钻头尺寸/mm	套管尺寸/mm	适用条件
二开井身结构（不下技术套管）	一开	444.5	339.7	井深一般小于4000m；没有复杂地质情况（如异常高压、硫化氢等）
	二开（复合井眼）	241.3	139.7	
		215.9		
三开井身结构	一开	444.5	339.7	地质情况较复杂，特别注重油气层的保护
	二开	311.2	244.5	
	三开	215.9	139.7	

1）表层套管

一开表层采用 ϕ311.15mm 钻头钻进，ϕ244.5mm 套管下深在 50m 左右，水泥返至地面，建立井口。该井段以及套管下深根据地层情况确定，进入稳定基岩 15～20m，以封固地表腐殖土、流砂层及上部易漏易塌地层，防止地表水污染，保证水平段施工安全，悬挂生产套管。

表 5-2-2　井身结构设计数据

开钻次序	井段/m	钻头尺寸/mm	套管尺寸/mm	套管下深/m	水泥浆返深	备注
一开	0～50	ϕ311.15	ϕ244.5	50 左右	水泥浆返至地面	该井段以及套管下深根据地层情况确定，进入稳定基岩 15～20m
二开	55～靶点	ϕ215.9	ϕ139.7	靶点 -2	目的煤层顶板以上 300m	套管若分段，下段下入井段为目的煤层顶板以上 50m 至井底
说明	若因地层复杂，钻井队应设计表层套管前下入大一级导管封隔第四系					
井身结构	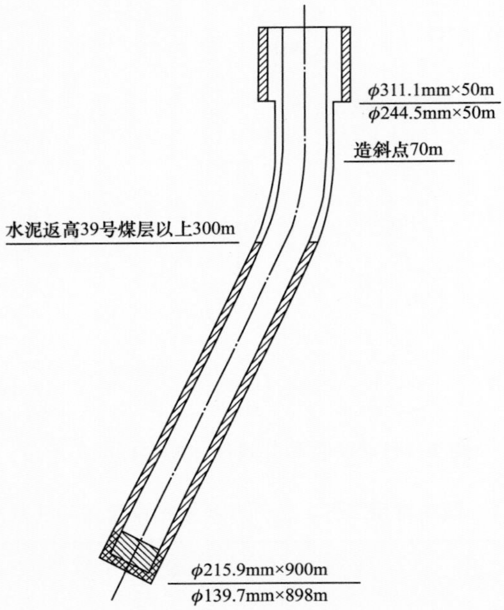					

2）生产套管及完井方式

二开使用 ϕ215.9mm 钻头，完成定向井段和水平段钻井作业，下入 ϕ139.7mm 套管完井，该井段以及套管下深根据甲方要求而定。为节省成本，水泥返至目的煤层顶板以上 300m。

值得注意的是，如果地层复杂，应增加导管段，用 ϕ444.5mm 钻头钻进，下入 ϕ339.7mm 导管，封隔第四系。对于定向井，从节省成本及提高机械钻速的角度考虑，一开可用 ϕ241.3mm 钻头钻进，下入 ϕ219.1mm 表层套管；二开可用 ϕ168.28mm 钻头，下入 ϕ127mm 生产套管。

3）水平井井身结构优化

L 型井一般设计三开，下入技术套管的主要目的是封隔及稳固目的储层以上井段，保证水平段安全钻进。根据以往钻井资料、事故情况分析，储层以上井段未出现因地质因素而发生钻井事故。煤层气单分支 L 型井水平段较短，钻井周期较短，工程难度与工序较简单，但投入成本太高，通过降低套管层次降低钻井成本来提高效益。

（1）井身结构简化的可行性。以乌鲁木齐矿区为例，依据井壁稳定性研究结果可知，地层压力特性突变点在50～100m井深，此段为第四系不稳定地层，易漏易塌，钻井液安全窗口较小，因此一开50～100m需用套管隔离。进入稳定基岩至完钻井深井壁稳定性较好，钻井液安全窗口几乎重叠，属于同一坍塌与漏失压力梯度，可舍去技术套管，井身结构由三开井改为二开井身结构。

（2）现场试验与应用效果。井身结构的优化不仅节约成本，缩短了钻完井周期，同时二开L型井更利于三维井与储层变化需抽回侧钻井的轨迹调整，当发生需要抽回着陆点以上井段侧钻情况时，若下入技术套管则需要套管开窗侧钻，成本将增加几十万元（图5-2-2）。

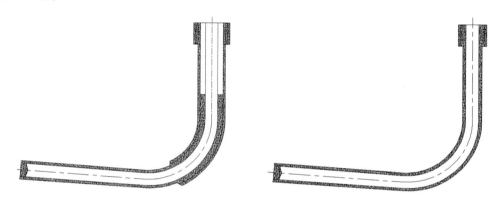

图 5-2-2　井身结构优化示意图

截至2020年底，乌鲁木齐矿区、阜康矿区共施工L型井48口，最初阜康示范工程3口L型井均采用三开井身结构，完井方式分为筛管完井和套管固井完井，投入高，经济效益差。为降低L型井钻井工程成本，试验施工了二开井身结构的L型井，截至2020年底，共计施工二开井身结构井45口井，节约成本3000万元左右。

二、煤层气井井眼轨道优化设计

1. 轨道设计原则

（1）应能实现钻定向井的目的。钻定向井的目的是多种多样的：为了钻穿多套含气层系，扩大勘探成果；或为了延长目标段的长度，增大气层的裸露面积。

（2）有利于采气工艺的要求。在可能的情况下，减小井眼曲率以改善管柱的工作条件。进入目的层的井段井斜角应尽量小些，最好是垂直井段。

（3）尽可能利用地层的自然规律。所钻地层由于倾斜、可钻性各向异性、可钻性垂向和横向的变化以及其他地质因素影响，具有自然造斜和井眼方位漂移的规律。利用这些规律，可减小使用工具进行轨迹控制工作量。

（4）有利于减小钻井难度。以便安全、优质、快速、低成本地完成钻井施工。

上述4项原则，在实际工作中可能会出现相互矛盾的情况，这时应考虑优先满足"应能实现钻定向井的目的"和"有利于采气工艺的要求"，但也要权衡"有利于减小钻井难度"这个原则（陈涛平，2011）。

2. 井眼轨道类型选择

国内外煤层气勘探开发成功的区块已有了与之相适应的煤层气钻井井型和与之配套的成熟技术（楼一珊等，2013），新疆煤层气勘探开发地层地质特点和煤层赋存状况与其他地方有异，如煤层厚度大、倾角大等，顺煤层井型可以按照以下方案选择。

（1）凡无特殊要求和井口限制的顺煤层井眼轨道，均选择三段制［图5-2-3（a）］。

（2）井口可以移动的多靶顺煤层井，可以选多靶三段制［图5-2-3（b）］。

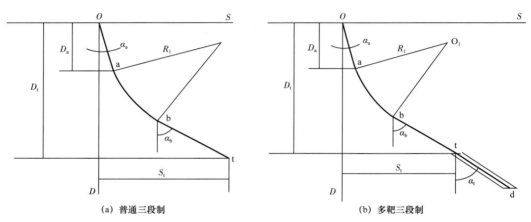

(a) 普通三段制　　　　　　　　　(b) 多靶三段制

图 5-2-3　三段制顺煤层井眼轨道

O—位移起点；D—垂深轴线；S—位移轴线；S_t—t 点位移；ab—增斜段；td—靶区；α_a—a 点井斜角；α_b—b 点井斜角；α_t—t 点井斜角；D_a—a 点垂深；D_t—t 点垂深；R_1—ab 段曲率半径

3. 三段制顺煤层井眼轨道

三段制轨道由垂直段、增斜段和稳斜段组成。其特点为：造斜点浅，施工简单。常用于不下技术套管的单一产层井，也用于靶点较浅、水平位移大的井和水平井。根据井眼轨道与储层间的关系，可以分为普通三段制顺煤层井眼轨道和 L 型顺煤层井眼轨道（图5-2-4、图5-2-5）。

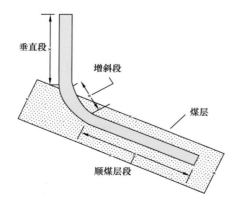

图 5-2-4　普通三段制顺煤层井眼轨道

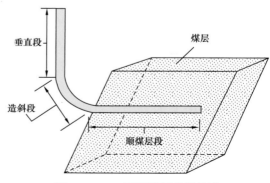

图 5-2-5　L 型顺煤层井眼轨道

实例一：定向井轨道设计（表 5-2-3、图 5-2-6 和图 5-2-7）。

表 5-2-3 定向井井眼轨道数据

井底垂深 /m	井底闭合距 /m	井底闭合方位 / (°)	造斜点 /m	最大井斜角 / (°)
1279.70	1712.65	147.03	170.00	64.77
磁倾角 / (°)	磁场强度 /μT	磁偏角 / (°)	收敛角 / (°)	方位修正角 / (°)
56.40	53.12	−6.8	1.06	−7.86

井口：$X=X_0$，$Y=Y_0$

靶 A $X=X_0-1249.85$，$Y=Y_0+810.73$；垂深 1174.7m；闭合距 1489.77m；靶半径 10m

<table>
<tr><td colspan="11" align="center">轨道节点数据</td></tr>
<tr><th>井深 / m</th><th>井斜角 / (°)</th><th>方位角 / (°)</th><th>垂深 / m</th><th>水平位移 / m</th><th>南北 / m</th><th>东西 / m</th><th>狗腿度 / (°) /100m</th><th>工具面 / (°)</th><th>靶点</th></tr>
<tr><td>0</td><td>0</td><td>0</td><td>0</td><td>0</td><td>0</td><td>0</td><td>0</td><td>0</td><td></td></tr>
<tr><td>170.00</td><td>0</td><td>147.03</td><td>170</td><td>0</td><td>0</td><td>0</td><td>0</td><td>0</td><td></td></tr>
<tr><td>709.79</td><td>64.77</td><td>147.03</td><td>601.93</td><td>273.98</td><td>−229.86</td><td>149.10</td><td>12.00</td><td>0</td><td></td></tr>
<tr><td>2053.74</td><td>64.77</td><td>147.03</td><td>1174.70</td><td>1489.77</td><td>−1249.85</td><td>810.73</td><td>0</td><td>0</td><td>A</td></tr>
<tr><td>2300.11</td><td>64.77</td><td>147.03</td><td>1279.70</td><td>1712.65</td><td>−1436.84</td><td>932.02</td><td>0</td><td>0</td><td></td></tr>
</table>

注：该设计垂深、靶点垂深已含补心海拔 24.7m。

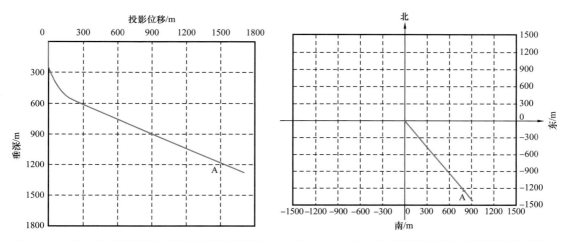

图 5-2-6 定向井井眼设计轨道垂直投影示意图　　图 5-2-7 定向井井眼设计轨道水平投影示意图

实例二：水平井轨道设计（表 5-2-4、图 5-2-8 和图 5-2-9）。

4. 双增式顺煤层井眼轨道

双增式轨道如图 5-2-10 所示，由垂直段、增斜段、稳斜段、增斜段和稳斜段组成。一般用于水平井、含设计参数的双增式顺煤层井眼轨道如图 5-2-11 所示。

表 5-2-4 水平井井眼轨道数据

井底垂深 /m	井底闭合距 /m	井底闭合方位 /（°）	造斜点 /m	最大井斜角 /（°）
1293.30	648.58	265.06	872.22	88.85
磁倾角 /（°）	磁场强度 /μT	磁偏角 /（°）	收敛角 /（°）	方位修正角 /（°）
55.75	52.87	−6.53	0.91	−7.44

井口：$X=X_0$，$Y=Y_0$

靶 A $X=X_0$−55.82，$Y=Y_0$−381.18；垂深 1288m；闭合距 385.25m；闭合方位 261.67°；靶半高 0.5m；靶半宽 2.5m

靶 B $X=X_0$−55.82，$Y=Y_0$−631.18；垂深 1293m；闭合距 633.64m；闭合方位 264.95°；靶半高 0.5m；靶半宽 2.5m

轨道节点参数

井深 / m	井斜 /（°）	方位 /（°）	垂深 / m	水平位移 / m	南北 / m	东西 / m	狗腿度 /（°）/100m	工具面 /（°）	靶点
0	0	0	0	0	0	0	0	0	
872.22	0	258.39	872.22	0	0	0	0	0	
1105.56	35.00	258.39	1091.31	69.08	−13.90	−67.67	15.00	0	
1159.34	35.00	258.39	1135.37	99.93	−20.11	−97.88	0	0	
1259.40	51.01	258.39	1208.31	167.96	−33.80	−164.52	16.00	0	
1495.93	88.85	270.00	1288.00	385.25	−55.82	−381.18	16.86	18.39	A
1745.98	88.85	270.00	1293.00	633.64	−55.82	−631.18	0	0	B
1760.98	88.85	270.00	1293.30	648.58	−55.82	−646.18	0	0	

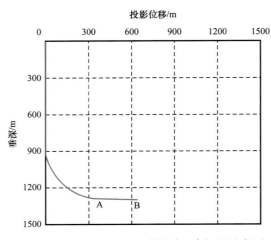
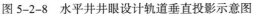

图 5-2-8 水平井井眼设计轨道垂直投影示意图

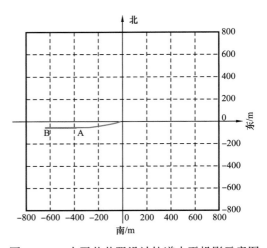

图 5-2-9 水平井井眼设计轨道水平投影示意图

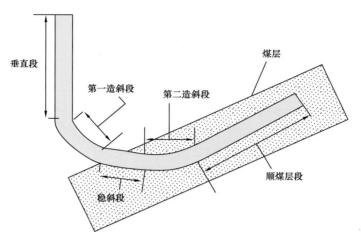

图 5-2-10　双增式顺煤层井眼示意图

三、钻具组合优化设计

现场井眼轨迹的分析结果表明，在地层参数的影响不清楚时，影响井眼轨迹的因素有很多（高德利，1994）。主要为下部钻具组合、钻井操作参数和井眼几何参数三大类，但这些参数对造斜能力的影响主要反映在对钻头井斜力和钻头倾角的影响上。因此，为了准确地进行下部钻具组合的敏感性分析及研究下部钻具组合的造斜能力，有必要研究上述诸因素对钻头井斜力等的影响规律。

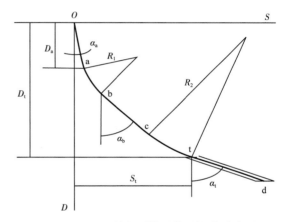

图 5-2-11　双增式顺煤层井眼轨道设计图
O—位移起点；S—位移轴线；D—垂深轴线；ab—第一增斜井段；ct—第二增斜段；td—靶区；α_a—a 点井斜；D_a—a 点垂深；R_1—ab 增斜段曲率半径；α_b—b 点井斜；R_2—ct 增斜段曲率半径；α_t—t 点井斜；D_t—t 点垂深

1. 钻具组合力学分析

现场设计的钻具组合为：ϕ215.9mm 钻头 $+\phi$172mm×1.25°单弯螺杆钻具 $+\phi$165mm 定向接头 $+\phi$165mm 无磁钻铤 ×1 根 $+\phi$127mm 加重钻杆（24 根）$+\phi$127mm 钻杆 $+\phi$133mm 方钻杆。

1）直井段复合钻进

直井段复合钻进时不同井斜角、不同钻压下的井斜力计算结果如图 5-2-12 所示。由图 5-2-12 可以看出，这是稳斜组合，因地层造斜力不大，虽然底部钻具组合降斜力不大，但井眼质量较好，说明能满足防斜要求。

2）造斜段

造斜段钻进时不同井斜角、不同钻压下的井斜力计算结果如图 5-2-13 所示。由图 5-2-13 可以看出，钻压越大，增斜力越大，当井斜角为 19°时，增斜力最大。因此，当井斜角较小时，可用大钻压，以提高工具的造斜能力；当井斜角增大后，可适当减少钻压，以保证井眼曲率不变。

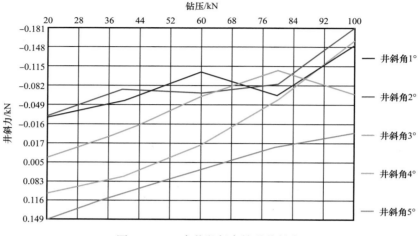

图 5-2-12　直井段复合钻进井斜力

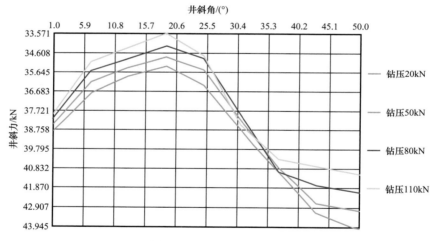

图 5-2-13　造斜段井斜力

3）稳斜段

稳斜段钻进时不同钻压下的井斜力计算结果如图 5-2-14 所示。由图 5-2-14 可以看出，复合钻进时，随着钻压增加，增斜力增大，是增斜组合。

2. 钻具组合优化设计

从计算可以看出，原来设计的钻具组合在稳斜段是增斜组合，井眼控制难度大，建议增加一段钻铤和一个稳定器，推荐钻具组合为：ϕ215.9mm 钻头 +ϕ172mm×1.25°单弯螺杆钻具 +ϕ165mm 钻铤（5m）+ϕ123mm 稳定器 +ϕ165mm 定向接头 +ϕ165mm 无磁钻铤（1 根）+ϕ127mm 加重钻杆（24 根）+ϕ127mm 钻杆 +ϕ133mm 方钻杆。

1）直井段

直井段复合钻进时不同井斜角、不同钻压下的井斜力计算结果如图 5-2-15 所示。由图 5-2-15 可以看出，这种组合在直井段是降斜组合，比原来组合的降斜力大，说明防斜降斜效果更好。

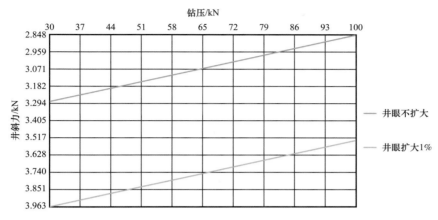

图 5-2-14 复合钻进井斜力

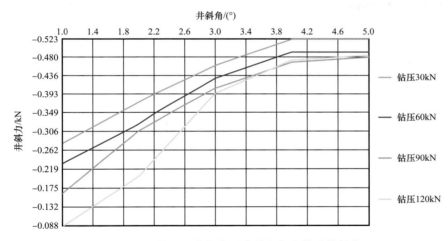

图 5-2-15 钻具组合优化后直井段复合钻进井斜力

2）造斜段

造斜段钻进时不同井斜角、不同钻压下的井斜力计算结果如图 5-2-16 所示。由图 5-2-16 可以看出，这种组合与原组合造斜力差不多，能够满足造斜要求。

3）稳斜段

稳斜段钻进时不同钻压下的井斜力计算结果如图 5-2-17 所示。由图 5-2-17 可以看出，当加一段 5m 长的钻铤和一个 ϕ123mm 的稳定器后，复合钻进时是稳斜组合，所以推荐这种组合。

通过力学分析，给出了推荐的组合，即增加一段 ϕ165mm 钻铤 5m 和一个 ϕ123mm 稳定器，即可提高在稳斜段的稳斜效果和直井段的防斜效果。

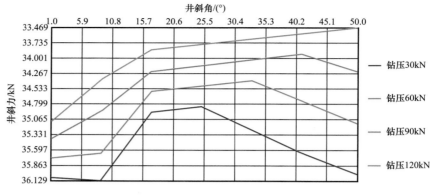

图 5-2-16　钻具组合优化后造斜段井斜力

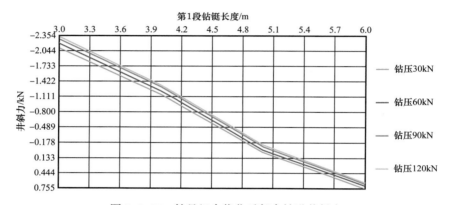

图 5-2-17　钻具组合优化后复合钻进井斜力

第三节　钻完井关键技术优选与优化

一、钻井配套设备、钻头优选

1. 钻机优选

选择钻机的主要依据是钻机的技术特性和所钻井的井身结构、钻具组合以及设计井地区的地质条件和钻井工艺技术要求等。选择钻机的主要参数包括钻机名义（公称）钻深、最大钩载、最大钻柱载荷和钻机扭矩（魏晓东等，2011）。具体到新疆准南煤田，选择钻机的最主要的参数是最大钩载。由于最大钩载与摩阻密切相关，故下面介绍摩阻计算。

（1）摩阻计算模型。摩阻的计算模型有刚杆模型和软杆模型。在新疆准噶尔盆地南缘钻井中，由于造斜率不大，经模拟与试验两种模型在定向井与水平井中计算结果大致相同，故采用软绳模型进行计算。

（2）钩载计算实例。分别以定向井北 8- 向 1 井和水平井东 7-L2 井为例进行计算，计算结果如图 5-3-1 和图 5-3-2 所示。

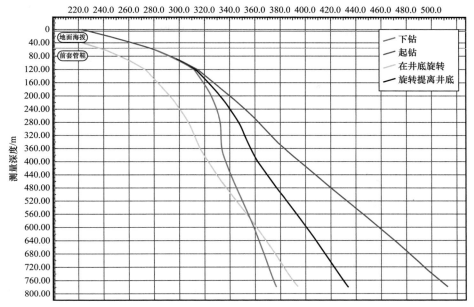

图 5-3-1 北 8- 向 1 井钩载变化曲线

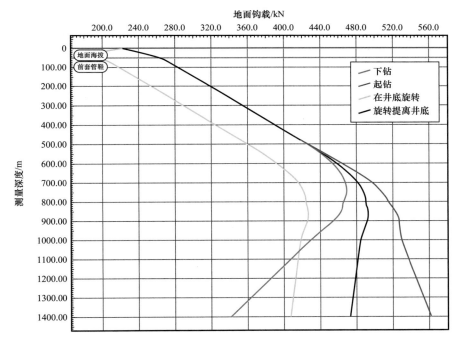

图 5-3-2 东 7-L2 井钩载变化曲线

由图 5-3-1 和图 5-3-2 可见,最大钩载(Q_{slmax} 512kN、561kN)行业标准规定:$Q_{hmax}/Q_{slmax}=1.8\sim2.08$。若选择 ZJ20 钻机,其额定钩载($Q_{hmax}$)为 1350kN,此时钩载储备系数分别为定向井 1350/512=2.64>(1.8~2.08)、水平井 1350/561=2.41>(1.8~2.08)。据

此可知，选用 ZJ20 钻机比较合适，其既有一定的故障复杂处理能力，也不过于笨重。结合准噶尔盆地南缘煤层气井所钻井深度、钻具组合、井身结构、该地区的地质条件及钻井工艺技术等，配套不低于 ZJ20 型钻机。

2. 钻井泵排量优选

钻井泵是整个循环系统的动力源，要求其有足够的输出动力及储备，满足井眼携岩需要。钻井泵主要依据排量、泵压选择，排量要求既能净化井眼，但又不至于冲垮井壁。

1）井眼净化效果评价指标

井眼净化评价的指标有多种，如岩屑几何特征评价、岩屑体积评价、岩屑输送比评价、岩屑体积浓度评价、岩屑床厚度评价和井眼畅通性评价（李琪等，2010；李清，2010）。不同斜度井段评价指标与标准不同，其中水平井段净化要求较高，故下面介绍水平井段排量优选。

2）水平井段净化模型

水平井段最大井斜角介于 80°～95°，井眼净化采用岩屑床厚度进行评价，净化标准为井径的 10%。当岩屑床厚度超过井径的 10% 时，井眼净化效果差，反之井眼净化效果好（刘希圣等，1991）。岩屑床厚度计算物理模型如图 5-3-3 和图 5-3-4 所示。

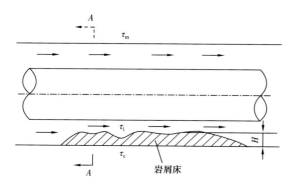

图 5-3-3 环空内岩屑输送模型
τ_m—岩屑床以上钻井液与井壁的接触应力，Pa；τ_i—两层界面间的接触应力，Pa；τ_c—岩屑床与管壁的接触应力，Pa；H—岩屑床厚度，m

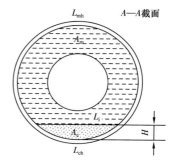

图 5-3-4 大斜度井环空流道截面几何图形
A_c—岩屑床截面积，m^2；L_{mh}—岩屑床以上钻井液与井壁的接触的弧长，m；A—环空截面积，m^2；L_i—钻井液与岩屑床接触部分的弦长，m；A_m—清洁的液流截面积，m^2；L_{ch}—岩屑床与井壁接触部分的弧长，m

图 5-3-3 中岩屑床厚度为 H，输送岩屑的环空可分两部分，上部为清洁的液流（截面积 A_m），下部为均匀堆积的岩屑床（截面积为 A_c），这两部分与内外管壁相接触部分的弧长分别为 L_{mh} 和 L_{ch}，环空流道截面的几何图形如图 5-3-4 所示。

3）排量设计实例

以东 7-L2 井为例进行了排量计算，计算结果如图 5-3-5 所示，最低排量为 1.73m³/min。

3. 钻头优选

钻头优选的方法很多，如主成分多层次模糊综合优选法（李乾等，2020）、地层综合系数法（程昊禹等，2021）、因子分析法（潘起峰等，2003）、聚类分析方法（闫铁等，

2021）等，但现场统计法具有更现实的意义。统计了机械钻速较快的 WS-17 井、WS-21 井、WS-18 井、W3- 向 3 井、WXS-1 井、W4-L4 井 WBS-2 井等钻头使用情况，见表 5-3-1。对比表中数据，得到如下结论：

（1）一开直井段对比。根据上述 7 口井钻头使用数据，对比分析不难发现：一开钻进采用牙轮钻头比较合适，且江汉石油钻头股份有限公司生产的牙轮钻头机械钻速较高，最高达 13.91m/h（444.5mm 井眼）。

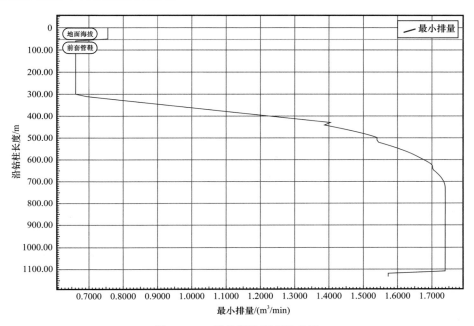

图 5-3-5　排量随井深变化曲线

（2）二开对比。二开定向造斜初期，可选用 ϕ215.9mm 的三牙轮钻头，工具面易于控制；由于 PDC 钻头能够适应高转速、低钻压，可以提高机械钻速，防井斜，在顺煤层段可选用 ϕ215.9mm PDC 钻头实现快优钻进，如山西某厂家生产的 PDC 钻头机械钻速达 17.74m/h。具体采用何种类型钻头，还要取决于地层情况及所钻井段岩层可钻性。

二、煤层气井低伤害钻井液体系

煤层气钻井存在漏失、坍塌掉块、卡钻等井下故障复杂，储层保护手段少等问题，需要研究适合新疆准南煤田煤层气井的钻井液。

1. 煤层气钻井液体系的选择

根据相关的研究基础和文献调研（黄维安等，2012；曹伟，2012；岳前升等，2012；左景栾等，2012），选择了无黏土相高性能钻井液体系作为煤层气储层钻井液，体系的基本配方为：淡水 +NaOH+JHVIS（增黏剂）+STARCH（降滤失剂）+JHCARB（酸溶性暂堵剂）+NaCl（抑制、调节密度）+ 聚胺（抑制剂）。该体系具有较好的储层保护效果、优良的封堵及抑制性能、优异的流变性能。

表5-3-1 7口井钻头与钻井参数

序号	钻头 型号	尺寸/mm	厂家	水眼/mm×n	地层时代	钻进井段/m	指标 进尺/m	纯钻时间/h:min	机械钻速/m/h	钻进参数 钻压/kN	转速/r/min	排量/L/s	泵压/MPa	钻井液参数 密度/g/cm³	黏度/s	失水/mL	静切力/Pa	pH值	井号
1	三牙轮	311.2	江汉石油钻头股份有限公司	18×3	Q	0~52.71	52.71	14:00	3.77	20	69	28	3.0	1.04	44			8	WS-21
2	PDC	215.9	江汉石油钻头股份有限公司	14×3	J_2x	52.71~710	657.29	62:35	12.56	60	60	27	6.0	1.07	46			8	
3	三牙轮	215.9			Q_4	0~35.38	35.38	6:30	5.44	20	63	27.5	3	1.13	50				WS-17
4	三牙轮	311.2			Q_4 J_2x^3	0~44.83（扩孔）	44.83	14:00	3.14	25	63	28	4	1.13	43				
5	PDC	215.9			J_2x^1	35.38~824.05	788.67	102:50	7.67	40	63	28	4~7	1.14	45	5			
6	三牙轮	311.2	江西飞龙钻头制造有限公司	16×3	第四系	0~200.95	200.95	59:05	3.4	20	70	27	1.5	1.03	55	—		10	WS-18
7	PDC	215.9	天津立林钻头有限公司	14×6	侏罗系	200.95~1075	874.05	57:30	15.2	60	60	32	9	1.06	60	5		8	
8	MP2G	311.2	江汉石油钻头股份有限公司	14×16		0~55	55	15:00	3.66	30	90	24	2	1.10	68				W3-向3
9	M1655	215.9	河北锐石钻头制造有限公司	11×12×13×13		55~442	387	35:10	11	40	60	30	8	1.11	45	10	2/4	9	

续表

序号	钻头				地层时代	钻进井段/m	指标			钻进参数				钻井液参数					井号
	型号	尺寸/mm	厂家	水眼/mm×n			进尺/m	纯钻时间/h:min	机械钻速/m/h	钻压/kN	转速/r/min	排量/L/s	泵压/MPa	密度/g/cm³	黏度/s	失水/mL	静切力/Pa	pH值	
10	ST437	215.9	四川川克·克锐达金刚石钻头有限公司	13×14		442~826	384	54:10	7.09	80	40	30	11	1.12	43	7	2/3	8	
11	ST517	215.9	四川川克·克锐达金刚石钻头有限公司	14×15		826~1137	311	54:30	5.70	80	40	30	11	1.10	42	6	2/4	8	W3-向3
12	ST437	215.9	四川川克·克锐达金刚石钻头有限公司	13×14×15		1137~1229	92	52:30	1.75	100	40	30	10	1.10	50	5	2/7	8	
13	HJ517G	215.9	四川川克·克锐达金刚石钻头有限公司	14×14×15		1229~1305	76	31:15	2.43	100	40	30	10	1.11	48	5	2/5	8	
14	3A	444.5	江汉石油钻头股份有限公司	20×18×18	$Q—J_2x$	0~121.71	121.71	8:45	13.91	60	50	15~30	2~3	1.10	40~60	4~6		8~9	W4-L4
15	3A	311.2	江汉石油钻头股份有限公司	18×16×16	水泥塞		43.71	1:30	29.14	20	50	30	3	1.06	45	4		8	

续表

序号	钻头				地层时代	钻进井段/m	指标			钻进参数				钻井液参数					井号
	型号	尺寸/mm	厂家	水眼/mm×n			进尺/m	纯钻时间/h:min	机械钻速/m/h	钻压/kN	转速/r/min	排量/L/s	泵压/MPa	密度/g/cm³	黏度/s	失水/mL	静切力/Pa	pH值	
16	3A	215.9	江汉石油钻头股份有限公司	15×15×15	J₂x	121.71~1324	1202.29	99:40	12.06	20~40	50	30	3~5	1.13	36~45	4~5		9	W4-L4
17	MP2G	311.2	江汉石油钻头股份有限公司	14×16		0~43	43	19:20	2.22	20	90	24	2	1.05	50				
18	HJ517G	215.9	江汉石油钻头股份有限公司	13×14		43~284	241	38:25	6.27	60	60	30	8	1.08	45	10	1.5/2	9	WXS-1
19	SJT517GK	215.9	江汉石油钻头股份有限公司	13×14		284~739	455	64:05	7.1	60	60	30	9	1.12	60	6	2/3	9	
20	三牙轮	311.2	陕西金刚石石油机械有限公司	16×3	第四系	0~123.5	123.5	25:30	4.80	20	70	27	1.5	1.05	50	—			WBS-2
21	PDC	215.9	陕西金刚石石油机械有限公司	14×6	侏罗系	123.5~803.5	677.5	38:10	17.74	60	60	32	8.0	1.10	50	5		8	

注：水眼所在列中，3个数表示3个水眼尺寸，水眼尺寸相同的则用mm×n（n表示水眼个数），水眼尺寸不同的则3个尺寸均表示出来。

2. 钻井液暂堵材料选择

钻井过程中，固相和液相都有可能对储层造成伤害，如果固相颗粒侵入较深，将会严重伤害储层，选用酸溶性暂堵剂通过架桥作用在井壁形成内、外滤饼，可有效阻止钻井液中的固相或滤液继续侵入（张振华，2011）。常用的酸溶性暂堵剂为不同粒径范围的细目碳酸钙。碳酸钙极易溶于酸，且化学性质稳定，价格便宜，颗粒有较宽的粒度范围，因此是一种理想的酸溶性暂堵剂，即使堵死地层，也可通过酸化实现解堵，恢复储层原始渗透率。选用酸溶性暂堵剂时应注意其粒径必须与油气层孔径相匹配。实验表明，能否有效地起到暂堵作用，不取决于暂堵剂固相颗粒的质量分数，而是取决于颗粒的大小和形状。一般情况下，如果已知储层的平均孔径，可按照"三分之一架桥原则"选择暂堵剂颗粒的大小。在实际应用中，有时根据室内评价或现场经验来确定暂堵剂的粒度范围和加量范围。目前，多数储层一般使用 200 目以细的暂堵材料，加量一般控制在 3%～5% 之间。本研究室内选用的暂堵材料 JHCARB 中的碳酸钙含量高，酸溶率达到了 98% 以上。JHCARB 粒径分布范围广且均匀，具有较好的广谱暂堵作用。图 5-3-6 和图 5-3-7 分别为采用干法和湿法激光粒度分析仪对暂堵材料的粒径分析结果，从表 5-3-2 的分析结果可以看出，JHCARB 具有粒径分布范围广且均匀的特点。

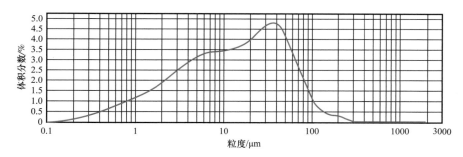

图 5-3-6　暂堵材料 JHCARB 的粒径分析（干法）

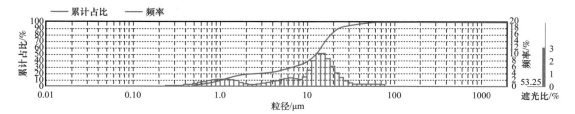

图 5-3-7　暂堵材料 JHCARB 的粒径分析（湿法）

3. 增黏剂的选择

储层钻井液黏度，尤其是低剪切速率黏度是一把"双刃剑"，一方面可以防止胶液侵入地层，另一方面，一旦胶液侵入地层就难以从地层中返排出来。室内进行了低剪切速率黏度对侵入地层与返排的实验，研究发现：随着低剪切速率黏度的增大，污染突破压力逐渐增大，说明黏度越大，越难以侵入地层；同时，随着低剪切速率黏度的增大，返排突破压力逐渐增大，说明黏度越大，越难以返排出地层。图5-3-8反映了低剪切速率黏度对返排能力的影响。

表5-3-2 暂堵材料JHCARB粒径分析数据

分析结果		
$X_{10}=1.049\mu m$	$X_{50}=12.628\mu m$	$X_{90}=22.825\mu m$
$X_{av}=12.947\mu m$	$S/V=17016.730cm^2/cm^3$	$X[3,2]=3.526\mu m$
$X[4,3]=12.947\mu m$	拟合误差：0.098	

注：X_{50}表示累积50%粒径（中位径），该粒径及以下的粒子体积占全部粒子体积的50%（10%、90%粒径以此类推）；X_{av}表示平均粒径；S/V表示表面积/体积，将所测粒子视为球体，表示体积为$1cm^3$的粒子的表面积为多少平方厘米；$X[3,2]$表示面积平均粒径；$X[4,3]$表示体积平均粒径。

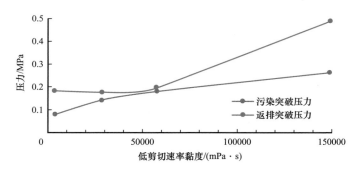

图5-3-8 低剪切速率黏度对返排能力的影响

当低剪切速率黏度为30000～50000mPa·s时，两个突破压力均会出现一个拐点，即污染突破压力趋于平缓，返排突破压力急剧增大。因此，建议控制低剪切速率黏度为15000～30000mPa·s。

本研究采用了改性生物聚合物VIS系列作为体系的流型调节剂。生物聚合物因其独特的分子结构而具有独特的理化性质，其低浓度溶液具有高黏度的特性（1%水溶液的黏度相当于明胶的100倍），是一种高效增稠剂，具有良好的抗剪切性（假塑性），在静态或低剪切作用下具有高黏度，在高剪切作用下表现为黏度下降，但分子结构不变。当剪切作用消失后，黏度恢复正常。这些特性应用于钻井液中，可用作钻井液的增黏剂、流型调节剂，改善钻井液的流变性，增强钻井液的携砂能力。为了有效地提高体系的低剪切速率黏度，本研究选择了高分子量的天然聚合物JHVIS流型调节剂。体系基本配方：淡水+0.1%NaOH+JHVIS（增黏剂）+2.0% STARCH（降滤失剂）+5%JHCARB（酸溶性暂堵剂）+5%NaCl（抑制、调节密度）。测试条件：50℃热滚16h，40℃测试流变性。JHVIS加量对体系性能的影响见表5-3-3。

从表5-3-3可以看出，当体系JHVIS加量达到0.5%时，体系的低剪切速率黏度达到20293mPa·s，且具有较好的流变性能。

表 5-3-3　JHVIS 加量对体系性能的影响

JHVIS 加量 / %	状态	表观黏度 / mPa·s	塑性黏度 / mPa·s	动切力 / Pa	Φ_6/Φ_3	API 滤失量 / mL	pH 值	低剪切速率黏度 / mPa·s
0.2	滚前	13	7	6	5/4			
	滚后	12	7	5	5/4	7.3	8.5	11356
0.3	滚前	17	9	8	6/5			
	滚后	16	8	8	6/4	6.5	8.5	14238
0.4	滚前	20	11	9	8/6			
	滚后	19	11	8	8/5	5.3	8.5	17438
0.5	滚前	24	13	11	9/7			
	滚后	23	13	10	8/7	5.0	8.5	20293

注：Φ_6 和 Φ_3 分别表示钻井液在旋转黏度计的转速为 6r/min 和 3r/min 时的读数。

4. 降滤失剂选择

该体系选择的降滤失剂 STARCH 为天然改性的淀粉，该降滤失剂不仅能有效地降低体系的滤失量，而且具有很好的环保性能。体系基本配方：淡水 +0.1%NaOH+0.5%JHVIS（增黏剂）+STARCH（降滤失剂）+5%JHCARB（酸溶性暂堵剂）+5%NaCl（抑制、调节密度）。测试条件：50℃热滚 16h，40℃测试流变性。降滤失剂 STARCH 加量对体系性能的影响见表 5-3-4。

表 5-3-4　降滤失剂 STARCH 加量对体系性能的影响

STARCH 加量 / %	状态	表观黏度 / mPa·s	塑性黏度 / mPa·s	动切力 / Pa	Φ_6/Φ_3	API 滤失量 / mL	pH 值	低剪切速率黏度 / mPa·s
0.5	滚前	20	11	9	8/5			
	滚后	19	10	9	7/5	10.3	8.5	19452
1.0	滚前	22	12	10	8/6			
	滚后	21	12	9	7/6	8.6	8.5	19783
1.5	滚前	24	13	11	8/6			
	滚后	23.5	13	10.5	7/6	7.0	8.5	20104
2.0	滚前	24	13	11	9/7			
	滚后	23	13	10	8/7	5.0	8.5	20293

从表 5-3-4 可以看出，当降滤失剂 STARCH 加量达到 2.0% 时，体系的滤失量可以达到 5mL，具有较好的降滤失效果。

5. 钻井液综合性能评价

1）温度变化对体系性能的影响

由于钻井液体系均由有机和无机化合物组成，一般情况下，随着温度升高，会导致聚合物降解，导致钻井液体系的黏度降低（熊青山等，2012）。体系配方：淡水＋0.1%NaOH＋0.5%JHVIS（增黏剂）＋2.0% STARCH（降滤失剂）＋5%JHCARB（酸溶性暂堵剂）＋5%NaCl（抑制、调节密度）。测试条件：热滚16h，40℃测试流变性。室内就不同温度对体系性能的影响进行了研究，结果见表5-3-5。实验结果表明，无论在40℃还是在80℃热滚后，体系的性能都较为稳定，这说明该钻井液体系具有较好的温度适应性，能够满足煤层气储层钻井作业需求。

表5-3-5 温度变化对体系性能的影响

温度/℃	状态	表观黏度/mPa·s	塑性黏度/mPa·s	动切力/Pa	Φ_6/Φ_3	API滤失量/mL	pH值	低剪切速率黏度/mPa·s
	滚前	24	13	11	9/7	5.2		
30	滚后	23.5	10	10	9/7	4.9	8.5	20189
40	滚后	23.5	12	10	9/7	4.98	8.5	20195
50	滚后	23	13	10	8/7	5.0	8.5	20293
60	滚后	24.5	13	11.5	8/7	4.7	8.5	21107
70	滚后	22	13	9	8/6	4.9	8.5	19868
80	滚后	21	12	9	8/6	5.0	8.5	19652

2）不同密度下钻井液的性能

在钻井过程中，为了平衡地层压力，井内钻井液提供足够的液柱压力，因此，钻井液的密度必须达到一定值，好的钻井液体系的加重性能决定了体系的稳定性，加重剂对体系性能的影响直接决定了体系的稳定。

室内对煤层气钻井液体系在不同密度下的性能进行了分析，评价了采用NaCl对钻井液进行不同密度加重的影响。体系配方：淡水＋0.1%NaOH＋0.5%JHVIS（增黏剂）＋2.0% STARCH（降滤失剂）＋5%JHCARB（酸溶性暂堵剂）＋NaCl（抑制、调节密度）。测试条件：50℃热滚16h，40℃测试流变性。室内就不同密度对体系性能的影响进行了研究，由表5-3-6可以看出，随着密度的增大，体系的黏切和塑性黏度均有所增加，体系总体性能变化不大，说明该体系能在各种地层压力下作业。

3）钻井液抗污染性能评价

（1）膨润土侵污。

在煤层气地层钻井过程中，面临着复杂的地质条件，经常会钻遇煤岩与泥页岩互混的地层，而泥页岩水化能力较强，将对钻井液的性能产生很大的影响，对于高造浆地层，钻井液就必须具有较高的抑制水化膨胀的能力，室内采用膨润土模拟高造浆地层的岩屑侵污钻井液，从而考察该钻井液体系在受到膨润土侵污后体系的性能变化。实验配方：淡水 +0.1%NaOH+0.5%JHVIS（增黏剂）+2.0%STARCH（降滤失剂）+5%JHCARB（酸溶性暂堵剂）+5%NaCl（抑制、调节密度）。测试条件：50℃热滚 16h，40℃测试流变性。室内就不同膨润土加量对体系性能的影响进行了研究，由表 5-3-7 可以看出，随着膨润土加量的增加，钻井液体系的黏度有所上升，API 失水有所下降。当膨润土侵污量达到 15% 时，体系仍能保持较好的流变和失水性能。

表 5-3-6 钻井液体系不同密度下的性能

密度 / g/cm³	状态	表观黏度 / mPa·s	塑性黏度 / mPa·s	动切力 / Pa	Φ_6/Φ_3	API 滤失量 / mL	低剪切速率黏度 / mPa·s
未加重	滚前	21	11	10	10/9		
	滚后	23	12	11	9/7	4.7	20446
1.10	滚前	22	12	10	9/7		
	滚后	23	13	10	8/7	5.0	20387
1.15	滚前	22	11	13	10/9		
	滚后	26	14	12	8/6	4.8	20553
1.20	滚前	22	10	12	11/10		
	滚后	27	15	12	8/6	4.7	19008

表 5-3-7 煤层气钻井液体系抗膨润土侵污

膨润土加量 / %	状态	表观黏度 / mPa·s	塑性黏度 / mPa·s	动切力 / Pa	Φ_6/Φ_3	API 滤失量 / mL	低剪切速率黏度 / mPa·s
0	滚前	22	12	10	9/7		
	滚后	23	13	10	8/7	5.0	20387
5	滚前	23	12	11	11/9		
	滚后	28	15	13	9/7	4.8	22868
10	滚前	26	12	14	11/9		
	滚后	32	18	14	11/9	4.6	25864
15	滚前	26	12	14	12/10		
	滚后	34	19	15	11/9	4.4	28579

（2）钙侵污。

钻井液在循环过程中有可能受到地层中钙的侵污，为此开展钙侵实验。实验配方：淡水 +0.1%NaOH+0.5%JHVIS（增黏剂）+2.0%STARCH（降滤失剂）+5%JHCARB（酸溶性暂堵剂）+5%NaCl（抑制、调节密度）。测试条件：50℃热滚 16h，40℃测试流变性。室内评价了不同加量 $CaCl_2$ 侵污对钻井液性能的影响，由表 5-3-8 可以看出，当 $CaCl_2$ 侵污量达到 1.2% 时，体系性能变化不大，说明体系具有良好的抗钙侵污性能。

表 5-3-8　煤层气钻井液体系抗钙污染

$CaCl_2$ 加量 /%	状态	表观黏度 / mPa·s	塑性黏度 / mPa·s	动切力 / Pa	Φ_6/Φ_3	API 滤失量 / mL	低剪切速率黏度 / mPa·s
0	滚前	22	12	10	9/7		
	滚后	23	13	10	8/7	5.0	20387
0.4	滚前	22	8	14	10/8		
	滚后	28	15	13	9/7	5.4	22589
0.8	滚前	22	8	14	11/10		
	滚后	31	16	15	10/9	4.4	24353
1.2	滚前	24	11	13	11/9		
	滚后	30	16	14	8/6	5.3	21008

4）煤层气钻井液体系抑制性能评价

钻井过程中所遇到的地层，如泥页岩、砂岩、流砂、泥质砂岩、砾岩、煤层、岩浆岩和碳酸盐岩等均可能发生井壁不稳定，但井塌大多发生在泥页岩地层中，缩径大多发生在蒙皂石含量高、含水量大的浅层泥岩、盐膏层等地层中。井塌和缩径都会造成井下故障复杂，给钻井工程带来相当大的损失。为了避免上述问题的发生，钻井液就必须具有较高的抑制性能，目前评价钻井液的抑制性能有多种手段（杜兴隆，2016；黄维安等，2013；汪伟英等，2011），室内主要采用分散性试验—滚动回收率方法对该钻井液体系进行评价，以评价泥页岩的分散特性。

为研究钻井液抑制地层分散能力的强弱，实验取得干燥的泥页岩样品，将其粉碎，取岩样 6~10 目部分，在加热老化罐中加入 350mL 水或钻井液和 50g 筛取的岩样，然后将老化罐放入滚子加热炉中滚动 16h（控制所需温度）。冷却后倒出钻井液与岩样，过 40 目筛，取筛上部分岩样干燥称重，计算滚动回收率。实验配方：淡水 + 0.1%NaOH+0.5%JHVIS（增黏剂）+2.0% STARCH（降滤失剂）+5%JHCARB（酸溶性暂堵剂）+5%NaCl（抑制、调节密度）。测试条件：50℃热滚 16h。实验结果见表 5-3-9。该体系滚动回收率达到了 90% 以上，说明该体系具有较高的抗泥页岩等岩石水化分散的能力。在钻遇易水化分散泥页岩时，可加入聚胺抑制剂 UHIB-2 进一步提高体系抑制性能。

5）润滑性能评价

钻井液的润滑性能对提高钻速、保证正常钻进和井下安全及降低能耗均有重要意义，采用极压润滑仪对煤层气钻井液的润滑性能进行测试。实验配方：淡水 + 0.1%NaOH+0.5%JHVIS（增黏剂）+2.0%STARCH（降滤失剂）+5%JHCARB（酸溶性暂堵剂）+0.2% UHIB-2（聚胺）+5% NaCl（抑制、调节密度）。测试结果见表 5-3-10。该体系的润滑性能较好，摩阻较低，能避免卡钻、泥包钻头等井下事故发生。

表 5-3-9　煤层气钻井液体系抑制性能评价

项目		实验结果
滚动回收率 /%	淡水	6.34
	煤层气钻井液	90.26
	煤层气钻井液 +0.2% UHIB-2（聚胺）	93.32

表 5-3-10　体系的润滑性能

钻井液类型	钻井液扭矩读数	自来水读数	润滑系数
UltraFLO 钻井液体系	15	39	0.088

6）封堵性能评价

为了考察煤层气钻井液的封堵性能，室内采用常温中压砂床实验对钻井液的封堵性能进行评价，封堵实验结果见表 5-3-11、图 5-3-9 和图 5-3-10。

表 5-3-11　钻井液体系封堵性能

40～60 目砂床渗透深度 /cm	（20～40 目）:（40～60 目）=1:1 砂床渗透深度 /cm
2.7	4.5

图 5-3-9　钻井液在 40～60 目砂床中渗漏

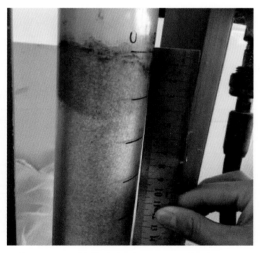

图 5-3-10　钻井液在（20～40 目）:（40～60 目）=1:1 砂床中渗漏

从表 5-3-11 看出，该钻井液体系的封堵能力较强，在 40～60 目砂床中渗漏深度为 2.7cm，（20～40 目）:（40～60 目）=1:1 砂床中为 4.5cm，能封堵住渗漏地层。

7）煤层气钻井液体系储层保护效果评价

按石油天然气行业相关标准 SY/T 6540—2002《钻井液完井液损害油层室内评价方法》，采用岩心损害实验仪等模拟钻井条件，评价钻井液的综合储层保护效果（陈德飞等，2014；马永乐，2011）。选取渗透率为 1～2mD 的煤层岩心（图 5-3-11）测定了煤层气钻井液体系的储层保护效果，实验步骤如下：

（1）将岩心干燥、编号，量取长度及直径，测量空气渗透率 K_a；

（2）抽空饱和盐水，静置 24h 后，正向用氮气测岩心的气相渗透率 K_0；

（3）在模拟实验条件下，用钻井液污染岩心；

（4）除去假滤饼，正向用氮气测定岩心损害后的气相渗透率 K_d，计算岩心渗透率恢复率（K_d/K_0）。

图 5-3-11　实验用煤层岩心

实验结果见表 5-3-12。结果显示，煤层气钻井液体系污染岩心后渗透率恢复值大于 85%，对煤层伤害较小。

表 5-3-12　煤层气钻井液体系的储层保护效果

岩心号	污染液	完井方式	空气渗透率 /mD	K_0/mD	K_d/mD	K_d/K_0
2#	煤层气钻井液	直接返排	1.68	0.51	0.45	0.8823
5#	煤层气钻井液	直接返排	1.46	0.42	0.36	0.8571

研究出来的煤层气钻井液体系是一种无固相钻井液，所形成的流变性独特，表观黏度低，低剪切速率黏度高，切力与时间无依赖性，重要的是具有很好的储层保护特性。从室内对煤层气钻井液的评价结果可以看出，该体系具有良好的流变性能、高的低剪切黏度、较强的润滑性能和抑制性，以及好的抗温、抗污染能力和储层保护性能，封堵性能较强，可以满足钻井过程中悬砂、携砂的正常进行，失水量也较小，滤饼较薄，并能够降低摩阻，保证现场作业的正常进行，而且对环境的适应能力较强。

三、井型优选

井型是依据井眼的轨迹形状进行分类，主要分为直井、定向井和水平井三大类。煤层气井一般产能较低，成本却比较高，因此有必要对煤层气井进行参数优化及井型优选，从而提高经济效益。

为便于规模开发，同时降低开发成本，开发项目井型主要为丛式井。为适应新疆煤层大倾角、多层的地质特点，提出了五段式定向井、顺倾向钻进的顺煤层井等独具特色的井型。井型选择直井、定向井、L型井和顺煤层井相结合。

（1）丛式井（图5-3-12）的优点：节约土地资源，减少钻前费用；方便钻井和压裂统一作业，减少设备搬迁费用；便于统一进行排采、集输及管理。

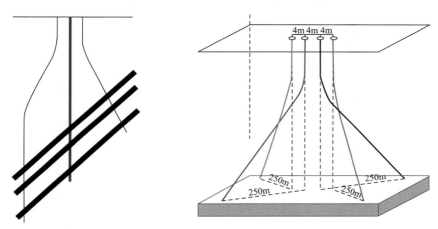

图5-3-12　丛式井井型示意图

（2）五段制定向井与直井结合实现了邻井在多个目的煤层沿倾向上的等间距分布，增加可利用煤层。

（3）顺煤层井实现了大倾角煤层在倾向上的增产方式试验（俗称"站起来的水平井"）。

（4）L型井（图5-3-13）相较于直井增加了单井储层泄压面积，降低了渗流阻力，从而大幅提高了单井产量与气藏采收率，进而增大了可采储量。

四、完井方式优选

收集同种井型、不同完井方式产气效果，通过同样储层物性条件套管固井射孔完井、筛管完井与洞穴完井产气效果分析，得出适应乌鲁木齐矿区、阜康矿区的完井方式——套管固井射孔完井。

1. 完井方式改造工艺

研究区总共施工了4种井型（定向井、顺煤层井、L型水平井、U型对接井），采用了3种完井方式，分别为筛管完井、洞穴完井和套管固井射孔完井。同种井型下，对比3种不同完井方式，可得出其钻井工艺技术均相同，区别在于储层改造工艺不同。不进行储层改造的筛管完井对钻井工艺提出更高要求，需最大限度解除钻井液对储层渗透率的伤害。套管固井射孔完井改造方式的不同点在于改造效果与储层自身条件，套管固井射孔完井较其他完井工艺会增加固井水泥浆对储层近井地带的渗透率伤害，但压裂规模与效果可控。洞穴完井对储层条件要求高，对钻井液伤害较敏感。3种完井方式工艺对比见表5-3-13。

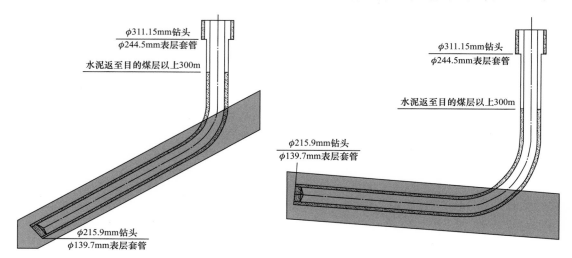

图 5-3-13　L 型井井身结构示意图

表 5-3-13　3 种完井方式工艺对比

完井方式	钻完井工艺	储层改造工艺	改造影响范围
筛管完井	低/无固相钻井液，近平衡钻井	套管不固井，射孔水力压裂，主要用于L型井	适用于高渗透煤层，各压裂段环空沟通，环空间隙较小，各改造段的干扰未知，改造范围一般
		无	效果差，无法解除近井地带伤害，完全依靠煤层原有裂隙，适用于高渗透储层
套管固井射孔完井	低/无固相钻井液，近平衡钻井	分段压裂	根据排量而定，影响范围最大
洞穴完井	低/无固相钻井液，近平衡钻井	空气动力造穴	增加近井地带裂隙，增大煤层裸露面积

2. 不同完井方式产气效果对比

通过对比新疆大倾角多厚煤层3类不同完井方式的产气效果与影响因素分析，得出适宜新疆煤层特点的煤层气完井方式。不同完井方式产气情况见表5-3-14。

1）洞穴完井

在阜康矿区施工的FKQ-1井完井方式为空气动穴完井，井身结构如图5-3-14所示。

2015年5月7日储层改造洗井作业结束后，5月7—8日进行了连续产气流量观测，最大无阻产气流量达51.16m³/h（1227.84m³/d），连续12h观测无阻产气流量不低于36.49m³/h，产气流量观测曲线如图5-3-15所示。5月9—12日进行了连续套压观测，套压达到 0.71MPa。关井后瞬时无阻产气流量由 29.78m³/h 经历了 70min 很快上升到 51.16m³/h，这一上升趋势由于受到井内产水的影响而终止，而随后的下降趋势比较缓慢。

表 5-3-14　不同完井方式对比

井号	完井方式	累计排采时间 /d	开抽流压 /MPa	临界解吸压力 /MPa	临储压力比	平均日产气量 /m³	最高日产气量 /m³	累计产气量 /m³
FS-81	筛管	365	7.472	6.256	0.84	140	227	38371
FSL-1	筛管	1318	3.959	3.111	0.79	197	386	47556
FSL-2	套管固井射孔	1234	8.661	5.114	0.59	1712	2303	2000000
FSU-V	筛管	1152	6.411	4.335	0.68	422	853	344972
FKQ-1	洞穴	1	0.3	—	—	0	0	0

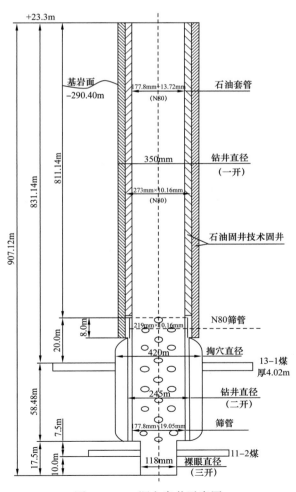

图 5-3-14　洞穴完井示意图

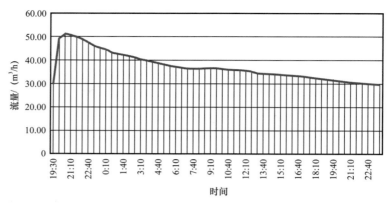

图 5-3-15　产气流量观测曲线

改造结果说明地层含气显示较好，但后期下泵作业前井内放空结束后抽采阶段产气量为 0；根据改造过程中的观测数据计算，实际渗透率仅有 1mD 左右，同时新疆煤层大多为低阶煤，渗透率低，这也是直接决定该次储层改造达不到预期效果的主要因素。洞穴完井的适应性再次得到印证，洞穴完井适用于高阶高渗透碎粒煤质。地层破裂压力、地层倾角等地质因素均会影响改造效果。

同时，工程条件也是制约效果的因素之一，煤储层空气动力改造在我国应用较少，FKQ-1 井也是新疆空气动力改造的第一口井，但就空气动力改造技术本身而言，在设备配置、工艺技术等方面还存在很多需要改进和完善的地方，特别是在特厚煤层和高角度煤层中进行空气动力改造在国内外尚无经验借鉴，这些也给该次作业带来很大影响。

2）筛管完井

研究区筛管完井 3 口井，分别为 FSL-1 井、FS-81 井和 FU-H 井，其中顺煤层井、定向井和水平井各一口。

（1）顺煤层井筛管完井（FSL-1 井）。

该井临界解吸压力为 3.11MPa，临储压力比为 0.79，均属于该区域较高水平，说明含气量较高。根据产水及流压降幅估算整体渗透性较差。渗透率差、煤层降压范围小是低产的主要因素，说明筛管完井无法通过工程手段对煤层进行增产改造，不适用于渗透率差的煤层。

（2）定向井筛管完井（FS-81 井）。

该井临界解吸压力为 6.256MPa，临储压力比为 0.84，均处于该区域较高水平，说明含气量较高。降压线性系数为 21，处于较高水平，说明整体渗透性较好。产气差的原因：一方面是由于筛管完井未进行压裂，无法向远处扩压，解吸范围小；另一方面开发煤层太多，产水及产气层无法区分，干扰严重。

（3）水平井筛管完井（FSU-H 井）。

该井临界解吸压力为 4.335MPa，临储压力比为 0.68，均处于该区域较高水平，说明含气量较高。无法计算降压线性系数，根据产水及流压降幅估算整体渗透性较差。产气差的原因：筛管完井未进行压裂，压降范围不能向远处扩展，解吸范围小。

3）套管固井射孔压裂改造完井

采用套管固井射孔压裂改造完井的 FSL-2 井邻近 FSL-1 井，地质条件、井型相同，均为顺煤层井，通过现场排采试验总体认识如下：该井临界解吸压力为 5.114MPa，临储压力比为 0.59，均处于该区域较高水平，说明含气量较高。降压线性系数为 5，整体渗透性中等。整体渗透性通过压裂改造大于 FSL-1 井，产气效果较好。

3.完井方式优选结果

完井方式研究均在同一区块进行，为同一目的煤层的相邻井，储层物性、钻井液体系相同，通过试验不同完井方式并对日产气量、总产气量和产气周期进行对比（表 5-3-14），套管固井射孔压裂改造完井产气效果明显优于筛管完井与洞穴完井，压裂改造后的储层渗透率得到了明显提升，产气周期较长。

综上所述，通过对比同级别物性条件下洞穴完井、筛管完井和套管射孔完井 3 种完井方式下的产气效果，得出适宜低煤阶低渗透煤层条件下的完井方式——套管射孔完井。研究结果可有效地指导阜康矿区后期的煤层气勘探开发工作，阜康矿区后期煤层气产能建设井型将以 L 型井为主，完井方式以套管固井射孔完井为主。

五、穿越采空钻井技术与方法

1.采空钻井难题

准南煤田乌鲁木齐矿区为老矿区，过去小煤矿多，部分区块采空、地表填方较多，一般采深最大不超 250m，且资料不全，很难预测。研究区前期施工遇到采空影响，钻井液漏失严重甚至失返，从而导致报废挪孔，严重影响钻井成孔率，增加了钻井成本，影响项目工期。针对这些复杂情况进行了穿越采空钻井技术方法研究与现场试验。

2. 技术方法

采取顶漏钻进，钻过采空或严重漏失层段以下 30m，利用固井"穿鞋戴帽"的工艺方法解决采空或漏失影响，共成功施工试验 7 口井（图 5-3-16）。

（1）当表层为填方时，一开采用 444.5mm 口径，下入 339.7mm 套管先把填方层封隔，防止漏失量增大造成地基下沉；然后用 215.9mm 钻头二开钻进至 250m，若无采空或严重漏失层段则继续钻进至完钻井深，若有采空或严重漏失层段，则换 311.15mm 钻头钻至采空或漏失层段下 30～40m，下入 244.5mm 技术套管并固井，封隔复杂层段。

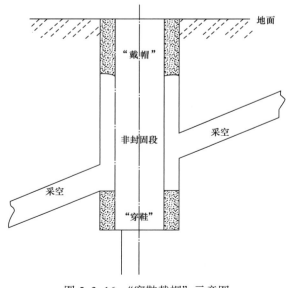

图 5-3-16 "穿鞋戴帽"示意图

（2）当表层非填方时，则采用 311.15mm 钻头钻进至基岩 20m，换 215.9mm 钻头以导眼探至 250m 查清是否存在采空或严重漏失层段；若无复杂情况，则在变径位置架桥下入 244.5mm 套管至基岩 20m 后固井；若存在复杂层段，则 311.15mm 钻头扩孔至复杂层段以下 30m，下入 244.5mm 套管至复杂层段以下 30m。

第四节　快速钻完井技术应用

大倾角多煤层钻完井技术与顺煤层钻井技术，现场试验 80 口井，平均钻井周期 11 天，井身质量合格率达 97%，顺煤层井煤层钻遇率达到 90% 以上，同时有效控制钻井投资成本，有力支撑了乌鲁木齐米东区块 0.5×10⁸m³/a 产能建设任务的完成。

一、"丛式井与顺煤层井相结合"的开发模式推广应用

"丛式井与顺煤层井相结合"的开发模式得到较好的推广，截至 2020 年底，已在阜康矿区、乌鲁木齐河西、乌鲁木齐河东等先导试验区进行试验，3 个试验区共有生产井数 207 口，包括 159 口丛式井（包括 20 口五段制井）、5 口顺煤层倾向井、43 口顺煤层走向水平井。

五段制井与直井结合实现了邻井在多个目的煤层沿倾向上的等间距分布，增加可利用煤层 30 多层。顺煤层井实现了大倾角煤层在倾向上的增产方式试验，如图 5-4-1 所示，增加了沿倾向上储层钻遇长度，减少了定向井数量，扩大了储层泄压面积，产气阶段单井最高产量为 3500m³，平均产量在 2000m³ 左右。顺煤层水平井相较于直井增加了单井储层泄压面积，降低了渗流阻力，从而大幅提高了单井产量与气藏采收率，进而增大了可采储量，同时解决了顺煤层井不同射孔段不在同一压力梯度下共同排采的问题，以及压裂主裂缝沿倾向展布的问题。

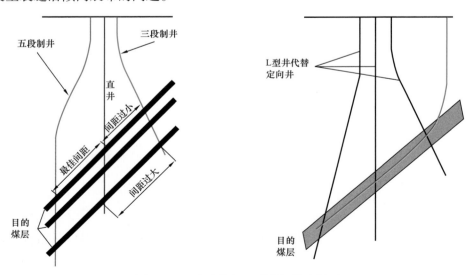

图 5-4-1　丛式井与 L 型井组轨迹剖面

二、煤层气井低伤害钻井液体系应用效果

无固相低伤害强抑制水基钻井液在北 8– 向 1 井、北 8– 向 2 井、东 7–L1 井和东 7–L2 井的现场试验结果表明,该体系具有良好的抑制、防塌、携岩(保持井壁稳定)和储层保护效果(录井气测显示),且能提高机械钻速,确保了北 8– 向 1 井、北 8– 向 2 井、东 7–L1 井和东 7–L2 井在斜井段、水平井段的安全、顺利施工。

现以北 8– 向 1 井和北 8– 向 2 井为例进行说明。北 8– 向 1 井和北 8– 向 2 井是位于准噶尔盆地南缘米东区块的丛式井组中的两口定向井:北 8– 向 1 井设计井深 810m,完钻井深 792m;北 8– 向 2 井设计井深 735m,完钻井深 710m。针对北 8– 向 1 井和北 8– 向 2 井的地层特点和井壁稳定、储层伤害等技术难点,采用了上述研究的二开井身结构、三段式轨道类型、ZJ20 钻机、钻头、钻具组合及无黏土相高性能钻井液体系等,解决了由于钻井液滤液侵入导致的井壁失稳难题,并通过使用高效环保润滑剂提高了体系在斜井段的润滑防卡性能,提高了机械钻速,确保了北 8– 向 1 井和北 8– 向 2 井在斜井段的安全、顺利施工。北 8– 向 1 井和北 8– 向 2 井的现场应用情况具体如下。

1. 储层保护效果

对使用无固相钻井液体系进行现场试验的北 8– 向 1 井和北 8– 向 2 井的录井气测值进行跟踪分析,并与邻井(北 8– 向 3 井)进行比较,进而分析无固相钻井液体系对西山窑组煤层的保护效果。北 8– 向 1 井、北 8– 向 2 井和北 8– 向 3 井的录井气测值如图 5-4-2 所示。在北 8– 向 1 井和北 8– 向 2 井的现场试验结果表明,北 8– 向 1 井(井段 400～792m)平均气测值为 9.149%,最大气测值为 33.8507%;北 8– 向 2 井(井段 460～710m)平均气测值为 7.2014%,最大气测值为 50.1035%;邻井北 8– 向 3 井(井段 460～766m)平均气测值为 6.2916%,最大气测值为 39.4481%。因此,无固相钻井液体系对西山窑组煤层具有良好的煤层保护效果。

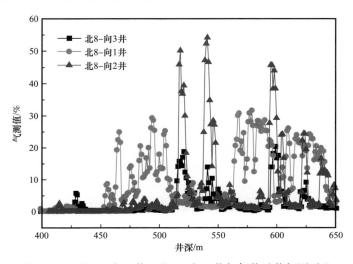

图 5-4-2　北 8– 向 1 井、北 8– 向 2 井与邻井录井气测对比

2.井壁稳定效果

研究区上部地层成岩性差，胶结疏松，易井塌；下部地层有较高含量的泥岩混层段，膨胀缩径乃至垮塌，导致井眼失稳。对使用无固相钻井液体系进行现场试验的北8–向1井和北8–向2井的井径及井径扩大率进行分析，并与邻井（北8–向3井）进行比较，进而分析无固相钻井液体系的井壁稳定效果。北8–向1井、北8–向2井和北8–向3井的井径测定值如图5–4–3所示。通过计算可得，北8–向1井全井段56.48～791.00m计算的井径扩大率为6.50%，煤层段95.60～786.30m井径扩大率为8.64%；北8–向2井测量井段内井径较规则，全井段10～705.00m计算的井径扩大率为6.25%，部分井段略有扩径或缩径现象，目的煤层段井径较好，略有缩径现象，煤层段井径扩大率为6.38%；邻井（北8–向3井）煤层段（250.8～732.8m）井径扩大率为9.63%。因此在该区域，依据"多元协同"防塌原理，坚持化学抑制、物理封堵协同作用的井眼稳定原则，最终形成的无固相钻井液体系在现场应用中取得了很好的效果。

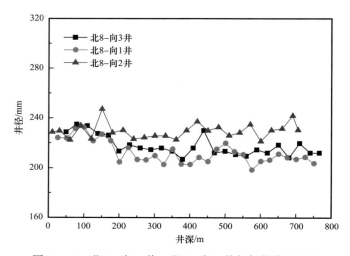

图5–4–3 北8–向1井、北8–向2井与邻井井径对比

3.提高机械钻速效果

对使用无固相钻井液体系进行现场试验的北8–向1井和北8–向2井的钻时进行跟踪分析，并与邻井（北8–向3井）进行比较，进而分析无固相钻井液体系提高机械钻速效果。不同井深下，北8–向1井、北8–向2井和北8–向3井的钻时曲线如图5–4–4所示。现场试验结果表明，北8–向1井（井段371～789m）平均钻速为2.65min/m，北8–向2井（井段406～710m）平均钻速为1.95min/m，而邻井北8–向3井（井段273～766m）平均钻速为2.55min/m，因此，无固相钻井液体系具有一定的提高机械钻速作用。

三、丛式井关键技术应用

井眼轨道优化设计及优选的钻头和钻具组合大大提高了机械钻速，缩短了钻井周期。

据统计，平均钻井周期在 11 天左右（图 5-4-5），完钻井井身质量合格率为 98%，满足后期压裂和排采要求。

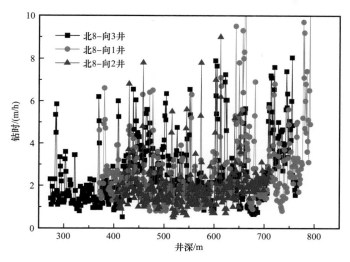

图 5-4-4 北 8- 向 1 井、北 8- 向 2 井与邻井钻时对比

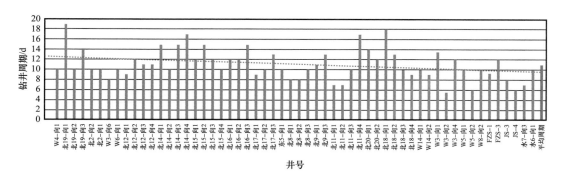

图 5-4-5 丛式井钻井周期统计

四、L 型井关键技术应用

通过调研前期钻井资料可知，前期钻井采用三开井身结构，采用 ZJ30/ZJ40 钻机，钻井周期长，单井成本高，井眼轨迹设计不够优化，钻井液防塌护壁效果差，事故多，因此钻井效率低，每口井的钻井周期普遍在 30 天以上。此外，储层钻遇率得不到保障，狗腿较大，筛管完井产气量低，严重影响了煤层气井的开发。

现场实施效果表明，大倾角地层 L 型井优快钻井技术可以很好地满足研究区煤层气开发需要。井壁稳定性分析结果、井身结构的优化、L 型井定向与导向技术的研究成果大大缩短了钻井周期，提高了储层钻遇率，提高了钻井效率，降低了钻井成本，筛选的钻井液降低了煤层垮塌风险，提高了成井率。据统计，设备配套满足设计要求正常施工的 L 型井平均钻井周期为 15 天。完钻井井身质量合格率达 100%，固井质量合格率达 100%。同时，研究的低伤害钻井液体系经现场验证也能满足该区块钻井要求，能保护井壁稳定，减少煤层伤害。在施工过程中严格按井身质量控制技术措施施工，测井结果表明钻井的井身质量得到了很好的控制，满足后期压裂和排采要求。L型井井身质量见表5-4-1。钻井周期统计如图5-4-6所示。

表5-4-1　L型井井身质量评级参数表举例

井号	完钻井深 /m	最大井斜角 /（°）	储层钻遇率 /%	储层钻遇长度 /m	最大全角变化率 /（°）/25m	放泵段 /m	二开井径扩大率 /%	水平上翘角度 /（°）	评级
W2-L1	1102.38	95.30	90.56	433.38	9.06	≥15m	7.93	≥3°	良好
W3-L1	1284.00	96.64	100	303	9.97	≥15m	5.48	≥3°	合格
W4-L4	1324.00	94.60	100	623	9.73	—	6.46	≥2°	良好
W7-L1	1118.00	96.33	90.55	441	8.19	≥15m	5.69	≥3°	优秀
W7-L2	1314.00	95.67	97.36	443	8.22	≥15m	9.09	≥3°	优秀
W8-L1	1553.36	95.72	100	397.36	8.43	≥15m	6.78	≥3°	良好
W9-L1	1310.00	94.52	76.74	297	8.79	12～15	8.52	≥3°	良好
W10-L1	1331.00	95.61	100	537	8.64	≥15m	11.25	≥3°	合格
W11-L1	1221.00	94.57	100	450	8.44	≥15m	5.64	≥3°	优秀
W12-L1	1578.00	95.80	100	301	10.09	≥15m	0.98	≥3°	合格

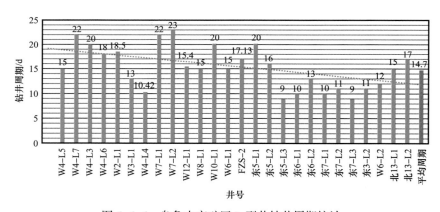

图5-4-6　乌鲁木齐矿区L型井钻井周期统计

通过对井壁研究及评价、岩石力学参数的分析实验、井身结构的优化、定向与导向技术的研究、施工工艺等关键技术的研究，经过现场试验并不断改进，钻井周期由原来的30天以上缩短为平均15天，钻井周期平均单井缩短50%以上。截至2020年11月，研究区共施工L型井48口，工艺优化后45口井节约成本3000万元以上。钻完井技术研究在技术经济上远超出预期目标，为L型井钻井提供了理论及技术支持。

五、快速穿越采空钻井技术应用

采取顶漏钻进，钻过采空或严重漏失层段以下 30m，利用固井"穿鞋戴帽"的工艺方法解决采空或漏失影响，截至 2020 年底，共计钻遇采空或严重漏失 19 口井，采用"穿鞋戴帽"方法钻井 14 口，改进前一开平均钻井周期 19.6 天，改进后一开平均钻井周期 5 天，单井平均缩短钻井周期 14.6 天，共计节约成本 401.23 万元，该技术为老矿区煤层气开发工作提供了重要技术支持。

第六章 大倾角多厚煤层高效压裂改造技术

准噶尔盆地与沁水盆地的高阶煤和鄂尔多斯盆地的中高—中低阶煤不同，煤层为典型的中低阶煤，且具有倾角大、煤层多、厚度大等特点。这些特点使得沁水盆地南部与鄂尔多斯盆地东缘成熟的"套管完井、活性水加砂压裂、填砂分层"等改造技术在准噶尔盆地适应性较差，对压裂改造技术也提出了新的要求和挑战：

（1）大倾角储层上部裂缝支撑难。新疆地区煤层倾角大，前期的压裂技术主要是借鉴沁水盆地与鄂尔多斯盆地东缘的相关技术，压裂液主要是活性水。由于活性水的携砂能力较差，在水平地层中就会存在无法将压裂砂携带至裂缝远端，导致支撑缝短的问题。对于新疆这种大倾角的储层，靠活性水将压裂砂携带至上倾部位的裂缝将更加困难，就会造成上部裂缝无法得到有效支撑，而导致裂缝闭合，压裂改造的效果受到严重影响。

（2）厚煤层改造不充分。新疆地区主力煤层厚度大，厚度普遍超过10m，有的甚至超过20m。通常在压裂时，为了保证改造的范围较大，就需要控制射孔段的长度，使压裂的能量集中在合适的厚度范围内，从而形成较长的裂缝，达到扩大改造范围的目的。但是对于厚煤层，尤其是巨厚煤层，常规压裂的方式如果射孔段过长，则裂缝长度、改造的范围难以保证；如果射孔段较短，又无法保证整个厚煤层段都得到充分改造。

（3）常规压裂工艺周期长。新疆地区煤层发育，层数多，前期压裂工艺直接借鉴沁水盆地和鄂尔多斯盆地东缘比较成熟的光套管压裂的工艺，施工效率低，周期长。以新疆阜康白杨河示范工程为例，该区块主力煤层有3层，采用光套管填砂分层压裂工艺，从最下部煤层开始压裂，压裂完成后进行排液和填砂分层，再继续中间煤层的压裂及排液填砂分层，最后是最上部煤层压裂。由于单层压裂后排液时间长，达到15天，是国内其他地区的几倍，导致单井压裂施工周期特别长，一方面造成施工进度慢，另一方面由于压裂液长期在储层内，无法快速返排，也会对储层造成伤害，影响最终的产气效果。常规的压裂工艺无法满足新疆地区多煤层快速压裂的需要。

因此，需要研发针对准噶尔盆地南缘煤层气地质特点的压裂改造技术，解决压裂周期长、充分改造难、裂缝上部支撑难等问题，实现中低煤阶煤层气的高效开发。

第一节 大倾角煤层裂缝扩展机制与裂缝形态

一、大倾角煤层裂缝扩展机制

煤岩压裂受煤岩物性和压裂工艺与参数的影响（陈勉等，2011；李同林，1994；林英松等，2014）。水力压裂过程非常复杂，裂缝形态很难直接观察到，因此常通过间接的方式分析水力压裂，主要包括数值模拟法和实验模拟法。数值模拟法主要是借助各种假设条件建立模型并通过计算模拟来分析裂缝扩展规律和形态等（王东浩，2009；蔡儒帅，2015；张广明，2010）。实验模拟法是通过改变不同的地层模拟条件来获得水力裂缝扩展的基本规律。实验室模拟比较困难，但也有许多学者开展了许多相关研究，如邓广哲等（2002）通过物理模拟实验，比较真实地反映了煤样在复合应力场下的渗透性变化和裂缝扩展规律；陈勉等（2000）利用真三轴模拟试验系统对水泥砂浆试件代替岩体进行水力劈裂试验，研究了裂纹的走向及缝宽的影响因素；张帆等（2019）利用大尺寸真三轴试验系统开展了煤岩压裂模拟研究，通过剖切压裂试样描述了水力裂缝扩展和空间展布规律，初步探讨了煤岩水力裂缝网络的形成机制。实验模拟研究虽然比较困难，但是能直观观察压裂裂缝情况，为分析研究裂缝扩展机制提供帮助。本节采用实验模拟法研究了大倾角煤层裂缝扩展机制。

1. 大尺寸真三轴压裂模拟系统

大尺寸真三轴压裂模拟系统主要由真三轴模型、真三轴压力加载系统、恒速恒压泵、电器控制系统、数据采集系统、管阀件及辅助装置等组成，如图 6-1-1 所示。该系统可对 30cm×30cm×30cm 以及 40cm×40cm×40cm 的岩样开展压裂物理模拟实验。大尺寸真三轴应力加载系统针对边长为 30cm 立方体试样进行围压加载时，垂直方向和水平方向最大应力分别可以达到 30MPa 和 15MPa。加载过程采用变频加载技术，通过液压站快速起压，随后通过控制面板进行精确加压，并能够实现对压力的伺服跟踪；恒速恒压泵采用双缸连续供液方式，最大注入压力为 65MPa。

图 6-1-1　大尺寸真三轴压裂模拟系统

2. 大倾角煤岩压裂模拟实验方案

（1）沿着煤岩层理和与煤岩层理方向呈 60°角的方向切割成 38cm×43.88cm×16.06cm 的长方体（按照物理模拟室最大尺寸加工），若切割达不到此尺寸，则岩样周围用水泥包裹（包裹岩样水泥采用煤粉和水泥按照一定比例制作，尽可能模拟煤岩周围岩石性质）。

（2）在岩样上预置井眼，井眼钻至煤层中部，固井。

（3）根据地层三向应力情况进行岩样的水力压裂实验。新疆地区大倾角地层最大主

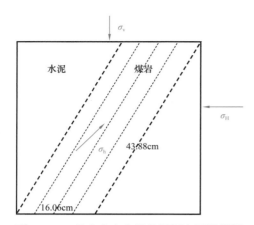

图 6-1-2　最大主应力沿地层倾向压裂模拟
实验示意图
σ_v—垂向应力；σ_H—最大水平主应力；σ_h—最小
水平主应力

应力方向通常是沿地层倾向，煤岩压裂实验模拟 60°倾斜地层、最大主应力沿地层倾向的情况，实验液体采用压裂现场施工的液体（1%KCl 活性水），并添加高浓度颜料便于观察，实验排量根据现场施工排量（10m³/min）按照相似准则转化为实验室条件，初步设置为 150mL/min。

（4）岩样实验完成后，切开观察裂缝扩展情况（图 6-1-2）。

3. 物理模拟实验结果

实验流程按照制样→入舱→应力加载→压裂→出舱→外观观察→剖开观察的顺序进行（图 6-1-3）。开始注入时以 150mL/min 恒流注入，但是压力上升特别快，后以 50mL/min 恒流注入尝试压裂。注入过程中压力缓慢下降，其中出现多次尖端破裂，注入过程中压力由 19MPa 降至 9.5MPa，停泵后压力缓慢下降，双对数曲线中前期斜率为 1.209，说明裂缝高度和长度限制扩展，后期斜率为零，稳定高度扩展（图 6-1-4）。

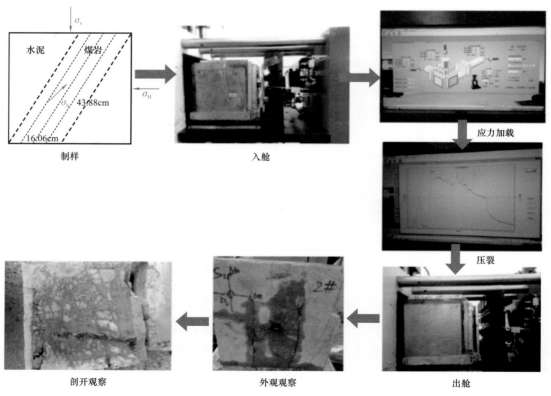

图 6-1-3　实验流程

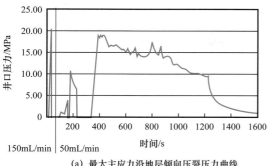

(a) 最大主应力沿地层倾向压裂压力曲线

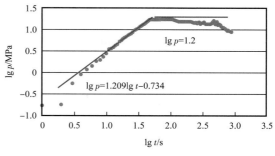

(b) 最大主应力沿地层倾向压裂双对数曲线

图 6-1-4　最大主应力沿地层倾向压裂曲线及双对数曲线

　　岩样从加压舱中取出后可以看到明显的水力裂缝，水力裂缝基本平行于煤岩与水泥的交界面，同时有一条疑似的垂直交界面的水力裂缝出现（图 6-1-5）。

　　将煤岩周围的水泥包裹层剖开，颜料在胶结面处均匀分布，液体未突破水泥层，煤岩中裂缝网络纵横交错，基本所有层理和割理都有颜料注入，任意选择一个面剖开均可以看到颜料呈斑点状分布（图 6-1-6）。

图 6-1-5　实验后交界面处裂缝形态

图 6-1-6　实验后煤样剖开后裂缝形态

二、裂缝形态

1. 原理和方法

压裂压力分析技术是由 Nolte 与 Smith（1981）提出的，后经 Nolte（1986，1991）、Ayoub（1992）和 Economides（2002）等发展和完善之后，成为压裂泵注过程中的经典分析技术。这种分析技术采用的是净压力（井底压力与裂缝闭合压力之差），利用双对数坐标系下净压力曲线的斜率推断裂缝延伸类型，即根据图 6-1-7 和表 6-1-1 判断裂缝延伸方式和类型（垂直缝的 PKN 模型、垂直缝的 KGD 模型、水平缝的径向模型）。

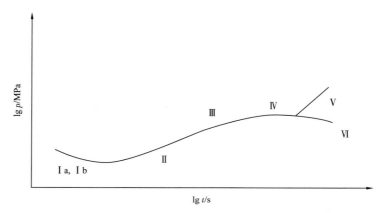

图 6-1-7　不同裂缝延伸模型下双对数解释图（经典分析法）

表 6-1-1　净压力与时间双对数曲线斜率的解释结果

延伸类型	双对数斜率	解释结果
I a	$-1/5 \sim -1/6$	KGD 模型
I b	$-1/5 \sim -1/8$	径向模型
II	$1/6 \sim 1/4$	PKN 模型
III	在 II 基础上下降	控制缝高延伸 应力敏感裂隙
IV	0	高度延伸通过尖点 裂隙扩张 T 形裂缝
V	≥ 1	受限扩展
VI	在 IV 段后变为负值	缝高延伸失控

但这种经典分析技术应用于煤层压裂施工资料的解释，面临如何准确计算净压力和解释方法的适应性两大问题，为此开展了相应的分析。

2. 净压力计算方法

1) 井底压力的计算新模型

快速、准确地计算井底压力是压裂裂缝形态分析的基础。毫无疑问，能直接测量井底压力固然好，但需使用耐高压（甚至还需耐高温等其他苛刻条件）井下传感器，不仅增加施工费用，而且增大施工风险；同时，受现场条件的限制，例如井下不能有封隔器，直接测量井底压力时常是不可行的。因此，现场普遍采用的办法是直接由测量地面施工数据来间接地模拟计算实际的井下数据。

由地面测量的井口压力计算井底压力，其基本关系如下：

$$p_F = p_p + p_H - p_f \qquad\qquad (6-1-1)$$

式中　p_F——井底压力，MPa；

　　　p_p——井口压力，MPa；

　　　p_H——静液柱压力，MPa；

　　　p_f——沿程摩阻，MPa。

式（6-1-1）没有考虑孔眼摩阻，因为当射孔孔眼的数量较大或射孔孔眼的直径较大时，孔眼摩阻接近于 0，而现场几乎都能满足。

计算井底压力的准确性直接影响分析结果的准确性，计算井底压力的偏差很可能造成分析结果的失真。同时，随着压裂目标的变化及煤层地质构造的不同，现场采用各种钻井类型，其井筒结构也有着明显差异。在计算井底压力时，必须考虑井筒条件，才能确保井底压力的数据质量。因此，在计算大倾角煤层井底压力时，根据井身结构的不同，对其直井段和斜井段的静液柱压力分别进行计算，从而得到了计算井底压力的新模型，且该方法不仅适用于大倾角斜井，也适用于普通定向井。

2) 静液柱压力的计算方法

通过分析大倾角煤层气井的井身结构可知，不能使用常用的计算方法对其静液柱压力进行笼统计算。计算时，将井筒分为直井段和斜井段，通过分别计算这两段的静液柱压力，得出总的静液柱压力（图 6-1-8、图 6-1-9）。

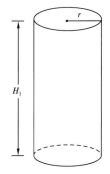

图 6-1-8　斜井直井段示意图

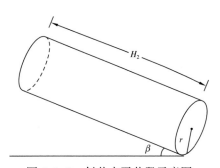

图 6-1-9　斜井水平井段示意图

斜井直井段静液柱压力为：

$$p_{H_1} = (\rho g H_1)\pi r^2 \tag{6-1-2}$$

而斜井水平井段静液柱压力为：

$$p_{H_2} = (\rho g H_2)\pi r^2 \sin\beta \tag{6-1-3}$$

式中　H_1——直井段长度，m；

　　　H_2——水平井段长度，m；

　　　β——煤层倾角；

　　　r——套管筒半径，m。

因此，可得大倾角煤层的静液柱压力为：

$$p_H = p_{H_1} + p_{H_2} = \rho g \pi r^2 (H_1 + H_2 \sin\beta) \tag{6-1-4}$$

3）摩阻系数的计算

为便于计算摩阻系数 f，提出了简便而准确的计算公式。对于煤层压裂常用的 5.5in 套管，计算公式为：

$$\lg f = 1.881785\lg Q - 0.898279 \tag{6-1-5}$$

式中　Q——压裂施工排量，m³/min；

　　　f——摩阻系数，MPa/1000m。

而对于煤层压裂有时采用的 3.5in 油管，计算公式为：

$$\lg f = 1.811022\lg Q + 0.216255 \tag{6-1-6}$$

上述计算摩阻系数的公式是针对纯压裂液（不含支撑剂）的。当混砂液含有支撑剂时，为研究混砂液摩阻系数的计算公式，引入无量纲密度 ρ_D，ρ_D 为混砂液密度与纯液密度之比，即

$$\rho_D = \frac{\rho_{混砂液}}{\rho_{纯液}} \tag{6-1-7}$$

并引入无量纲摩阻修正系数 $f_{修正}$，$f_{修正}$ 为混砂液摩阻系数与纯液摩阻系数之比，即

$$f_{修正} = \frac{f_{混砂液}}{f_{纯液}} \tag{6-1-8}$$

通过对压裂施工现场录取的大量资料进行分析，利用多项式拟合的方法进行数据处理，得到

$$f_{修正} = -0.1448\rho_D^2 + 0.1094\rho_D + 1.0354 \tag{6-1-9}$$

大量现场实践表明，上述计算公式的计算误差小于 2%。

4）净压力的计算

净压力即为井底压力减去裂缝的闭合压力。通过上述分析，可以较为准确地计算出大倾角煤层的井底压力，而对于裂缝的闭合压力，一般可以通过测井和压裂后压降曲线获得。本次在求取闭合压力时优先选用第二种方式，在没有压裂后压降资料时则通过计算测井资料获取。

3. 压裂裂缝形态规律分析

选取了准噶尔盆地南缘阜康白杨河区块的 19 口井，44 个具有代表性的压裂层段，逐一进行了煤层压裂施工资料处理及分析，解释结果示例如图 6-1-10 和图 6-1-11 所示。

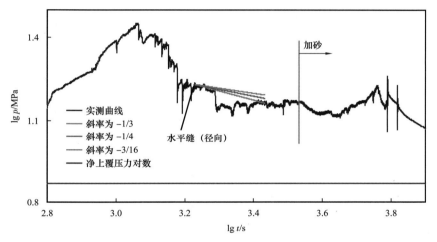

图 6-1-10　FS-6 井 41 号煤层压裂裂缝形态分析结果

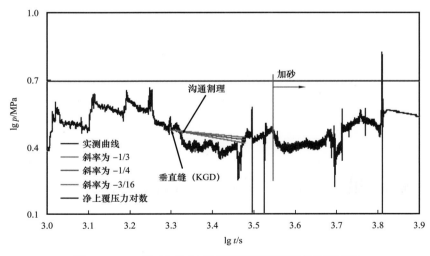

图 6-1-11　FS-28 井 39 号煤层压裂裂缝形态分析结果

对这些压裂施工资料解释结果进行汇总，可以看出裂缝形态以水平缝为主，结果见表 6-1-2。

表 6-1-2　代表性井层压裂施工资料解释的裂缝形态统计

序号	井号	层位	煤层深度 /m	厚度 /m	裂缝形态
1	FS-6	39 号	824	19.7	垂直缝
2		41 号	872.9	11.4	水平缝
3		42 号	944.3	32.2	水平缝
4	FS-28	39 号	668.6	17.62	垂直缝
5		41 号	712.7	10.92	水平缝
6		42 号	777.01	27.51	垂直缝
7	FS-29	39 号	806	8.19	水平缝
8		41 号	861.85	11.13	水平缝
9		42 号	923.65	24.26	水平缝
10	FS-31	39 号	738	16.3	垂直缝
11		41 号	791	6	水平缝
12		42 号	863	29.7	水平缝
13	FS-32	39 号	888	8.5	水平缝
14		41 号	949	12	水平缝
15		42 号	1014	28.5	水平缝
16	FS-34	39 号	705	19.85	水平缝
17		41 号	760	9.96	水平缝
18		42 号	818	28.2	水平缝
19	FS-35	39 号	906	15.5	水平缝
20		41 号	953	8.6	水平缝
21		42 号	1024	32.6	水平缝
22	FS-37	39 号	689.6	12.98	水平缝
23		41 号	742	9.74	水平缝
24		42 号	808	33.55	水平缝
25	FS-38	41 号	884.5	13.2	水平缝
26		42 号	964	36.4	水平缝
27	FS-40	39 号	763	20.1	水平缝
28		41 号	807	11.2	水平缝
29		42 号	850.5	11.4	水平缝

序号	井号	层位	煤层深度 /m	厚度 /m	裂缝形态
30	FS-68	42 号	1231	21.8	水平缝
31	FS-69	42 号	984	27.1	水平缝
32	FS-71	42 号	1193	25.9	水平缝
33	FS-73	41 号	1114.5	8.2	水平缝
34		42 号	1185	26.3	水平缝
35	FS-74	41 号	977	9.1	水平缝
36		42 号	1039	23.5	水平缝
37	FS-76	41 号	1138	8.1	水平缝
38	FS-77	41 号	963	9.1	水平缝
39		42 号	1028	24.7	水平缝
40	FS-79	41 号	1123	8.5	水平缝
41		42 号	1184	23.7	水平缝
42	FS-80	41 号	1102.95	7.7	垂直缝
43		42 号 1	1163	23.7	水平缝
44		42 号 2	1163	23.7	水平缝

第二节　低伤害低摩阻高效压裂液

近年来，煤层气增产技术取得了跨越式发展，主要归功于新一代压裂液体系的发展。所有新型压裂液的开发都基于两个目标：将煤储层伤害降至最低，并使产量最高（管保山等，2016）。

一、压裂液优化原则

针对准噶尔盆地南缘煤层气的储层特点及压裂工艺的要求，需要对煤层气井压裂液的添加剂、压裂液性能进行优化，主要原则为：

（1）减少入井试剂使用量。开发低伤害压裂液配方，尽可能简化压裂液配方，控制入井有机物类添加剂含量；尽可能使用易返排添加剂，确保压裂后实现快速返排，降低对煤层气储层的伤害。

（2）提高压裂液低温破胶能力。针对大部分煤层气地层温度在 30～60℃下的破胶剂筛选、破胶时间优化，通过优选低温破胶剂 + 激活剂的破胶剂组合，调整一定地层温度下压裂后焖井时间，保证压裂液压裂后破胶彻底。

（3）优化入井压裂液的表（界）面张力体系。通过优化压裂液体系表面张力、界面张力及接触角等压裂液性能参数，优化压裂液助排性能。

（4）提高压裂液现场施工效果。以现场压裂施工成功率为目标，压裂液以低摩阻、高造缝携砂性为目标，提高裂缝支撑效果，提高煤层压裂后长期导流能力（稳产能力）。

二、压裂液体系

根据压裂液优化原则，通过对压裂液稠化主剂、交联剂、防膨剂、助排剂、破胶剂、低温激活剂的优选，适当提高压裂液黏度（降低滤失，提高造缝效果），提高压裂施工规模（降低入井压裂液摩阻，提高施工排量）与裂缝沟通效果（提高砂比与砂量，增大压裂沟通体积），降低支撑剂嵌入、煤粉返吐等造成的储层伤害，提高煤层气压裂液压裂施工效果。

1. 稠化剂

压裂液稠化剂充分考虑了现有压裂液体系的优点，如瓜尔胶压裂液的超强悬砂性、清洁压裂液的无残渣以及弹性携砂性，以结构溶液流变学为依据，形成一种独特的并且具备更强结构的空间网络结构，具备良好的悬砂能力的体系。利用特殊工艺将带电荷的表面活性剂嫁接在聚丙烯酰胺长链中，形成一种分子量较低的四元共聚物，以四元共聚物为压裂液稠化剂 MEC（以下简称 MEC）。

将稠化主剂的浓度依次设定为 0.10%、0.15%、0.20%、0.25%、0.30%、0.35%、0.40%、0.45%，使用六速旋转黏度计按照 SY/T 5107—2016《水基压裂液性能评价方法》测定对应基液黏度，评价稠化剂增黏性能（图 6-2-1）。

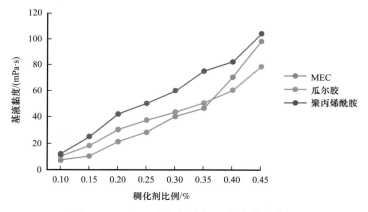

图 6-2-1　不同稠化剂比例的基液黏度特性

由图 6-2-1 可见，随着稠化剂比例的增加，基液黏度逐渐增加，在低浓度下（0.10%～0.35%），MEC 压裂液基液黏度明显低于聚丙烯酰胺和瓜尔胶的基液黏度，有利于大排量泵送。

现场连续混配、连续压裂施工时需要稠化剂能够实现迅速溶胀起黏，稠化剂经过连续混配车配液后进入缓冲罐或混砂车，需要保证基液黏度百分比至少达到 80%。选择 MEC、瓜尔胶和聚丙烯酰胺 3 种稠化剂在粉比 0.2% 条件下进行溶胀时间对比（表 6-2-1），结果表明 MEC 的溶胀性能最好，5min 就基本实现溶胀。

表 6-2-1 不同稠化剂的溶胀时间

稠化剂（0.2%）	MEC	瓜尔胶	聚丙烯酰胺
溶胀时间 /min	5	15	37

由于煤层气的储层温度低，依据稠化剂的增黏与溶胀特性，推荐 MEC 压裂液稠化剂浓度为 0.20%。

2. 交联剂

根据筛选的稠化剂的阳离子基团四元共聚物的分子结构特征，优选具有交联特性的阴离子基团，室内筛选 3 种阴离子交联剂，分别是烷基磺酸盐类交联剂 a，烷基硫酸盐类交联剂 b 和烷基羧酸盐类交联剂 c，通过延缓交联时间、交联液黏度和交联状态 3 方面性能对比进行类型优选（表 6-2-2）。

表 6-2-2 交联剂类型优选结果（稠化剂浓度 0.2%）

交联剂类型	交联剂浓度 / %	延缓交联时间 / s	交联液黏度 / mPa·s	交联状态
烷基磺酸盐类 a	0.2	26	72	交联，拉伸有弹性
	0.3	20	78	交联，拉伸有弹性
烷基硫酸盐类 b	0.2	20	60	交联，拉伸有弹性
	0.3	15	66	交联，拉伸有弹性
烷基羧酸盐类 c	0.2	30	54	交联，胶体脆，拉伸断
	0.3	40	57	交联，胶体脆，拉伸断

根据交联剂优选结果，采用一定浓度的烷基磺酸盐类交联剂与稠化主剂交联后压裂液黏度最高，胶体连续性较好，拉伸有弹性。因此，室内实验优选烷基磺酸盐类表面活性剂作为压裂液体系的交联剂。考虑到煤层气的储层温度低，依据稠化剂与交联剂的交联液黏度，推荐压裂液交联剂浓度为 0.20%。

3. 防膨剂

压裂液的防膨能力是压裂液降低储层伤害的关键因素，防膨剂的选择决定了压裂液的这一能力。优选 3 种性能优异的防膨剂进行性能对比评价，即复配型防膨剂 a、小阳离子防膨剂 b 和有机阳离子防膨剂 c，评价结果如图 6-2-2 所示。

从图 6-2-2 可以看出，3 种防膨剂在浓度 0.3%～0.7% 范围内，防膨性能差异较大，防膨效果由高至低为：复配型防膨剂 a＞小阳离子防膨剂 b＞有机阳离子防膨剂 c，复配型防膨剂 a 的防膨效果略优于小阳离子防膨剂 b。

综合考虑性能等因素，室内实验优选复配型防膨剂 a 压裂液的防膨剂，添加剂浓度为 0.3%。

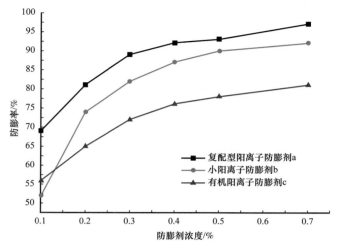

图 6-2-2　防膨剂优选实验结果

4. 助排剂

助排剂主要起降低表面张力（或界面张力）的作用，减少地层多孔介质的毛细管阻力，使返排液返排更快、更彻底，从而有效减少对地层的伤害。通过不同浓度氟碳类助排剂表面张力和界面张力测试对比（图 6-2-3 和图 6-2-4），优选助排性能较高的氟碳类助排剂 a，助排剂的加量为 0.3%。

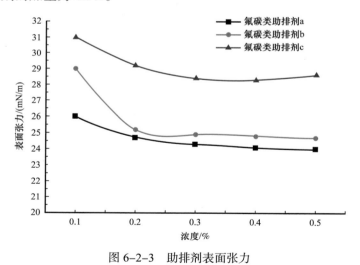

图 6-2-3　助排剂表面张力

5. 破胶剂

对于一定黏度的压裂液体系，为确保在压裂施工完成后黏度迅速降低，有利于返排，就需要加入破胶剂。常用破胶剂为过硫酸铵和过硫酸钾，其破胶性能对比见表 6-2-3（压裂液配方：0.20% 稠化剂 +0.20% 交联剂 +0.3% 助排剂 +0.3% 防膨剂）。

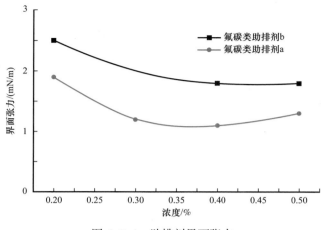

图 6-2-4 助排剂界面张力

表 6-2-3 不同破胶剂破胶性能对比

时间 /h	破胶液黏度 /（mPa·s）							
	过硫酸铵				过硫酸钾			
	0.05%	0.10%	0.15%	0.20%	0.05%	0.10%	0.15%	0.20%
3	—	—	—	14.6	—	—	—	—
4	—	29.0	18.3	11.5	—	—	—	—
5	29.3	15.3	9.32	8.2	—	—	—	8.83
6	8.00	4.50	3.20	2.5	11.5	4.35	3.55	2.61

　　破胶剂的作用主要受温度的影响，在低于 58℃条件下，过硫酸铵破胶作用有限，要想使破胶剂充分作用，而又不影响压裂液在施工过程中压裂液的黏度，并且降低成本，可以再加入低温激活剂，这也是现阶段针对低温环境下胶体破胶常用的关键技术。

6. 低温破胶激活剂

　　优选两种广泛有效的低温激活剂——复合胺盐类激活剂 JH-1 与醇胺类激活剂 JH-2，通过测定不同激活剂加量、反应温度条件下的破胶液黏度（表 6-2-4），评价最优的低温激活剂（压裂液配方：0.20% 稠化剂 +0.20% 交联剂 +0.3% 助排剂 +0.3% 防膨剂 +0.1% 过硫酸铵）。通过对比破胶液的黏度与破胶时间，优选复合胺盐类 JH-1 作为破胶激活剂，具体加量按照不同煤层温度及焖井时间，进行室内破胶时间调节。

　　通过对低伤害低摩阻压裂液稠化主剂、交联剂、防膨剂、助排剂、破胶剂、低温激活剂的优选，确定 20℃煤层条件下压裂液推荐配方为：0.20% 四元共聚物稠化剂 +0.20% 烷基磺酸盐类交联剂 +0.3% 复配型防膨剂 a+0.3% 氟碳类助排剂 a+0.1% 过硫酸铵 +0.1%~0.3% 复合胺盐类破胶激活剂，从而形成低伤害低摩阻压裂液体系，简称 MEC 压裂液，压裂后焖井时间建议为 3~4h。

表 6-2-4 低温活化剂实验结果（0.1% 过硫酸铵，20℃）

时间 /h	破胶液黏度 /（mPa·s）							
	JH-2 浓度				JH-1 浓度			
	0.1%	0.2%	0.3%	0.4%	0.1%	0.2%	0.3%	0.4%
1	6.0	7.2	8.0	11.0	5.8	4.9	3.5	3.4
2	5.2	6.3	7.4	7.2	4.5	4.4	3.0	2.5
3	5.0	5.7	6.5	6.5	3.7	3.5	2.5	2.0
4	4.2	4.5	5.0	5.7	3.1	2.1	1.6	1.5

三、压裂液性能

通过对 MEC 压裂液的流变性能分析，该压裂液体系可通过调节稠化剂比例、交联剂比例满足不同地层温度条件下对压裂液的流变性能要求，且体系在一定温度、一定剪切速率下黏度保持率体现出一定的技术优势；通过对降阻性能的分析，该体系连续剪切5min 后降阻率可达到 68.53%，为煤层气大排量压裂施工提供基础；通过对助排性和防膨性能的分析，压裂液体系在单剂评价的基础上，其压裂液助剂在助排性、防膨性方面对整个压裂液体系均有一定提高作用；通过对 MEC 压裂液弹性携砂原理及携砂性能的综合评价，该体系稳定的流变性能和携砂性能对压裂液的携砂均有作用，静态携砂性能为清水携砂性的 60 倍以上，可满足利用混合水压裂时高砂比阶段压裂液携砂作用或整段压裂造缝和携砂作用；通过对破胶性和配伍性的研究，压裂液交联后能实现在低温环境下的破胶，且破胶液表（界）面张力低，有利于缩短返排周期，提高返排能力；通过对多种压裂液体系煤岩心伤害、长期导流能力等评价，活性水压裂液对于防止伤害、维护导流能力等均具有一定优势，MEC 压裂液也体现出一定的低伤害性与改善导流能力的优点。

鉴于煤层气压裂施工和压裂后稳产能力的要求，需要压裂液不仅具有充分造缝和携砂能力，同时要求入井压裂液具有低伤害、低摩阻、高携砂特征，而 MEC 压裂液能满足这两方面的需求，从而为煤层气井压裂后的高产稳产提供保障。

第三节 多厚煤层压裂层段优选

一、压裂层段优选

压裂层段选择的主要依据为措施井的电测曲线，根据其反映的煤层厚度、结构、物性等信息，选择出自然伽马（GR）值低、井径扩径小、电阻率高、孔渗条件好的目标层段。

煤层的 GR 值表征煤层中黏土矿物及杂质的含量，GR 值越高说明煤层中黏土矿物和杂质的含量越高，GR 值越低说明煤质越纯，因此选择压裂层段时应选择 GR 值低的层段，建议选择 GR 值≤40API 的层段作为压裂层段。根据矿区煤层测井参数的统计，煤层的 GR 值为 15.69～27.79API，压裂射孔段的 GR 值为 15.8～21.8API。

井径（CAL）反映煤层的结构情况，井径扩大说明煤层结构破碎，不利于压裂时裂缝的延伸，压裂施工时加砂也比较困难，同时井径过大会导致固井水泥环厚度的增大，造成射孔孔眼摩阻高，因此选择压裂层段时应选择井径扩径小的层段，建议选择 CAL 值≤23.5cm 的层段作为压裂层段。根据矿区煤层测井参数的统计，煤层的 CAL 值为 19.24～31.4cm，压裂射孔段的 CAL 值为 22.9～23.3cm。

煤层的电阻率（RD）和中子（CNL）反映煤层中含气量的高低，电阻率和高中子值高说明煤层中含气量相对较高，因此选择压裂层段时应选择电阻率高和中子值高的层段，建议选择 RD 值≥2000Ω·m、CNL 值≥40 的层段作为压裂层段。根据矿区煤层测井参数的统计，煤层的 RD 值为 119.86～34299.4Ω·m、CNL 值为 0.3%～57.16%，压裂射孔段的 RD 值为 2967～5401Ω·m、CNL 值为 52.94%～54.05%。

煤层的孔渗性可从密度（DEN）、声波时差（DT）、深浅侧向电阻率差异判断，密度值低、声波时差大、深浅侧向电阻率差异大说明煤层具有较高的孔隙度和渗透性，但密度值过低、声波时差过高说明煤层结构破碎，因此选择压裂层段时应选择密度值和声波时差适宜的层段，建议选择 DEN 值 1.30～1.40g/cm³、DT 值 400～430μs/m 的层段作为压裂层段。根据矿区煤层测井参数的统计，煤层的 DEN 值为 1.27～1.85g/cm³、DT 值为 70～445μs/m，压裂射孔段的 DEN 值为 1.32～1.40g/cm³、DT 值为 402～420μs/m。

确定了压裂目的层之后，再结合对储层应力的计算，以更利于裂缝延伸和确保对煤层充分改造，在压裂目的层段内确定合适的射孔井段。

二、储层应力分析

储层应力的大小、方向及分布直接影响到裂缝的开启与延伸，利用措施井的测井参数可以对储层的应力进行计算，了解并掌握煤层及其顶底板的储层应力情况，以选择最利于压裂裂缝开启和向远端延伸的层段射开，辅助采用相应的压裂工艺，实现对厚煤层的充分改造。

1. 单一煤层

厚度不大于20m时，选择有利部位射开。厚度大于20m、煤层内应力差异不大于2MPa时，采用分段射开合层压裂的方式；煤层内应力差异大于2MPa时，采用分段射开分层压裂的方式。

2. 含薄夹矸煤层

层间应力差异不大于2MPa时，采用分段或连续射开合层压裂的方式；层间应力差异大于2MPa时，采用分段射开分层压裂的方式。

3. 夹层分隔多段煤层

如果层间应力差异不大于2MPa，则分段射开，射开的各段厚度有所差异，如一段射开 4m，另一段射开 6m；如果层间应力差异大于 2MPa，则分段射开，各段厚度一致，如射开两段均为 6m。

三、射孔井段优化

根据上述原则初步确定射孔井段，射孔的位置尽量靠近煤层上部，射孔厚度 8～12m，分段射开的段数不超过 3 段，单段厚度以 3～6m 为宜。之后采用压裂优化设计软件对压裂裂缝进行模拟，根据模拟结果对射孔位置进行调整，确定最终的射孔井段。

第四节　多厚煤层分层压裂工艺

一、常规分层压裂工艺存在的问题

新疆煤层气开发前期主要采用填砂分层压裂，其不足之处主要表现在以下几个方面：

（1）煤层气井的压裂目的层一般为 2～3 层，通常做法为先射开最下段目的层，对其进行压裂，压裂完待井口压力扩散至一定程度开井排液，排液完填砂封堵最下段目的层，然后射开第二段目的层，对其进行压裂，压裂完经过扩压、排液、填砂后，再射开第三段目的层，压裂完扩压、排液后，冲砂下泵，这种实施方法导致各层之间的作业间隔时间长，单井压裂的作业周期长。

（2）填砂分层的压裂方式在每层压裂完后都需要扩压和排液，然后才能对上一目的层进行压裂，导致压裂液在储层中滞留时间长、排液时液体流动产生速敏、排液和压裂产生的液体振荡，都会对储层造成较大伤害。

（3）采用填砂分层，还存在下列几个缺点：一是无法满足层间间距小的多煤层压裂的需求；二是可能会出现砂子悬浮于井筒，导致射孔作业时发生卡枪事故；三是会增加投产前的冲砂进尺，导致冲砂作业成本增加。

（4）压裂采用光套管作为施工管柱，这样对套管的损伤大，一旦出现套管损坏，就需要付出高额维修费用，同时套管修复的难度较大。

因此，在近年来的煤层气开发中，经过对目前国内外已经形成的多种适合煤层气开发的压裂工艺技术（孙晗森，2021）的调研，根据新疆煤层气特点，通过引进再优化的方式确定合适的压裂工艺，实现对新疆大倾角多厚煤层的高效改造。

二、连续油管分段压裂技术

1. 技术简介

连续油管分段压裂是一种安全、经济、高效的压裂工艺，目前已经发展为成熟的油气井压裂工艺，大规模应用于常规油气和非常规油气储层的改造（王腾飞等，2009；马发明等，2008；王新波，2016；王创业等，2018）。该技术尤其适合油气井的多段逐级压裂作业，具有如下优点：起下压裂管柱快，能大大缩短作业时间；能在欠平衡条件下作业，减轻或避免对储层的伤害；使每个压裂层段都能获得合理充分的压裂改造，使整口井的增产效果更好；下一次管柱压裂的层数更多，可以实现多达十几层的连续压裂作业。

2. 主要部件及工作原理

连续油管分段压裂施工的主要部件包括连续油管车、鹅颈管和注入头、防喷装置、压裂井口装置、井下工具串以及地面管汇装置等。

施工作业时通过注入头加持连续油管向下输送，直至将连续油管携带的工具串送至指定位置，对第一个目的层段进行压裂，完成压裂后拖动连续油管至第二个目的层段，封堵下部压开层位，再对第二段进行压裂，以此类推直至完成所有层段的压裂，将连续油管带工具串提出井筒。

3. 分层方式

连续油管分段压裂通常采用两种分层方式：一种是利用连续油管带压填砂封堵已压裂层段；另一种是利用封隔器封堵已压裂层段。两者各有利弊：填砂封堵工艺，其操作简单，但填砂、沉降周期长；封隔器封堵工艺，坐封、解封速度快，作业周期短，但是对封隔器的性能要求高。

4. 施工注入方式

连续油管分段压裂多采用水力喷砂射孔 + 油套环空加砂压裂的施工模式，相比于连续油管内注入压裂具有以下优点：

（1）管路摩阻低。国内用于压裂的连续油管的外径通常为 44.45mm、60.30mm 和 73.00mm，其安全抗压级别都在 70MPa 以内，无论哪种连续油管，3000～5000m 长度的摩阻都是非常大的，再加上喷嘴的节流阻力，施工排量受到很大的限制。

（2）对连续油管和喷嘴的磨损小。如采用连续油管内加砂压裂，其管内是压裂液的主流通道，由于管径较小造成管内液体流速较高，携砂液长时间打磨管壁，使连续油管磨损严重，使用寿命极短，对于地面连续油管的盘管部分磨损尤为严重；同时喷嘴的寿命较短，目前国外水力喷射工具的寿命是每个喷嘴能通过 30t 的支撑剂，在压裂层数较多或压裂规模较大的情况下，其寿命难以支撑完成全井的压裂。

（3）降低大粒径、高浓度支撑剂砂堵的风险。采用水力喷射技术进行射孔相较于常规的射孔技术，其产生的孔眼是常规孔眼的数倍，极大地降低了大粒径、高浓度砂液通过时发生的风险；同样，如采用连续油管内加砂压裂，大粒径、高浓度的支撑剂在通过小喷嘴时，也极易在小喷嘴处形成桥堵，采用环空注入加砂的方式压裂，可消除在喷嘴处形成桥堵的风险。

（4）压力干扰小，利于技术人员通过压力变化判断施工情况。环空注入压裂期间连续油管为低排量注入状态，摩阻很小，可进行井底施工压力的检测，能较准确地反映井底压力的波动情况，为现场技术人员的判断提供相对准确的依据。

对于煤层压裂来说，通常采用低黏液体作为压裂液，降低对储层的伤害，但压裂时需要一定的排量才能实现造缝携砂的目的，因此须采用环空注入才能满足压裂施工的需求。

5. 工艺限制因素

工艺限制因素主要为：

（1）不适用于裸眼井。由于裸眼井液体滤失严重造成压裂液效率低，环空注液加砂的方式容易发生砂堵。

（2）对井口设备磨损严重。携砂液会对连续油管外表造成严重冲蚀，尤其是在井口处，因此通常采用使用 Y 型大通径井口、双通道注入的方法平衡环空注入的冲击力。

（3）对套管承压能力要求较高。环空注入的施工压力相对较高，其压力又直接作用于套管上，因此对施工井套管的承压能力有一定的要求。

（4）需要下井下定位装置。由于连续油管的柔性较大，采用连续油管自身长度来确定井下工具的位置会存在较大误差，因此需要下入定位装置来校核工具的下入深度，通常采用机械接箍定位器根据套管接箍深度进行校深。

（5）对压裂液的性能要求高。连续油管内注入和大排量环空注入的摩阻都较高，因此要求压裂液具有较好的降摩阻性能和一定的携砂性能。

（6）对核心部件的性能要求高。连续油管分段压裂的核心部件为喷嘴和封隔器，其必须能够实现对多层的喷砂射孔和多次的解封、坐封，即具有较长的使用寿命方能满足一井多层的快速分段压裂。

6. 工具优化组合

通过对连续油管拖动压裂实施情况的调研，结合煤层压裂特点，建议压裂施工工具管柱为：连续油管 + 连续油管接头 + 液压丢手 + 变螺纹接头 + 扶正器 + 喷射工具 + 平衡阀 + 封隔器 + 机械接箍定位器 + 管鞋，详细管柱组合见表 6-4-1。

表 6-4-1 连续油管底封拖动压裂井下工具参数

简图	序号	工具名称	外径 / mm	内径 / mm	长度 / m	下放总长度 / m	上提总长度 / m
	1	CT 外卡瓦连接器	54		0.23	4.47	（4.72）
	2	液压丢手接头			0.51	4.09	（4.34）
	3	扶正器	117.0	43.0	0.75	3.43	（3.68）
	4	喷射工具	105	40.0	0.37	2.68	（2.93）
	5	平衡阀	87.0	36.0	0.67 （+0.12）	2.31	（2.56）
	6	CT 封隔器	117.0	45.0	1.12 （+0.13）	1.64	（1.77）
	7	机械接箍定位器	135.0	48.0	0.34	0.37	0.37
	8	引鞋	115	43.0	0.18	0.18	0.18

注：带括号的数值表示上提总长度大于下放总长度。

（1）CT外卡瓦连接器：为保证连续油管与下井工具之间不产生缩径，用连续油管外连接器连接，可以承受21tf以上拉力。

（2）液压丢手接头：防止井下工具串在井下遇卡等情况，可以投球憋压，使下部工具与连续油管脱开，起出连续油管，后进行打捞作业。

（3）扶正器：保证井下工具串居中。为保证喷嘴与套管壁的距离，以达到射孔液射流能够射开套管及固井水泥环的目的，选用最大外径为117.9mm的扶正器。

（4）喷射工具：内带有喷嘴，喷砂射孔用。

（5）平衡阀：喷砂射孔完成后，通过反循环将连续油管内残余射孔液替出；使工具串具有自清洁作用，解封时平衡封隔器上下压差，将封隔器上部的沉砂通过工具串内通道携至封隔器以下。

（6）CT封隔器：实现可控坐封、解封；有效封隔下部地层，防止压裂串层。

（7）机械接箍定位器：确定射孔段的位置。

（8）引鞋：便于工具串入井。

三、全可溶桥塞分段压裂

1. 技术简介

带压下桥塞分层技术是目前油气井应用较成熟的分层压裂技术，但常规桥塞在现场试验中存在以下问题：

（1）桥塞下入过程中遇阻，稍有不慎桥塞就提前坐封，影响工期及成本。

（2）由于井深导致普通速钻桥塞的钻磨更加困难。而大通径桥塞又局限套管内径，影响后期更多生产作业。

（3）压裂后桥塞钻磨费时费力，钻塞过程残留在井下的桥塞碎屑容易给井筒和地面设备带来其他风险。

近几年通过将高强度可溶材料应用于桥塞中，有效解决了常规桥塞分层压裂技术应用过程中封堵球无法返排出、生产通径小、压裂后需钻塞等问题。并且随着可溶材料、工具制造的国产化，工具成本降低、施工安全性得以提高，该项技术得到进一步推广，但对于将其应用于煤层压裂，最需要解决的是低温下彻底溶解问题。

2. 溶解实验

根据新疆煤层气井的情况，确定可溶桥塞的具体参数和溶解环境、时间要求，对桥塞样品进行溶解实验。

1）桥塞样品

共选取两个生产厂家的可溶桥塞（编号为1号桥塞、2号桥塞），放入溶液前，1号桥塞（一体式，中间为排液通道）和2号桥塞（分体式，中间丝杠在桥塞坐封后取出露出排液通道）表面光亮（图6-4-1、图6-4-2）。

2）溶解环境

10%氯化钾溶液，液体温度24℃。

图 6-4-1　1 号桥塞溶解前照片

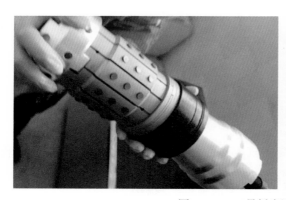

图 6-4-2　2 号桥塞溶解前照片

3）溶解过程

（1）放入 2.0h 后，1 号桥塞放入后无明显变化；2 号桥塞表面出现大量气泡。

（2）放入 2.5h 后，1 号、2 号桥塞开始反应，液体温度升至 35℃，由于桥塞溶解放热，水温持续上升。观察桥塞表面变灰暗、坚硬；桥塞上的胶筒无明显变化（图 6-4-3）。

1号桥塞

2号桥塞

图 6-4-3　2.5h 后 1 号、2 号桥塞照片

（3）放入 10h 后，1 号、2 号桥塞反应剧烈，1 号桥塞表面坚硬，2 号桥塞基本完全溶解，桥塞上的胶筒无明显变化（图 6-4-4）。

图 6-4-4　10h 后 1 号、2 号桥塞照片

（4）放入 25h 后，1 号桥塞溶解剧烈，表面坚硬，胶筒无明显变化；2 号桥塞胶筒无明显溶解现象（图 6-4-5）。

图 6-4-5　25h 后 1 号桥塞照片

（5）44.5h 后，1 号桥塞完全溶解，溶解物松散，用玻璃棒可戳动，胶筒取出无明显变化（图 6-4-6）；2 号桥塞胶筒无明显溶解现象（图 6-4-7）。

（6）放入 5 天后，能明显看出胶筒开始溶解（图 6-4-8）。

图 6-4-6　44.5h 后 1 号桥塞照片

图 6-4-7　44.5h 后 2 号桥塞照片

图 6-4-8　5 天后胶筒变化

（7）放入 15 天后，桥塞胶筒完全溶完。

从实验结果来看，桥塞在 10%KCl、24℃的环境中，1~2 天除胶筒外完全溶解，残余不溶物为小颗粒陶瓷锚钉，15 天后胶筒完全溶解。

四、层内暂堵压裂

1. 常规暂堵压裂工艺

多目的层暂堵压裂通常采用施工中途加入暂堵颗粒（大粒径或小颗粒）或暂堵球（尼龙球或可溶球）来实现，但在实际应用中效果并不理想，表现为部分井加入暂堵剂、暂堵球后未出现二次破裂或施工压力上升开启新裂缝的特征，其主要原因为：

（1）由于射孔弹本身的射孔原理问题，导致射孔孔眼不规则（图 6-4-9），规则的圆球无法封堵完整，封堵效果不明显。

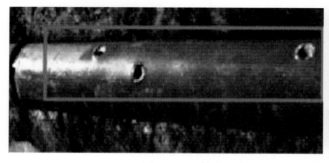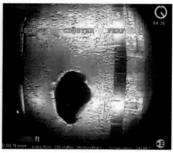

图 6-4-9　射孔在套管上产生的不规则孔眼

（2）规则的孔眼在大量过砂后，孔眼也会有不规则的冲蚀，导致封堵效果不明显。

（3）暂堵颗粒的粒径与用量影响封堵效果，颗粒过大封堵效果差、颗粒太小则进入裂缝深处，均达不到开启新裂缝的目的，且暂堵剂的费用普遍较高（60万~70万元/t）。

对于多厚煤层，优选封堵效果好、价格便宜的暂堵工艺，既有利于实现煤层的充分改造，又有利于降低施工费用。

2. 柔性绳结暂堵压裂工艺

调研国内外暂堵压裂技术，优选满足上述要求的暂堵剂——柔性绳结暂堵剂，其是近年来新兴的一种暂堵剂，在无恒定环空压力的情况下，绳结细丝随压裂液穿过孔眼，有效地封堵圆形或不规则的孔眼，避免因压力降低而造成脱落，井筒内压力越高，绳结越紧，封堵性能越好。经过一段时间，柔性绳结暂堵剂会自行溶解（图6-4-10）。

图6-4-10　柔性绳结暂堵剂在水中自行溶解

与常规暂堵工艺相比，柔性绳结暂堵工艺无论是在封堵效果，还是在技术适应性上都有很大提高（表6-4-2），封堵效果明显（表6-4-3）。

表6-4-2　柔性绳结暂堵工艺与常规暂堵工艺优缺点对比

暂堵剂类型	颗粒暂堵	暂堵球暂堵	柔性绳结暂堵
封堵位置	不可控	可控	可控
封堵效果	较好	较差	较好
射孔孔眼适应性	适用于各种孔眼	仅适用于圆形孔眼	适用于各种孔眼
改造程度	无法充分暂堵主裂缝，易堵住初始裂缝，改造不均衡	受封堵性影响，改造不均匀	封堵主要裂缝，压裂未被改造射孔簇，改造均衡

表6-4-3　柔性绳结暂堵剂技术参数

材料类型	暂堵剂类型	温度范围/°C	降解天数/d	孔眼尺寸	耐压
可自行降解	低温暂堵剂	20~60	≤0~2	常规孔眼均可	较好
	高温暂堵剂	60~120			

第五节　压裂改造技术应用

大倾角多厚煤层高效压裂的各项技术在新疆煤层气现场共开展了 23 井次的试验，效果显著。

一、低摩阻低伤害高效压裂液应用

开展低摩阻、低伤害高效压裂液现场试验 7 口井：5 口井为 MEC 清洁压裂液，2 口井为低温破胶瓜尔胶压裂液。

低温破胶瓜尔胶压裂液现场试验 2 口井，从试验情况来看，单井加砂量由前期的 50m³ 提升至最高 92m³，平均砂比由前期的 10.8% 提升至 17.2%，加砂量和平均砂比均得到大幅提高，且测返排液黏度小于 3mPa·s，破胶性能良好。施工参数见表 6-5-1。

表 6-5-1　低温破胶、低伤害瓜尔胶压裂液现场试验施工参数

井号	前置液量 /m³	携砂液量 /m³	总液量 /m³	总砂量 /m³	平均砂比 /%
WS-4	570	465	1035	92	17.2
WCS-5	488	499	1008	63	12.0

开展 MEC 清洁压裂液现场试验 5 口井（表 6-5-2），施工排量为 7.0～13m³/min，压裂液降阻效果好；单井加砂总量为 104～300m³，平均单层加砂 20.8～61.3m³。其中，W10-L1 井前 3 段使用活性水，加砂困难（且易砂堵，单层低于 35m³），改为 MEC 压裂液后，加砂量明显增多（加砂难度降低，均能超过 40m³）。

表 6-5-2　MEC 清洁压裂液现场试验施工参数

井号	压裂段数	压裂液类型	施工排量 / m³/min	入井总液量 / m³	入井总砂量 / m³	单段砂量 / m³
W4-L4	8		7.0～7.6	6321	274	34.3
W8-L1	5		8.0～9.4	3542	104	20.8
W9-L1	4	MEC 清洁压裂液	7.0～8.0	3195	146	36.5
W10-L1	8		7.2～8.5	6721	300	37.5
新乌参 1	4		10.7～13	5275	245	61.3

二、多厚煤层分层压裂

开展多厚煤层分层压裂试验 5 口井，其中 2 口井为连续油管 + 底封拖动分层，3 口井为带压射孔 + 可溶桥塞分层。从试验情况来看，两种分层技术的单层平均压裂周期均

达标，相比而言，连续油管 + 底封拖动的压裂周期更短，全可溶桥塞的安全系数更高、压裂规模（排量、液量、砂量）更大，施工参数见表 6-5-3。

表 6-5-3　多厚煤层分层压裂现场试验施工参数

井号	压裂层数 / 层	压裂周期 /d	施工排量 / m³/min	入井液量 /m³		入井砂量 /m³	
				总量	单层	总量	单层
WBCS-5	4	2	5～7.6	1954	488	79	19.8
WBS-3	3	3	8.0～8.1	1935	645	107	35.7
阿 1	4	8	8.0～9.5	3346	837	162	40.5
贡 5	3	4	9.3～9.4	2808	936	153	51.1
特 1	2	2	8.3～9.4	2527	1263	106	53.1

三、顺煤层井压裂

现场开展顺煤层井压裂现场试验 5 口井：单井压裂 4～8 段，单段平均压裂周期 2 天（0.9～3.8 天），单段平均入井液量 891m³、砂量 38.1m³、设计执行率 93.7%，施工参数见表 6-5-4。

表 6-5-4　顺煤层井压裂现场试验施工参数

井号	压裂段数 / 段	压裂周期 / d	施工排量 / （m³/min）		入井液量 /m³		入井砂量 /m³		设计执行率 / %
			设计	实际	设计	实际	设计	实际	
W4-L4	8	7	6.0～7.0	7.0～7.6	5606	6321	292	274	94
W8-L1	5	5	7.0～8.0	8.0～9.4	3049	3542	157	104	66
W9-L1	4	9	7.0～8.0	7.0～8.0	2865	3195	152	146	96
W10-L1	8	17	5.0～8.0	7.2～8.5	5360	6721	281	300	107
新乌参 1	4	15	12～13	10.7～13	4996	5275	231	245	106

四、深层煤层压裂

开展深层煤层井压裂现场试验 1 口井——阿 1 井，目的煤层埋深 1520～1710m，目的煤层厚度共计 58.5m，采用带压射孔 + 全可溶桥塞完成 4 层压裂（8 天），累计入井液量 3346m³、砂量 160.3m³，压裂后稳定产量 1200m³/d。

五、应用效果

集成各项技术形成针对新疆中低煤阶大倾角多厚煤层的压裂技术，解决了多煤层压裂施工周期长、改造不充分等问题：平均单段压裂周期 1.6 天；对比阜康白杨河一期与二期排采 300 天时的平均产气量提升 17.73%；顺煤层井压裂后最高产量为 4012m³/d，稳定产气量为 1100～3600m³/d，稳产 3 个月以上；三塘湖试验 1 口井，稳定产气量为 2233m³/d，稳产 6 个月以上（表 6-5-5）。

表 6-5-5　顺煤层井、三塘湖煤层气试验井压裂后产量情况统计

井号	井型	最高产气量 / m³/d	稳定产气量 / m³/d	井底流压 / MPa	产水量 / m³/d	稳产时间 / 月
W4-L4	顺煤层井	2895	2400	1.249	37.65	>3
			2000	1.432	38.53	>12
W8-L1	顺煤层井	1762	1100	0.358	2.82	>2
W9-L1	顺煤层井	3505	1800	6.489	21.35	>3
新乌参 1	顺煤层井	4012	3600	2.798	16.37	>5
塘 1-5	定向井	2300	2233	0.961	9.930	>6

第七章　大倾角多厚煤层排采工艺技术

准噶尔盆地南缘煤层气开发有利区大部分处在山前冲断带，煤层具有倾角大、层数多、厚度大的地质特点，加上地形复杂，在规模开发时若采用单直井开发，会造成钻前工程工作量大，难度高。因此，选择了以丛式井为主、顺煤层井和水平井为辅的开发方式，同时就排采防腐和防偏磨技术、煤储层渗流与压降规律、产能监控及其优化等进行了有效探索，形成了大倾角多厚煤层排采工艺技术系列。

第一节　煤层气排采工艺技术难点与挑战

一、排采设备易发生杆管腐蚀和偏磨

新疆煤层气勘探开发区主要是低山—丘陵地形（图7-1-1），逐渐形成了以丛式井为主的开发方式，并在深入探索水平井的开发技术。

图7-1-1　新疆阜康白杨河矿区地形地貌

由于煤储层倾角大、主力煤层多、煤层厚的地质特点，采用丛式井开发时，为了保证地下靶点的井网井距要求，定向井采用了三段制和五段制的井身结构（图7-1-2，详见第五章）。

因为井身结构和井眼轨迹复杂，所以造成排采设备杆管柱受力复杂，生产工况变差，从而导致易发生杆管偏磨问题（图7-1-3）。另外，由于地层水对管杆造成腐蚀，加剧偏磨影响，导致检泵，排采连续性差，最终影响煤层气井产能效益。

二、大倾角储层渗流机理及其影响规律不明

准噶尔盆地南缘先导示范工程煤层气井生产状况表明，不同构造位置气井产气效果差异大。由于煤储层倾角大，气

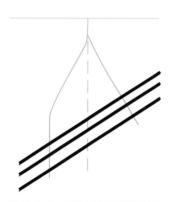

图7-1-2　三段制与五段制井身结构示意图

虚线左边为五段制，右边为三段制

井产能的主控因素与平缓地层不同，大倾角条件下的气水渗流和压降传播等机理与平缓地层也完全不同，对煤层气井生产特征的影响也不相同，需要通过研究明确大倾角储层的渗流机理及其对生产的影响，指导制定大倾角储层煤层气井的合理排采控制方法。

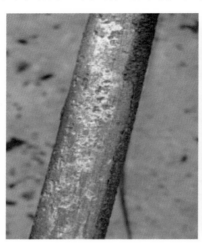

图 7-1-3　杆管偏磨腐蚀实物图

第二节　大倾角多厚煤层排采防腐防偏磨技术

一、排采防腐技术

油气田腐蚀会严重干扰油气井正常生产，导致井下管材快速失效，缩短油气井的生产寿命（李章亚，1999）。对煤层气而言，由于采出水中含有各种离子、溶解性气体，以及矿化度的影响，会对井下生产设备造成腐蚀（樊利沙，2016）。由于有的煤层气井气体成分中含有一定量的 CO_2、H_2S 等气体，可以有效降低油水 pH 值，提供酸性的腐蚀环境，导致井下生产设备腐蚀（陈国浩，2012；何庆龙等，2007；冯超齐，2015；Nmai，2004；Raja et al.，2008）。另外，腐蚀现象通常与结垢一起出现，结垢往往会引起金属的垢下腐蚀（杨武，1995），煤层气井腐蚀导致的管柱穿孔、腐蚀产物碎屑卡泵等问题会造成频繁修井，影响排采连续性，并造成煤层气井产能下降（王峰明等，2017）。

防腐技术研究通常从地层水化学特征测试、腐蚀产物分析入手，通过扫描电镜（SEM）及二次电子图像（SE）、腐蚀区元素能谱分析（EDS）、腐蚀产物矿相分析（XRD）等手段，揭示煤层气井杆管柱腐蚀机理（陈立超等，2020），根据腐蚀原因针对性制定防腐对策，包括管杆材质优选、阴极保护技术和缓蚀剂技术等（高攀明，2018）。

1. 采出液分析

1）水质检测方法

按照 GB 6920—1986《水质　pH 值的测定　玻璃电极法》采用酸度计法监测 pH 值；

按照 SY/T 5523—2016《油田水分析方法》和《水和废水监测分析方法》采用原子吸收分光光度法监测 Ba^{2+}、Na^+、K^+、Ca^{2+}、Mg^{2+}、Fe^{3+} 含量；按照《水和废水监测分析方法》采用电位滴定法监测 Cl^- 含量；按照 SY/T 5523—2016《油田水分析方法》采用酸碱滴定法监测 CO_3^{2-}、HCO_3^-、OH^- 含量。

2）水质检测结果

对新疆准南煤田阜康东部白杨河区块、乌鲁木齐米东区块的部分排采井采出液取样，并进行水质分析，结果见表 7-2-1 和表 7-2-2。

表 7-2-1　阜康白杨河区块采样井原水样中离子含量

水样	pH 值	离子含量 /（mg/L）									
		Ba^{2+}	Na^+	K^+	Ca^{2+}	Mg^{2+}	Fe^{3+}	Cl^-	CO_3^{2-}	HCO_3^-	OH^-
FS-10	7.80	3.31	3803.12	2186.64	158.57	5.31	3.32	4284.09	0	9265.64	0
FS-21	6.97	0.89	2796.84	2583.47	90.00	16.35	0.19	3615.34	0	6784.59	0
FS-26	7.08	0.42	2814.68	3163.36	55.72	15.31	3.39	3173.94	0	10465.00	0
FS-29	7.94	3.24	2044.90	388.65	124.29	11.37	3.71	5985.94	0	17436.16	0
FS-36	6.89	0.89	1894.97	1459.73	124.29	15.47	2.47	2551.84	0	3078.34	0
FS-39	6.62	1.89	2366.74	780.45	124.29	15.92	0.53	2187.14	0	5322.00	0
FS-42	7.44	3.63	2251.79	957.98	141.43	16.04	1.59	3126.26	0	3101.31	0
FS-69	7.50	1.27	259.86	10471.03	261.43	15.35	3.08	3168.91	0	20905.12	0
FS-75	7.81	1.42	2638.47	4471.13	175.72	13.55	1.80	2477.37	0	7634.58	0
FS-77	7.58	1.96	3463.45	11327.05	38.57	4.45	3.79	3130.40	0	19624.97	0

表 7-2-2　乌鲁木齐米东区块采样井原水样中离子含量

水样	pH 值	离子含量 /（mg/L）									
		Ba^{2+}	Na^+	K^+	Ca^{2+}	Mg^{2+}	Fe^{3+}	Cl^-	CO_3^{2-}	HCO_3^-	OH^-
WS-4	6.41	1.27	2735.4	831.57	72.86	16.93	0	1025.51	0	2144.12	0
WS-6	7.23	1.27	2598.06	1330.43	124.29	16.60	0	1160.94	0	6962.90	0
WS-10	7.95	1.54	2100.51	1280.08	107.14	17.07	2.57	2423.47	0	2833.30	0
WS-12	6.71	1.54	2388.90	1320.66	72.86	6.57	0.00	1112.43	0	4663.45	0

根据分析结果可以看出，乌鲁木齐米东区块采样井水样中 HCO_3^- 含量最高，其次为 Cl^-、Na^+ 和 Ca^{2+}，该区块采出液水型属于碳酸氢钠型溶液。WS-6 水样离子总含量最高；大部分取样井 pH 值集中在 7.0 左右；WS-6 水样 Ca^{2+} 含量最高；WS-10 水样 Cl^- 含量最高；WS-6 水样 HCO_3^- 含量最高。由分析结果可以判定，乌鲁木齐米东区块水样属于碳酸氢钠型水溶液。阜康白杨河区块采样井水样中 HCO_3^- 含量最高，其次为 Cl^- 和 Ca^{2+}，该

区块采出液水型属于碳酸氢钠型溶液。FS-77 和 FS-69 水样离子总含量最高；取样井 pH 值集中在 7.0～7.81，但 FS-21、FS-36 和 FS-39 水样属于弱酸性；FS-69 水样 Ca^{2+} 含量最高；FS-29 水样 Cl^- 含量最高；FS-69、FS-77 和 FS-29 水样 HCO_3^- 含量最高。

2. 腐蚀机理

1）腐蚀实验及其评价标准

为研究排采设备特别是排采杆管在煤层气井采出液中的腐蚀机理与腐蚀规律，通常采用常温常压浸泡腐蚀、高压腐蚀实验评价腐蚀速率，开展电化学实验、腐蚀矿物成分分析等实验，分析研究腐蚀机理，并依据表 7-2-3 判别腐蚀情况。

表 7-2-3　金属油管耐蚀性等级标准

耐蚀性分类		耐蚀性等级	腐蚀速率 /（mm/a）
I	完全耐蚀	1	<0.001
II	很耐蚀	2	0.001～0.005
		3	0.005～0.01
III	耐蚀	4	0.01～0.05
		5	0.05～0.1
IV	尚耐蚀	6	0.1～0.5
		7	0.5～1.0
V	欠耐蚀	8	1.0～5.0
		9	5.0～10.0
VI	不耐蚀	10	>10.0

2）腐蚀实验实例分析

实验中材料选用标准腐蚀试片——N80 挂片，规格为 25mm×50mm×2mm，N80 挂片的主要成分见表 7-2-4。试验中所用的药品为分析纯。

表 7-2-4　N80 挂片的化学成分　　　　　单位：%（质量分数）

C	Si	Mn	P	S	Cr	Mo	Ni
0.37	0.29	1.50	0.018	0.0027	0.039	0.0063	0.039

以 FS-10 水样为例进行腐蚀实验：常温常压条件下腐蚀速率为 0.0123mm/a；高压（4MPa）下腐蚀速率为 0.0245mm/a。N80 试片在 FS-10 水样中常压耐蚀性等级为 4 级；高温高压条件下耐蚀性等级为 4 级。

图 7-2-1 为 N80 挂片在 FS-10 水样中常温常压腐蚀 7 天采用线性极化电阻法监测腐蚀速率变化规律。由图 7-2-1 可看出，N80 试片刚接触腐蚀溶液后，腐蚀电流达到

$0.34mA/cm^2$，1 天后腐蚀电流急剧下降，3 天后腐蚀电流增加且趋于稳定。说明致密的腐蚀产物具有一定保护性。

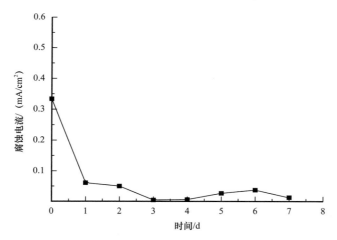

图 7-2-1　N80 挂片在 FS-10 中腐蚀规律

图 7-2-2 为 N80 挂片在 FS-10 水样中动电位扫描极化曲线。由极化曲线可看出，阳极极化曲线上出现了钝化区域，表明金属阳极氧化反应过程中腐蚀产物析出，且具有一定抑制阳极反应能力。

由表 7-2-5 可以看出，在 FS-10 水样中金属的阳极氧化反应过程中同时有保护膜形成；在阴极还原反应过程中主要发生碳酸根还原反应，无明显氧扩散现象。

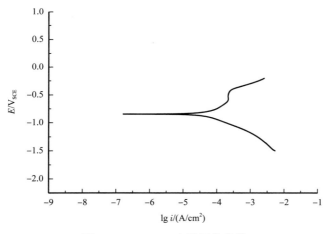

图 7-2-2　FS-10 水样极化曲线

表 7-2-5　FS-10 水样极化动力学参数离子含量

β_a/mV	β_c/mV	E_{corr}/V$_{SCE}$	i_{corr}/（mA/cm^2）
0.1033	0.0927	−0.8450	0.0395

注：β_a 和 β_c 表示电化学腐蚀中的阴阳极电势；E_{corr} 为腐蚀电位；i_{corr} 为腐蚀电流。

N80 挂片在 FS-10 水样中的腐蚀过程中阳极氧化反应为：

$$Fe - 2e \longrightarrow Fe^{2+}$$

阴极还原反应为：

$$2HCO_3^- + 2e \longrightarrow H_2 + 2CO_3^{2-}$$

$$O_2 + 2H_2O + 4e \longrightarrow 4OH^-$$

阴阳极反应产生的物质发生如下次级反应：

$$Fe^{2+} + CO_3^{2-} \longrightarrow FeCO_3$$

$$Fe^{2+} + OH^- \longrightarrow Fe(OH)_2 \longrightarrow FeO + H_2O$$

$$4Fe(OH)_2 + O_2 + 2H_2O \longrightarrow 4Fe(OH)_3 \longrightarrow Fe_2O_3 + 2H_2O$$

因此，最终出现碳酸亚铁腐蚀产物，同时溶液中出现由氧化亚铁和氧化铁组成的四氧化三铁黑色腐蚀产物。

采用同样实验测试了 N80 挂片在不同水样中的腐蚀结果，其中 FS-26 水样中常温常压条件下耐蚀等级为 5 级；高压（4MPa）条件下耐蚀等级为 6 级。N80 在 WS-6 水样中常压条件下耐蚀等级为 4 级；在高压（4MPa）条件下耐蚀等级为 6 级。两个区块煤层气井采出液对排采杆管均会造成一定的腐蚀影响。

3. 缓蚀剂评价

1）实验评价

针对准噶尔盆地南缘煤层气井的腐蚀现状，可采用缓蚀剂作为防腐的技术对策。为此，对筛选出的缓蚀剂进行了室内实验研究，评价缓蚀井的防腐性能。根据煤层气井腐蚀实验情况，筛选了乌洛托品作为缓蚀剂，并参照行业标准 SY/T 5405—1996《酸化用缓蚀剂性能试验方法及评价指标》于 2018 年开展评价实验。

图 7-2-3 为 N80 挂片在 WS-4 水样中动电位扫描极化曲线的对比图。由极化曲线可看出，添加缓蚀剂对自腐蚀电位影响不大，自腐蚀电流密度降低。在阳极区相同的自腐蚀电位下，添加缓蚀剂使自腐蚀电流密度增大；在阴极区相同的自腐蚀电位下，添加缓蚀剂使自腐蚀电流密度降低。

由表 7-2-6 可以看出，在 WS-4 水样中金属的阳极氧化反应过程中同时有保护膜形成；在阴极还原反应过程中主要发生碳酸根还原反应，无明显氧扩散现象。

表 7-2-7 显示了添加缓蚀剂后减缓腐蚀的效率情况，可以看出，缓蚀效率为 39.52%，表明添加缓蚀剂后减轻了对金属的腐蚀。

N80 挂片在添加缓蚀剂后，在不同水样中腐蚀速率均有下降，说明使用乌洛托品缓蚀剂能有效降低水样对金属的腐蚀。

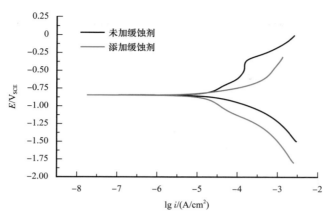

图 7-2-3　N80 挂片在 WS-4 水样中极化曲线对比

表 7-2-6　WS-4 水样中极化动力学参数离子含量

缓蚀剂	水样	β 蚀剂 -4 水	E_{corr}/V$_{SCE}$	i_{corr}/（mA/cm^2）
无	0.1447	0.0886	−0.8430	0.0167
有	0.0451	−0.1634	−0.8440	0.0101

表 7-2-7　N80 挂片在 WS-4 水样中的缓蚀效率

i_{corr}/（mA/cm^2）		缓蚀效率 /%
无缓蚀剂	有缓蚀剂	
0.0167	0.0101	39.52

2）高压下的缓释性能评价

从表 7-2-8 可以看出，高压条件下在乌鲁木齐米东区块煤层气井水样中使用缓蚀剂均能不同程度地降低金属的腐蚀速率，提高金属的耐蚀性。

表 7-2-8　高压条件下 N80 挂片在 WS 系列水样中的腐蚀速率和缓蚀效率

水样	腐蚀速率 /（mm/a）		缓蚀效率 /%
	有缓蚀剂	无缓蚀剂	
WS-10	0.0838	0.1116	24.92
WS-12	0.0217	0.0302	28.06
WS-4	0.0497	0.0926	46.39
WS-6	0.0506	0.1400	68.85

从表 7-2-9 可以看出，高压条件下在阜康白杨河区块系列水样中使用缓蚀剂均能不同程度地降低金属的腐蚀速率，提高金属的耐蚀性。

表 7-2-9　高压条件下 N80 在白杨河区块系列水样中腐蚀速率和缓蚀效果对比

水样	腐蚀速率 /（mm/a）		缓蚀效率 /%
	有缓蚀剂	无缓蚀剂	
FS-10	0.0079	0.0245	67076
FS-21	0.0402	0.1153	65.13
FS-26	0.0094	0.1527	87.30
FS-29	0.0207	0.0396	47.74
FS-36	0.0115	0.0187	38.50
FS-39	0.0082	0.0251	67.33
FS-42	0.0084	0.0226	62.83
FS-69	0.0098	0.0232	57.73
FS-75	0.0158	0.0821	80.81
FS-77	0.0371	0.0560	33.69

根据对新疆阜康白杨河区块与乌鲁木齐米东区块取样井的水质分析、腐蚀实验研究的结果，两个区块煤层气井采出液对排采杆管均会造成一定的腐蚀影响。根据腐蚀规律和腐蚀机理研究情况，筛选出乌洛托品缓蚀剂作为防腐的技术产品，从缓蚀剂的性能评价实验结果看，该缓蚀剂可以有效减缓采出液对杆管的腐蚀，可以作为排采防腐的一项技术手段。

二、排采防偏磨技术

针对煤层气井排采过程中的杆管偏磨问题，从杆柱受力分析出发，研究杆管偏磨的机理，进而提出防偏磨优化设计方法。抽油杆柱力学是对整个有杆泵井研究的基础，从 20 世纪 60 年代 Gibbs（1963）建立有杆泵一维动态模拟模型以来，石油工程领域对有杆泵杆柱力学的研究从直井逐步发展到斜井，从一维到三维，包括 Gibbs 模型（1963）、Doty 模型（1982）、修正的 Gibbs 模型（1992）和徐骏模型（1994）等。

抽油机井三维杆柱力学是正确设计斜井采油方案、准确快速诊断斜井工况、延长斜井检泵周期的重要理论基础。以抽油杆三维杆柱力学分析、求解为基础，结合新疆煤层气井的具体工况，研究形成了基于三维杆柱力学的综合防偏磨优化设计方法。

1. 抽油杆受力分析及模型建立

1）模型建立

三维曲井轨迹的描述方法：以空间直角坐标系及自然坐标系来描述三维曲井微段的空间特征，如图 7-2-4 所示。井口 P 为原点，i，j，k 分别为直角坐标系中表示沿坐标轴 x，y，z 的单位矢量。

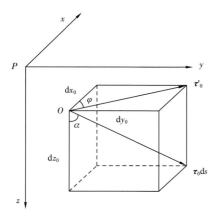

图 7-2-4　空间直角坐标系

τ 为过任一点 O 沿井眼轴线轨迹切线方向的单位矢量；α 为井斜角，rad；φ 为方位角，rad；s 为井眼弧长，m。则

$$\frac{\mathrm{d}x_0}{\mathrm{d}s} = \sin\alpha\cos\varphi, \frac{\mathrm{d}y_0}{\mathrm{d}s} = \sin\alpha\sin\varphi, \frac{\mathrm{d}z_0}{\mathrm{d}s} = \cos\alpha \quad （7\text{-}2\text{-}1）$$

$$\tau_0 = (\sin\alpha\cos\varphi)\boldsymbol{i} + (\sin\alpha\sin\varphi)\boldsymbol{j} + (\cos\alpha)\boldsymbol{k}$$

通过在定向井中引入微分几何方法，井眼曲率（k_0）和井眼扭矩（T_0）经简化可以表述为井斜角和方位角的函数：

$$k_0^2 = \left(\frac{\mathrm{d}\alpha}{\mathrm{d}s}\right)^2 + \sin^2\alpha\left(\frac{\mathrm{d}\varphi}{\mathrm{d}s}\right)^2$$

$$T_0 = \frac{1}{k_0^2}\left\{\left(\frac{\mathrm{d}\alpha}{\mathrm{d}s}\frac{\mathrm{d}^2\varphi}{\mathrm{d}s^2} - \frac{\mathrm{d}\varphi}{\mathrm{d}s}\frac{\mathrm{d}^2\alpha}{\mathrm{d}s^2}\right)\sin\alpha + \left[2\frac{\mathrm{d}\varphi}{\mathrm{d}s}\left(\frac{\mathrm{d}\alpha}{\mathrm{d}s}\right)^2 + \sin^2\alpha\left(\frac{\mathrm{d}\varphi}{\mathrm{d}s}\right)^3\right]\cos\alpha\right\} \quad （7\text{-}2\text{-}2）$$

井眼轨迹轴线在 O 点处的主法线和次法线方向的单位矢量 $\boldsymbol{n}_0$ 和 $\boldsymbol{b}_0$ 分别为：

$$\boldsymbol{n}_0 = \frac{1}{k_0}\frac{\mathrm{d}\tau_0}{\mathrm{d}s} = \frac{1}{k_0}\left[\frac{\mathrm{d}}{\mathrm{d}s}(\sin\alpha\cos\varphi)\boldsymbol{i} + \frac{\mathrm{d}}{\mathrm{d}s}(\sin\alpha\sin\varphi)\boldsymbol{j} + \frac{\mathrm{d}\cos\alpha}{\mathrm{d}s}\boldsymbol{k}\right] \quad （7\text{-}2\text{-}3）$$

$$\boldsymbol{b}_0 = \tau_0 \times \boldsymbol{n}_0 = -\frac{1}{k_0}\left(\sin\varphi\frac{\mathrm{d}\alpha}{\mathrm{d}s} + \frac{\sin 2\alpha}{2}\frac{\mathrm{d}\sin\varphi}{\mathrm{d}s}\right)\boldsymbol{i} + \frac{1}{k_0}\left(\cos\varphi\frac{\mathrm{d}\alpha}{\mathrm{d}s} + \frac{\sin 2\alpha}{2}\frac{\mathrm{d}\cos\varphi}{\mathrm{d}s}\right)\boldsymbol{j} + \frac{\sin^2\alpha}{k_0}\frac{\mathrm{d}\varphi}{\mathrm{d}s}\boldsymbol{k} \quad （7\text{-}2\text{-}4）$$

当 α（s）、φ（s）已知，便可确定相应井眼轨迹的曲率、挠率以及切线、主法线和次法线方向的单位矢量。由微分几何（Frenet 公式）得

$$\frac{\mathrm{d}\tau_0}{\mathrm{d}s} = k_0\boldsymbol{n}_0 \qquad \frac{\mathrm{d}\boldsymbol{n}_0}{\mathrm{d}s} = -k_0\tau_0 + T_0\boldsymbol{b}_0 \qquad \frac{\mathrm{d}\boldsymbol{b}_0}{\mathrm{d}s} = -T_0\boldsymbol{n}_0 \quad （7\text{-}2\text{-}5）$$

图 7-2-5 列出了模型中所有考虑的力，包括合力 $\boldsymbol{F}$、合力矩 $\boldsymbol{M}$，以及任意测量深度 s 处的分力 q。在自然坐标中，可用下列方程很方便地将这些向量分解成它们的分量：

$$\boldsymbol{W} = \begin{bmatrix} w_1 \\ w_2 \\ w_3 \end{bmatrix}, \boldsymbol{F} = \begin{bmatrix} f_\mathrm{r} \\ Q_2 \\ Q_3 \end{bmatrix}, \boldsymbol{M} = \begin{bmatrix} M_1 \\ M_2 \\ M_3 \end{bmatrix} \quad （7\text{-}2\text{-}6）$$

式中　$\boldsymbol{W}$——杆柱的位移矢量；

　　　f_r——轴向力；

　　　Q_2、Q_3——剪切力；

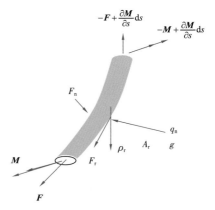

图 7-2-5　杆柱单元受力分析示意图

M_1——扭矩；

M_2、M_3——弯矩。

在直井中，分力包括重力 $\rho_r A_r g$、黏滞力 F_{rf} 和惯性力 $\rho_r A_r \partial U/\partial t$；在斜井中，还要额外考虑杆管边界力 q_n 和杆管摩擦力 F_{rt} 这些分力可在自然坐标中解出：

$$\boldsymbol{q} = \begin{bmatrix} -\rho_r A_r \dfrac{\partial u_1}{\partial t} + \rho_r A_r g \cos\alpha + F_{rf} + F_{rt} \\[2mm] -\rho_r A_r \dfrac{\partial u_2}{\partial t} + \dfrac{\rho_r A_r g \sin\alpha}{K} \dfrac{\mathrm{d}\alpha}{\mathrm{d}s} + q_{n2} \\[2mm] -\rho_r A_r \dfrac{\partial u_3}{\partial t} + \dfrac{\rho_r A_r g \sin^2\alpha}{K} \dfrac{\mathrm{d}\phi}{\mathrm{d}s} + q_{n3} \end{bmatrix} \qquad (7\text{-}2\text{-}7)$$

对杆柱单元采用虚功原理分析，并通过变换和积分简化后，最终得到一组新的模拟杆柱在斜井中运动的偏微分方程：

$$\rho_r A_r \frac{\partial u_{r1}}{\partial t} = \frac{\partial f_r}{\partial s} + \rho_r A_r g \cos\alpha + F_{rf} + F_{cf} + F_{rt} \qquad (7\text{-}2\text{-}8)$$

$$\frac{1}{A_r E_r} \frac{\partial f_r}{\partial t} = \frac{\partial u_{r1}}{\partial s} - K u_{r2} \qquad (7\text{-}2\text{-}9)$$

$$\rho_r A_r \frac{\partial u_{r2}}{\partial t} = K f_r - \frac{\partial^2 M_3}{\partial s^2} - \tau \frac{\partial M_2}{\partial s} - \frac{\rho_r A_r g}{K} \frac{\mathrm{d}\alpha}{\mathrm{d}s} \sin\alpha + q_{n2} \qquad (7\text{-}2\text{-}10)$$

$$\frac{1}{E_r I_r} \frac{\partial M_2}{\partial t} = -\frac{\partial^2 u_3}{\partial s^2} - \tau \frac{\partial u_2}{\partial s} \qquad (7\text{-}2\text{-}11)$$

$$\rho_r A_r \frac{\partial u_{r3}}{\partial t} = \frac{\partial^2 M_2}{\partial s^2} - \tau \frac{\partial M_3}{\partial s} - \frac{\rho_r A_r g}{K} \frac{\mathrm{d}\phi}{\mathrm{d}s} \sin^2\alpha + q_{n3} \qquad (7\text{-}2\text{-}12)$$

$$\frac{1}{E_r I_r} \frac{\partial M_3}{\partial t} = \frac{\partial^2 u_2}{\partial s^2} - \tau \frac{\partial u_3}{\partial s} \qquad (7\text{-}2\text{-}13)$$

在斜井有杆泵系统中，流体方程的推导要比杆柱方程的推导简单，只需对直井中的流体方程稍做修改即可得到斜井中流体的控制方程：

$$\frac{\partial \rho_f}{\partial t} + \frac{\partial(\rho_f u_f)}{\partial s} = 0 \qquad (7\text{-}2\text{-}14)$$

$$(A_t - A_r)\left[\frac{\partial(\rho_f u_f)}{\partial t} + \frac{\partial(\rho_f u_f^2)}{\partial s} \right] = -(A_t - A_r)\frac{\partial p_f}{\partial x} + \rho_f g(A_t - A_r)\cos\alpha - F_{rf} - F_{cf} - F_{ft} \qquad (7\text{-}2\text{-}15)$$

式（7-2-8）到式（7-2-15）可以建立斜井中杆柱和流体运动的控制方程，前两个公式描述了杆柱的纵向运动方程，而其他公式描述的是杆柱的横向运动方程和流体运动方程。

2）边界条件

作用在抽油杆柱上端面的集中外力为：

$$f_s(s) = -f_s(t)\tau_c \qquad (7\text{-}2\text{-}16)$$

式中　$f_s(t)$——抽油机提供的抽油杆柱悬点载荷，N。

作用在抽油杆柱变截面处的集中外力为：

$$f_c(s) = -\rho_0 g l_\gamma (A_u - A_d)\tau_c \qquad (7\text{-}2\text{-}17)$$

式中　l_γ——变截面处垂深，m；

A_u、A_d——变截面处上、下抽油杆柱的横截面积，m^2。

作用在抽油杆柱下端面的集中外力为：

$$f_d(s) = \begin{cases} (F_c + F_1 - F_p)\tau_c \\ -(F_c + F_\gamma)\tau_c \end{cases} \qquad (7\text{-}2\text{-}18)$$

式中　F_c——泵柱塞与泵筒间的摩擦力，N；

F_γ——液体通过游动阀的阻力，N；

F_1——液体作用在柱塞上的力，N；

F_p——抽汲压力对柱塞底部的作用力，N。

3）初始条件

在抽油过程中，抽油杆柱做周期性往复运动，设初始时刻的位移及速度相同，此初始条件可表达为：

$$u(l,0) = \frac{\partial u}{\partial t}(l,0) = \bar{u}(l) \qquad (7\text{-}2\text{-}19)$$

2. 杆柱力学测试与验证

FS-28 井是一口煤层气抽油机井，其井眼轨迹曲线如图 7-2-6 所示。

假设泵工作正常，固定阀和游动阀启闭正常，利用三维动力学模型可以预测计算该井生产时的泵功图和地面功图。通过对比可以发现，预测功图和实测功图不论波型还是最大、最小载荷，符合率都很高（图 7-2-7）。

对新疆阜康白杨河区块和乌鲁木齐米东区块煤层气井的预测载荷和实测载荷进行对比，结果见表 7-2-10。预测地面功图与实测地面功图的形状基本一致，最大载荷和最小载荷预测准确率高，体现了基于三维杆柱力学预测模型的优势。

3. 有杆泵系统优化设计

有杆泵井的优化设计主要包括抽汲参数（泵径、冲程、冲次）的优选和抽油设备的选择（董世民，1994；王鸿勋等，1989；张琪，2006；崔振华等，1994）。优化目标的多样性、影响因素的相互关联性以及参数变化的间断性导致了设计过程的复杂性（孙大同等，1990；张琪等，1983；William et al.，1981；McCoy，1995）。本次将产量、泵效和系统效率作为优化目标。

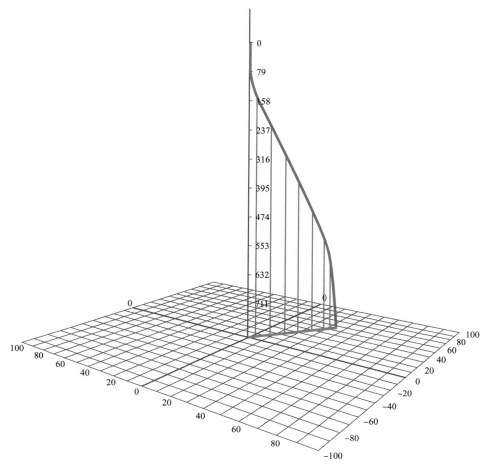

图 7-2-6　FS-28 井井眼轨迹

以井口的投影 o 为中心，以北、东方向为正，每个单元格长度为 20m

1）泵效计算模型

计算时用漏失系数表示泵的漏失能力。它定义为泵的漏失量与理论排量的比值，并认为对于同一个泵来说，改变泵的理论排量时漏失系数不变；进泵的液量变化，漏失量也随之变化，而漏失系数不变。

已知产液量时泵效表示为：

$$\eta = \frac{q_{pl}}{q_{pt}} \qquad (7-2-20)$$

式中　η ——实际泵效；

　　　q_{pl} ——泵的实际排量，m^3/d ；

　　　q_{pt} ——泵的理论排量，m^3/d 。

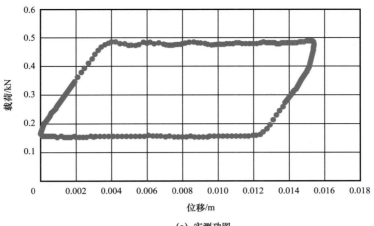

（a）实测功图

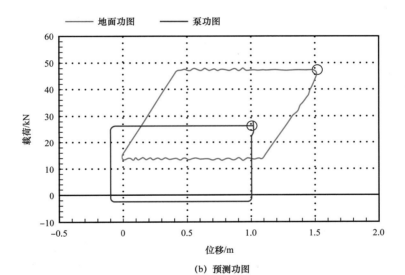

（b）预测功图

图 7-2-7 FS-28 井实测与预测地面功图和泵功图

表 7-2-10 预测载荷与实测载荷对比

井号	最大载荷			最小载荷		
	实测载荷 /kN	预测载荷 /kN	误差 /%	实测载荷 /kN	预测载荷 /kN	误差 /%
FS-28	49.98	48.33	3.30	14.71	14.85	0.95
FS-33	31.9	31.27	1.97	9.64	10.47	8.61
FS-46	42.1	38.78	7.89	18.41	18.75	1.85
FS-75	50.1	48.45	3.29	11.66	12.73	9.18
FS-76	63.2	60.85	3.72	22.83	23.25	1.84

续表

井号	最大载荷			最小载荷		
	实测载荷 /kN	预测载荷 /kN	误差 /%	实测载荷 /kN	预测载荷 /kN	误差 /%
FS-79	60.6	60.54	0.10	21.8	23.97	9.95
FS-80	57.7	57.36	0.59	20.61	22.43	8.83
WS-5	38.5	38.13	0.96	14.92	14.68	1.61
WS-6	37.3	37.44	0.38	14.04	15.74	12.11
WS-9	23.07	25.21	9.27	14.28	14.86	4.06

已知泵的漏失系数时泵效表示为：

$$\eta = \frac{S_p}{S} \times \beta \times (1 - \eta_e) \times \frac{1}{B} \qquad (7-2-21)$$

式中　S_p——活塞冲程，m；

　　　　S——光杆冲程，m；

　　　　β——泵的充满系数；

　　　　η_e——泵的漏失系数；

　　　　B——泵内混合液的体积系数。

2）系统效率计算模型

系统效率是将液体举升至地面的有效功率做功能量与系统输入能量之比，是抽油机的有效功率与输入功率的比值；

$$\eta = \frac{抽油机有效功率}{抽油机输入功率} = \frac{P_水}{P_入} = \frac{P_水}{P_光} \times \frac{P_光}{P_入} = \eta_地 \times \eta_井 \qquad (7-2-22)$$

式中　$P_水$——水力功率，kW；

　　　　$P_光$——光杆功率，kW；

　　　　$P_入$——抽油机输入功率，kW；

　　　　$\eta_地$——地面效率，令 $\eta_地 \approx 0.8$；

　　　　$\eta_井$——井下效率，$\eta_井 = P_水 / P_光$。

3）优化设计方法及流程

主要采用的设计方法有指定产量设计、最大产量设计和指定参数设计。杆柱设计方法有等强度设计、最轻杆柱设计和原杆柱校核。以等强度杆柱设计为例的优化设计流程如图 7-2-8 所示。

通过优化设计可以利用三维杆柱动力学模型对地面功图和各级杆柱功图进行预测，分析地面抽油机的运行情况和杆柱组合的受力情况；对抽油杆进行最轻杆设计、等强度设计、指定杆柱设计等；对整个抽油系统进行节点分析；进行科学的扶正器设计等。

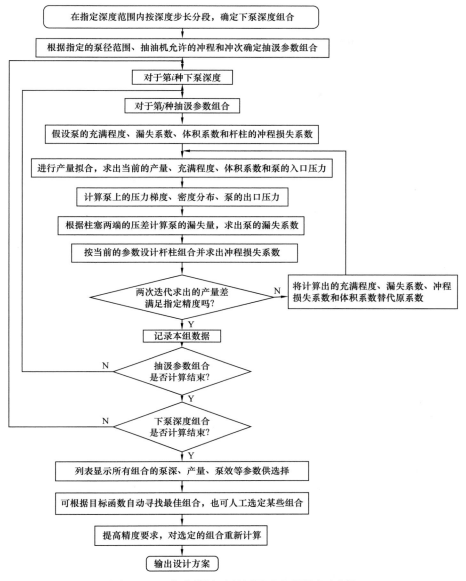

图 7-2-8 优化设计过程框图（以等强度为例）

第三节 大倾角多厚煤层渗流与压降特征

我国煤层气资源丰富，但是受地质条件限制，煤层气开发也面临一些挑战（Lau et al., 2017；Wen et al., 2019），需要发展与地质条件相适应的开发技术（徐凤银等，2008）。新疆是我国中低阶煤层气资源的主要分布区，煤层气开发前景广阔（陶小晚等，2009；尹淮新等，2009），针对新疆煤层气的独特地质特点（Liu et al., 2013），深入研究开发机理、生产特征，明确生产规律，对于指导新疆煤层气开发部署、生产制度制定、提高开发效果（蒲一帆等，2020）、促进新疆煤层气的发展具有非常重要的作用和意义（叶吉文等，2010；曹运兴等，2018a）。

一、大倾角多厚煤层理论模型的建立

1. 理论模型

煤层气由于其吸附解吸特性，其渗流产出机理与常规油气不一样，针对煤层气的解吸渗流机理，已经有很多的研究成果（李相方等，2012；Sun et al.，2018；李相方等，2019）。但目前的研究主要是针对平缓地层，对于新疆大倾角煤层解吸渗流机理、理论模型方面的研究还很少（石军太等，2013；Sun et al.，2018）。

为此，专门针对大倾角、厚煤层的特点开展渗流理论方面的研究，首先建立理论模型，坐标系如图 7-3-1 所示。煤储层厚度为 H，与水平面的夹角为 θ，$0°\leq\theta\leq90°$ 表明储层向上倾斜，$180°\leq\theta\leq270°$ 表明储层向下倾斜。有一垂直于煤层的裂缝，裂缝沿着地层走向轴延伸较远。初始条件下，坐标原点处的地层压力为 p_e，那么坐标（0，H）点的压力为 $p_e+aH\cos\theta$，a 为静力垂直向上的梯度，其数值等于负的静压梯度。坐标（L，0）点的压力为 p_w，坐标（L，H）点的压力为 $p_w+bH\cos\theta$，b 为流压垂直向上的梯度，其数值等于负的流压梯度。

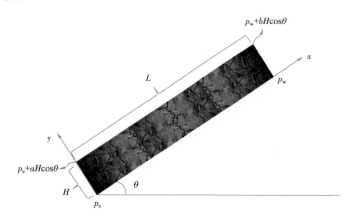

图 7-3-1　倾斜煤储层物理模型

针对以上物理问题，建立如下数学模型：

$$\begin{cases} \dfrac{\partial^2 p}{\partial x^2} + \dfrac{\partial^2 p}{\partial y^2} = 0 \\[2mm] p(x=0) = p_e + ay\cos\theta \\[2mm] p(x=L) = p_w + by\cos\theta \\[2mm] \dfrac{\partial p}{\partial y}(y=0) = 0 \\[2mm] \dfrac{\partial p}{\partial y}(y=H) = 0 \end{cases} \qquad (7\text{-}3\text{-}1)$$

分离变量并代入边界条件后得到压力的表达式：

$$p(x,y)=\frac{2(p_w-p_e)+(b-a)\cos\theta}{2L}x+\frac{2p_e+aH\cos\theta}{2}+\sum_{n=1}^{\infty}\left(C_n e^{-\frac{n\pi}{H}x}+D_n e^{\frac{n\pi}{H}x}\right)\cos\frac{n\pi}{H}y \quad (7-3-2)$$

式中　p——压力，MPa；

p_w——井底流压，$0°\leqslant\theta\leqslant90°$为储层底部流压，$180°\leqslant\theta\leqslant270°$为储层顶部流压，MPa；

p_e——边界点压力，$0°\leqslant\theta\leqslant90°$为储层底部静压，$180°\leqslant\theta\leqslant270°$为储层顶部静压，MPa；

a——压力沿x轴的梯度，MPa/m；

b——压力沿y轴的梯度，MPa/m；

L——储层在倾斜角方向上的长度，m；

H——储层垂厚，m。

根据达西定律，再考虑重力影响，然后转化为常用单位，分别得到x方向和y方向的流速表达式并最终计算出流体流向x方向的流量，表达式为：

$$q=B\int_0^H v_x dy=0.0864\frac{kB}{\mu}\int_0^H\left(-\frac{\partial p}{\partial x}+a\sin\theta\right)dy \quad (7-3-3)$$

大倾角煤层由于受到气水分异作用的控制，气水运移规律、渗流机理及压降传播规律与平缓地层有明显的差别。

2. 数值模型建立

数值模拟是煤层气开发研究的常用手段（骆祖江等，2000）。本次根据建立的理论模型，采用数值模拟方法，以阜康白杨河矿区目的煤层为例，研究大倾角多厚煤层渗流规律。数值模型使用的参数见表7-3-1。

表7-3-1　模型参数

煤层	41号	42号	44号
煤层平均厚度/m	7.79	18.59	15.66
物性参考深度/m	855	885	935
渗透率/mD	1.56	7.30	0.285
孔隙度/%	3.7	3.8	3.6
含气量/（cm³/g）	10	13.87	15
兰氏压力/MPa	2.45	2.4	1.78
兰氏体积/（m³/t）	29	34	26
储层压力/MPa	5.90	6.26	7.56

续表

煤层	41 号	42 号	44 号
储层温度 /℃	18.81	20.07	23.61
储层倾角 / (°)	50	50	50

考虑到浅层存在火烧的现象，选择埋深为 520～1250m 的煤层进行研究，结合模型基本参数建立大倾角单层与多层煤层气数值模型，如图 7-3-2 和图 7-3-3 所示。

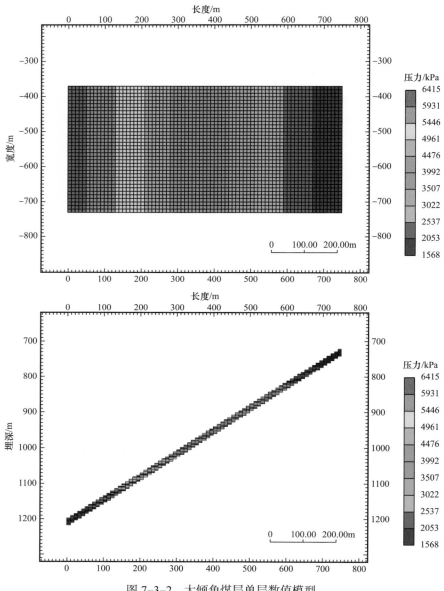

图 7-3-2　大倾角煤层单层数值模型

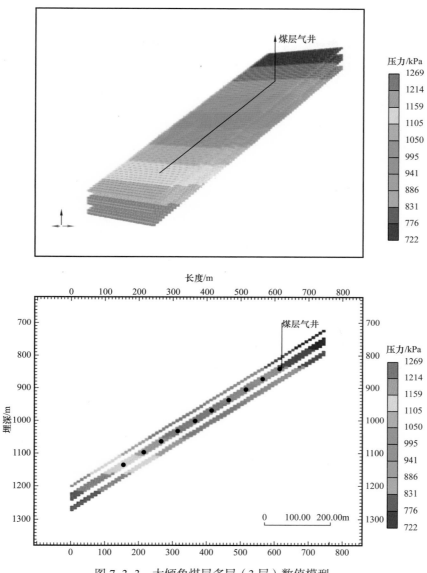

图 7-3-3　大倾角煤层多层（3 层）数值模型

二、大倾角煤层渗流特征

通过数值模拟方法对大倾角煤层直井和顺煤层井的渗流特征进行模拟研究，结果如图 7-3-4 和图 7-3-5 所示。

从模拟结果可以看出，大倾角单厚煤层在直井排采和顺煤层井排采过程中存在一定的差异，受气水重力分异的影响，直井排采过程中表现为逐渐形成以直井射孔为扇轴向煤层浅部扩展的扇形煤层气富集区，最后在煤层浅部形成了气相富集区，在深部形成了水相富集区；顺煤层井生产时，初期煤层气解吸区由井筒横向扩张到达储层边界，同时煤层浅部的气体再开始解吸，最后煤层气富集于煤层浅部和水平上方煤层。

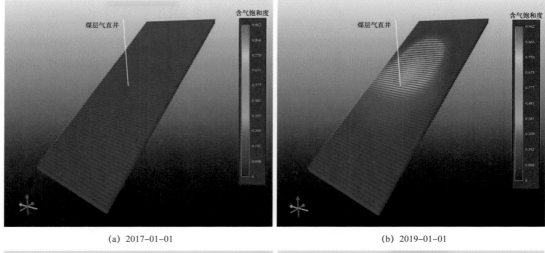

图 7-3-4 大倾角单厚煤层直井生产煤层气渗流特征

三、大倾角多厚煤层压降传播特征

煤层气生产过程中压力传播与生产特征紧密相关，因此，压力传播特征和规律研究一直是煤层气开发研究的重要课题，很多学者进行了相关研究（杜严飞等，2011；赵金等，2012；Wan et al.，2016；潘海洋等，2017）；Xu 等（2013）和 Sun 等（2017）对煤层气开发过程中的解吸面积数学模型进行了研究；刘世奇等（2013）对井网排采条件下的压降漏斗的控制因素进行了研究；胡海洋等（2019）对压降漏斗模型对煤层气井产能的影响进行了研究；此外，杨新乐等（2009）和赖枫鹏等（2013）分别研究了井间干扰对渗流规律的影响和对产能的影响。

大倾角多厚煤层由于储层条件与平缓地层差异大，压降传播特征与平缓地层不同。但是目前国内外对此方面的研究较少，只有傅雪海等（2018）研究了倾斜煤储层排采过程中的物性变化及井型优化，涉及了大倾角条件下的压降漏斗形态问题。

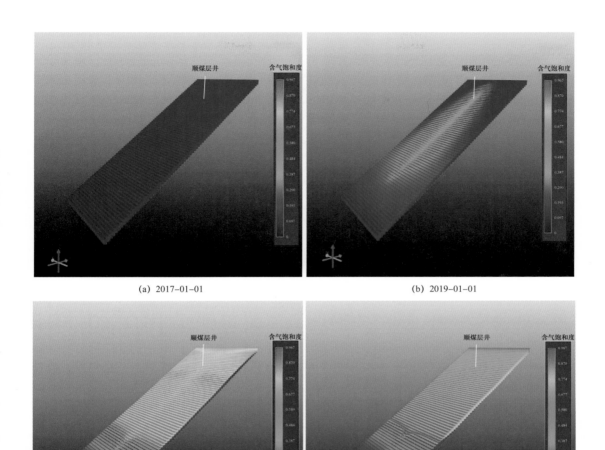

(a) 2017-01-01　　　　　　　　　　　　(b) 2019-01-01

(c) 2024-01-01　　　　　　　　　　　　(d) 2037-01-01

图 7-3-5　大倾角单厚煤层顺煤层井生产煤层气渗流特征

本次通过数值模拟的方法分别研究大倾角条件下压降传播的影响因素、直井和顺煤层井的压降传播特征等问题。

1. 大倾角煤层压降传播的影响因素

大倾角多厚煤层与常规煤层压降特征不同，主要的不同之处在于煤层厚度、煤层层数与煤层倾角，重点针对这 3 个因素开展研究。

1）煤层厚度对压降及其传播的影响

为研究煤层厚度对压降的影响，选择 42 号煤层的大倾角单煤层数值模型，煤层倾角为 50°，以煤层厚度为自变量，分别设计煤层厚度为 10m、20m 和 30m 的 3 个模拟方案。模拟结果如图 7-3-6 至图 7-3-8 所示。

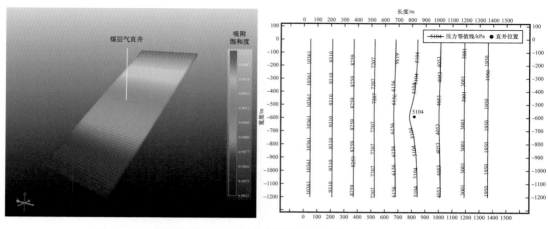

图 7-3-6　煤层厚度 10m 大倾角单层模型及其排采 100 天时的压力波

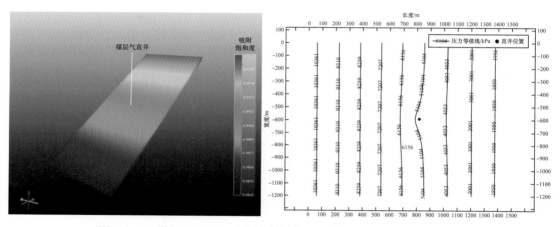

图 7-3-7　煤层厚度 20m 大倾角单层模型及其排采 100 天时的压力波

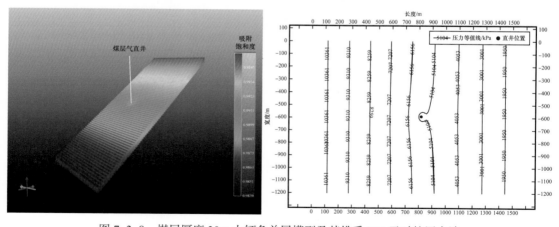

图 7-3-8　煤层厚度 30m 大倾角单层模型及其排采 100 天时的压力波

从图 7-3-6 至图 7-3-8 可以发现，对于大倾角煤储层，煤层厚度越小，排采过程中煤层产生的压降越大，压降向煤层深部传播得也越快。但由于煤层薄，解吸气会更快速地到达煤层浅部，造成煤层浅部压力增长得也快，最终会导致煤层气重新吸附于煤层。

2）煤层层数对压降及其传播的影响

选择42号煤层的单层模型为基础方案，煤层倾角为50°，以煤层层数为自变量，分别设计煤层层数为1层、2层和3层的3个方案，对比压力传播差异。为了保证结果的可比性，2层和3层模型中的煤层厚度和倾角均与42号煤层相同。

根据模拟结果（图7-3-9至图7-3-11）可以看出，对于大倾角煤层，煤层层数越少，压降向煤层深部传播得越快越远。

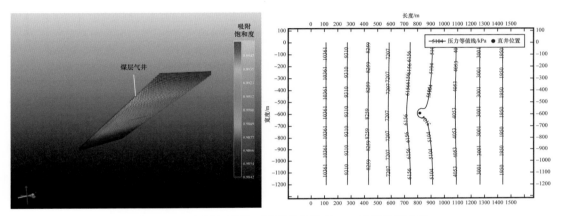

图7-3-9　大倾角煤层1层模型及排采100天时的压力波

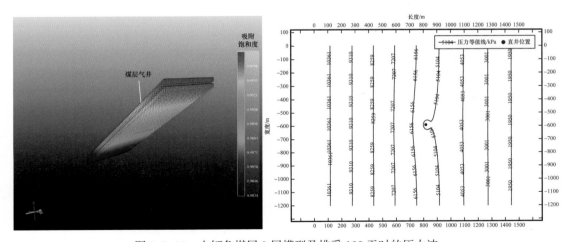

图7-3-10　大倾角煤层2层模型及排采100天时的压力波

3）煤层倾角对压降及其传播的影响

研究煤层倾角对压降的影响，选择42号煤层的大倾角煤层1层数值模型，煤层厚度为20m。以煤层倾角为自变量，分别设计煤层倾角为30°、40°和50°3个实验方案。模拟结果如图7-3-12至图7-3-14所示。

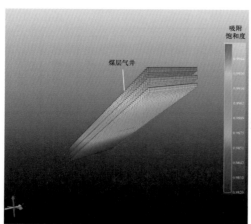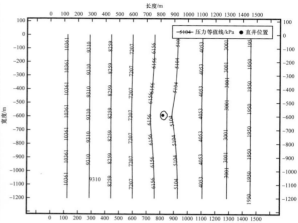

图 7-3-11　大倾角煤层 3 层模型及排采 100 天时的压力波

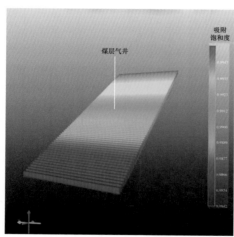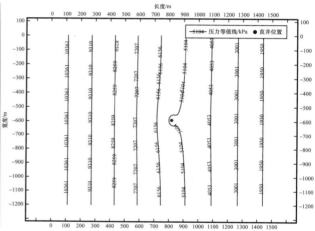

图 7-3-12　倾角为 30°的大倾角单煤层模型及其排采 100 天时的压力波

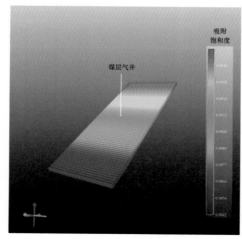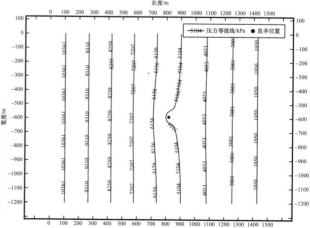

图 7-3-13　倾角为 40°的大倾角煤层单层模型及其排采 100 天时的压力波

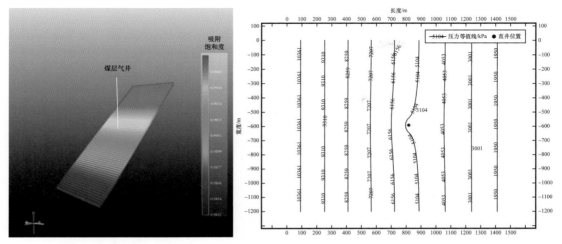

图 7-3-14　倾角为 50°的大倾角煤层单层模型及其排采 100 天时的压力波

由图 7-3-12 至图 7-3-14 可以看出，煤层倾角越大，排采初期煤层产生的压降越大，压降向煤层深部传播得也越快；排采中后期，3 种不同倾角煤层压降速度基本一致。

2. 直井压裂条件下的压降传播特征

1）单煤层压降特征

模拟研究大倾角条件下单层情况下直井生产的压降传播特征，结果如图 7-3-15 所示。

由图 7-3-15 可以看出，压降传播特征表现为扶梯式压降趋势，浅部煤层压力降落较为明显，深部煤层压降漏斗较难传播。

2）多煤层压降特征

其他条件不变，增加储层数，研究压降传播的特征，结果如图 7-3-16 所示。

由图 7-3-16 可以看出，多煤层排采时每层的排采特征与单层排采时相似，整个储层压力呈现扶梯式压降趋势。

3. 顺煤层井压裂条件下压降传播特征

采用同样的方法模拟研究顺煤层井生产的压降传播特征，结果如图 7-3-17 所示。

由图 7-3-17 可以看出，顺煤层井开发时压降从井口开始，并沿顺煤层井井身向煤层深部扩散，与压裂直井相比，顺煤层井压降传播速度更快，且在煤层中传播得更深。

四、大倾角多厚煤层剩余含气量分布特征

1. 压裂直井剩余含气量分布特征

为研究大倾角煤层压裂直井剩余含气量的分布特征，采用数值模拟方法，模拟后分

别截取不同生产时间的剩余含气量分布图，如图 7-3-18 所示。

由图 7-3-18 可以看出，随着排采的进行，煤层中部甲烷大面积解吸，深部煤层仍然保留未解吸甲烷，而浅部煤层由于大量甲烷聚集出现重新吸附的现象。

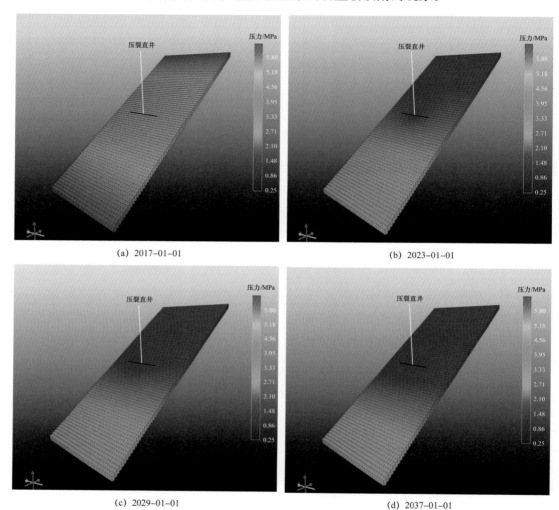

(a) 2017-01-01   (b) 2023-01-01

(c) 2029-01-01   (d) 2037-01-01

图 7-3-15　大倾角单煤层压裂直井压降特征

2. 分段压裂顺煤层井剩余含气量分布特征

采用同样的方法对大倾角单煤层分段压裂顺煤层井剩余含气量分布特征进行研究，采用数值模拟方法模拟不同时间段的含气量分布，具体如图 7-3-19 所示。

由图 7-3-19 可以看出，顺煤层井相较于直井主要剩余含气量位于煤层深部，且剩余含气量要低很多。

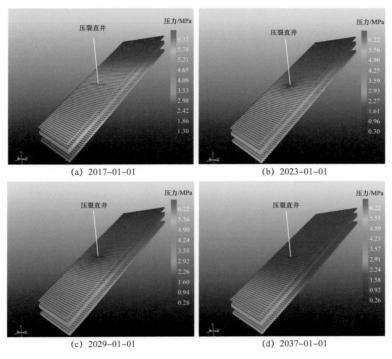

图 7-3-16　大倾角多煤层压裂直井压降特征

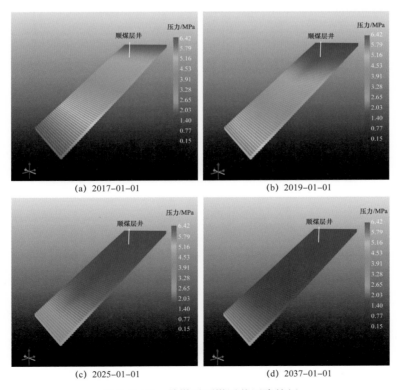

图 7-3-17　单煤层顺煤层井压降特征

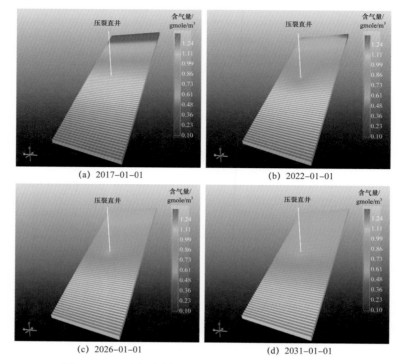

图 7-3-18 大倾角煤层压裂直井剩余含气量变化特征

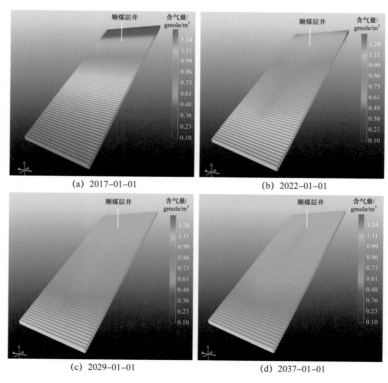

图 7-3-19 单层分段压裂水平井剩余含气量变化特征

第四节 生产动态特征与排采影响因素

一、生产动态特征

为了研究大倾角多厚煤层煤层气井的生产特征和产量的影响因素，以准噶尔盆地南缘阜康白杨河区块作为研究对象，从产气量、产水量与构造位置、煤层厚度、流体势、井底流压等多个方面的相关关系，分析研究生产特征和规律。

1. 产气量、产水量分布与构造的关系

从研究区煤层气井的产气现状与构造关系图（图7-4-1）可以看出，研究区西部的两排煤层气井，构造深部井的产气效果要好于浅部的井；东部三排煤层气井，构造中部的井产气效果最好，深部井的产气效果次之，而浅部井的产气效果最差。从产水量与构造的关系图（图7-4-2）看，随着构造加深，研究区东部井的产水量变小，而研究区西部这种规律不明显。

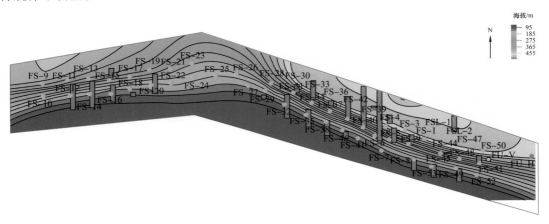

图7-4-1 研究区煤层气井产气量与构造关系

图7-4-2 研究区煤层气井产水量与构造关系

2. 产气量、产水量与煤层厚度关系

从煤层气井产气量与3套主力煤层厚度关系图（图7-4-3）可以看出，研究区煤层气井产气量与39号、42号煤层厚度大体上呈正相关性，即煤层厚度大的区域产气量高，与41号煤层厚度的相关性不明显。而煤层气井产水量与煤层厚度的关系不明显（图7-4-4）。

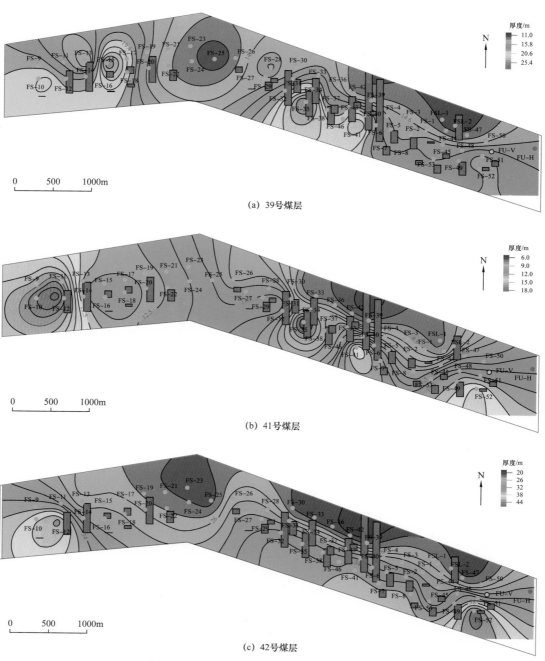

（a）39号煤层

（b）41号煤层

（c）42号煤层

图7-4-3　研究区煤层气井产气量与厚度关系

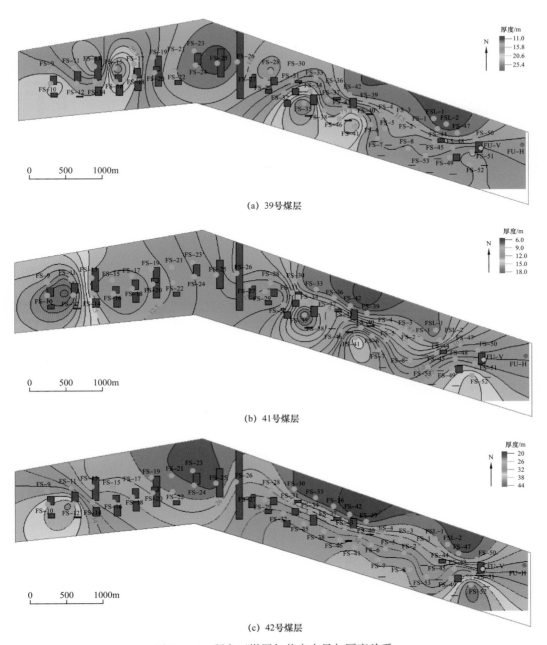

(a) 39号煤层

(b) 41号煤层

(c) 42号煤层

图 7-4-4 研究区煤层气井产水量与厚度关系

3. 产气量、产水量分布与流体势的关系

从储层流体势的分布图可以看出，研究区流体势总体上呈东西两边高、中间转折部位低的特点。另外，从研究区煤层气井产气量与储层流体势的关系图（图 7-4-5）可以看出，大体而言，流体势相对较高部位井的产气效果比较好，而流体势低部位的井产气效果不太好，甚至不产气。分析认为，地层流体流动的趋势是从流体势高的地方向流体势

低的地方流动，高势区的井容易降压，因此产气效果好，而低势区的井不容易降压，因此产气效果不好。

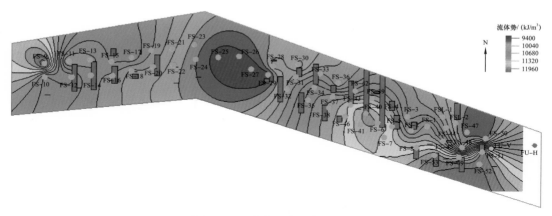

图 7-4-5　产气量与流体势关系

根据产水量与储层流体势的关系图（图 7-4-6）可以看出，总体上，处于流体势低部位的井产水量较大，而处于流体势高部位的井产水量较小。

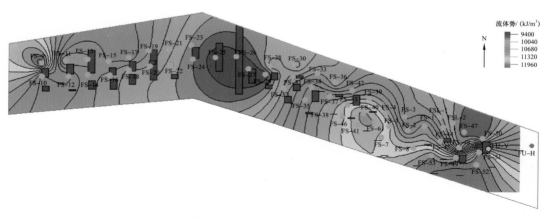

图 7-4-6　产水量与流体势关系

4. 产气量随井底压力的变化关系

通常煤层气的产出机理是通过排水降压促使煤层气解吸，经过煤储层的渗流通道流动产出，排采达到临界解吸压力后，煤层气井产气量与储层压降速率呈正相关，即压降幅度越大产气量越高。从研究区煤层气井产气量随井底压力的变化关系（图 7-4-7）可以看出，总体上，随着时间推移，区域内井底流压降低的范围逐渐扩大，产气井数逐渐增多，产气范围从原先的小井网周围逐渐扩大至全区范围。同时从图 7-4-7 中也可以看出，位于构造浅部的井，尽管井底压力也随着时间推移在不断降低，但浅部井的产气效果并不理想，没有出现与较深部位区域一样产气井逐渐增多、产气量逐渐上升的情况，进一步说明浅部位井的含气性较差。

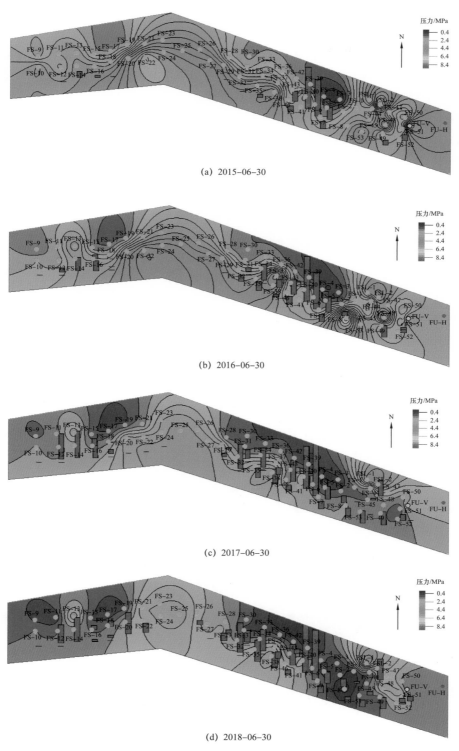

(a) 2015-06-30

(b) 2016-06-30

(c) 2017-06-30

(d) 2018-06-30

图 7-4-7 研究区煤层气井产气量随井底压力变化关系

5. 产气量与临储压力比的关系

临储压力比是反映煤层气富集程度与保存情况以及储层压力情况的参数，通常与井的产气量有较好的正相关性。从研究区煤层气井产气量与临储压力比的关系（图 7-4-8）可以看出，总体上处于临储压力比高值区域的煤层气井产气效果较好，而处于临储压力比低值区域的井产气效果不大理想。研究区煤层气井临储压力比为 0.125～0.829，低于 0.5 的约占 64%，总体偏低，可能会对区块的长期高产稳产造成一定的影响。

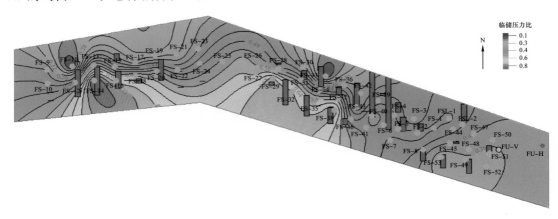

图 7-4-8　研究区煤层气井产气量与临储压力比关系

6. 产气量与层系组合的关系

研究区煤层气井生产层系有多种组合，从生产层位的统计看（不同生产层位生产井数所占比例统计情况如图 7-4-9 所示），研究区煤层气井以合采为主。

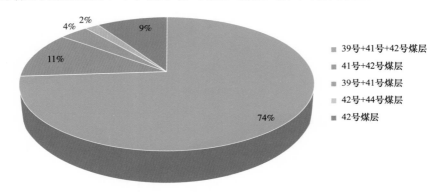

图 7-4-9　研究区煤层气井生产层位统计

从研究区煤层气井产气量与层系组合关系图（图 7-4-10）、不同层位产气量分布图（图 7-4-11）可以看出，3 层合采的井中 1000m³/d 以上的中高产井数最多，单井平均产气量也最高；41 号 +42 号煤层合采井的单井平均产气量其次，单采 42 号煤层的井效果也可以，见气率达到 100%，产气井平均单井产气量为 453m³/d，处于不同层系组合的居中水平。

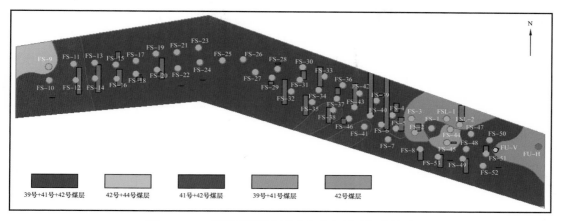

图 7-4-10 研究区煤层气井产气量与层系组合关系

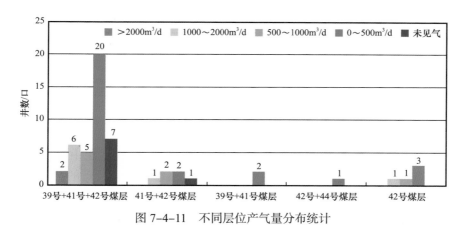

图 7-4-11 不同层位产气量分布统计

二、排采影响因素

煤层气井的产量除了与地质条件有关外，还受到工程条件的影响，包括钻井工程、压裂工程和排采工艺与排采制度的影响。排采制度对煤层气井产能的影响和排采制度的制定方面，许多学者都做过相关研究（康永尚等，2008；伊永祥等，2009）。煤层气井的排采需要控制合理的降压速度已基本形成共识（李金海等，2009；Xu et al.，2017；庞涛等，2015），冯其红等（2015）通过研究提出了气水两相流阶段的合理产气速度。此外，从现场实际排采情况看，工作制度的调整对煤层气井产量也有较大的影响。

1. 降压速度的影响

在对煤层气井进行降压排采时，煤层孔隙、裂隙中的流体排出，孔隙压力降低，上覆地层的压力保持恒定，导致作用在煤骨架上的力增大。煤层对应力敏感性普遍较强，因为压敏效应渗透率受到伤害之后不可能恢复到原来的水平（图 7-4-12）。因此，煤层气井生产过程中要尽量减小压敏效应的影响。

煤层气井快速排采会对煤层造成伤害，进而影响排采效果已成为共识，许多学者进行了相关研究后认为，由于煤储层压缩性强，降压速度太快一方面会增大生产压差，造成储层流体渗流速度加快，可能产生速敏效应；另一方面，快速排采使井筒附近本来很低的渗透率急剧降低，使煤层气井的降压漏斗得不到充分的扩展，因此，在排水降压期一定要控制好合理的降压速度。

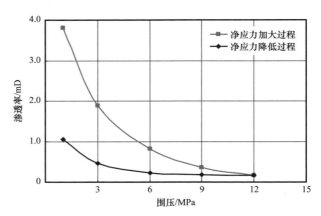

图 7-4-12　煤岩覆压孔渗实验曲线

2. 产气速度的影响

煤层气井开始产气之后，地层中会出现气液两相流，由于气体渗流速度较快，对携带煤粉有一定的促进作用。但是如果产气速度太快，则会造成地层中煤粉的大量运移，导致渗流通道堵塞，对煤储层造成速敏伤害，影响储层渗透率，严重的会造成井筒出砂、出煤粉导致修井，最终影响井的产气效果。

3. 工作制度调整的影响

煤层气井的排采，排水是手段，降压是核心，扩压是关键，产气是目的。要想取得好的排采效果，必须通过持续的排水，使煤储层的压力得到大幅降低。对于正常的煤储层（无越流补给），排水量的多少是直接影响煤层压降的关键因素。因此，排采过程中，在保证合理的排采速度的前提下，应尽可能保持产水量的稳定，确保多排水。阜康白杨河区块最早的 5 口试采井，前期排采时都存在见气后大幅调整工作制度，导致产水量大幅降低的情况，加上产气速度太快，当形成气液两相流之后，再想提高井的产水量就会很困难，无法持续稳定产水则会影响降压效果，最终影响产气效果。

第五节　煤层气排采工艺技术应用效果

一、排采控制方法

在充分借鉴国内外各主要煤层气生产公司和不同区块的排采方法与经验的基础上，结合前期研究的结果，根据阜康白杨河区块煤层气井的生产特征，提出了"五段双控"

的排采控制方法。该排采控制方法是通过制定与储层条件相适应的排采工作制度，以控压和控气为手段，合理控制储层压力传播速度，从而最大限度地扩大压降面积，最大限度地释放产气潜能。其主要内容是将煤层气井生产阶段划分为 5 个阶段，分别是排水降压阶段、憋套压阶段、控压提产阶段、控压稳产阶段和产量衰减阶段（表 7-5-1）；生产过程中关键是做好"双控"，"双控"的核心是控压、控气，即生产全过程都要控制好井底流压，产气阶段在控制好流压的基础上，还需控制好产气速度和产气量。

表 7-5-1　排采阶段划分

排采阶段	排水降压阶段	憋套压阶段	控压提产阶段	控压稳产阶段	产量衰减阶段
阶段目标	减少压敏效应，压降漏斗形态平缓，扩大压降面积	抑制气体解吸过快，基质收缩过快产生煤粉，继续扩大压降面积	缓慢放气，避免气流速度过大携带出大量煤粉，继续扩大压降范围	保持产气量基本稳定	产气量缓慢衰减

排水降压阶段：此阶段最重要的是控制好流压的降速，防止流压降速过快导致对煤层的压敏伤害。流压采用分级降压的方式降速。

憋套压阶段：此阶段由于解吸的气量总体上还相对较少，地层流体处于单相流与两相流之间反复变化，会对储层产生激动，进而造成伤害。因此，在井口见气后，需憋套压排采一段时间。在此期间，仍然要重点控制好井底压力降幅。

控压提产阶段：随着解吸气量逐渐增多，此时即已具备提产的条件。需要在控制好流压降幅的基础上控制好提产过程中产气的增速，防止速敏伤害的产生。提产过程应由阶梯状的提产阶段和短期稳产阶段组成，根据排采动态交替实施。

控压稳产阶段：此阶段产气量已达高峰，主要保持气量在高峰长期稳产。控制的原则是继续保持井底压力的相对稳定，流压的控制标准与控压提产阶段相同。

产量衰减阶段：排采后期，产气量自然下降，进入产量衰减阶段，井口套压和井底流压逐渐降低，直至达到废弃压力停产。煤层气井基本不产水或产水量极低，可采取停抽或间抽方式继续排采。

二、应用效果

"五段双控"排采法在准噶尔盆地南缘阜康白杨河区块应用取得了较好的效果，特别是与前期的试采井相比，效果显著。

阜康白杨河矿区试采井在前期排采过程中主要存在几个方面的问题（图 7-5-1）：（1）排水降压阶段排采降液速度过快，一方面造成压敏效应，另一方面也造成压降漏斗扩展范围小；（2）见气后憋套压阶段排采强度调整幅度过大，压降漏斗扩展范围有限，导致产气阶段供气能力不足；（3）产气阶段产气增速过快，产量的上升完全是依靠消耗套压的潜能，且没有休整期，加上压降漏斗扩展有限，地层供气能力不足，所以产气量在达到高峰后迅速下降。

以"五段双控"排采法为指导，示范区后期的煤层气井，特别是中高产气井表现出产量"上得去、稳得住"的态势，如图 7-5-2 所示。

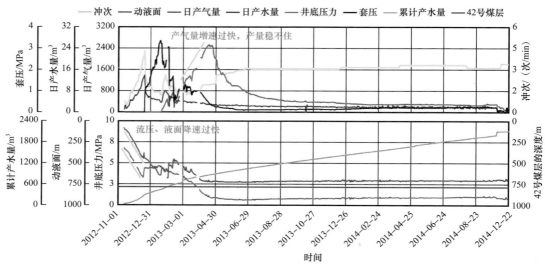

图 7-5-1 试采井排采问题分析图

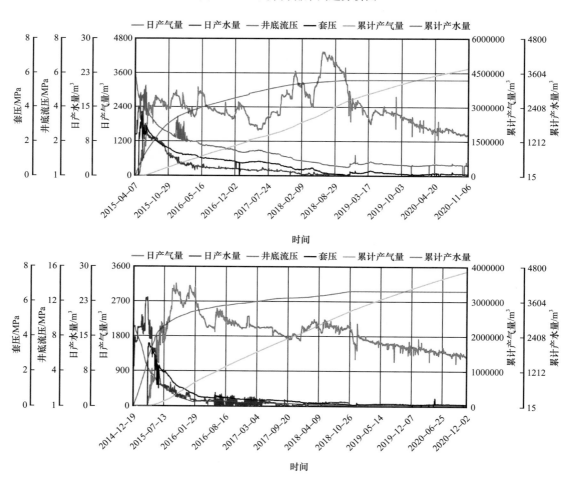

图 7-5-2 "五段双控"排采法指导的煤层气井排采曲线图

阜康白杨河示范工程项目于2014—2015年实施，2016年开始又进行了滚动扩边，实施了阜康二期项目。阜康二期项目的排采控制方法按照"五段双控"排采执行，统计示范区煤层气井和阜康二期项目煤层气井排采相同时间（300天）情况下的产气量，阜康二期项目煤层气井平均产量为1481m³/d，示范工程项目煤层气井平均产量为1258m³/d。由表7-5-2可以看出，阜康二期项目煤层气井产气量与示范工程项目煤层气井相比提高了17.7%。

表7-5-2　阜康二期项目与示范工程项目产气井稳产期产量对比

项目	井号	平均产量/m³/d	时间/d	项目	井号	平均产量/m³/d	时间/d	项目	井号	平均产量/m³/d	时间/d
阜康示范工程	FS-1	593	300	阜康示范工程	FS-26	1244	300	阜康二期	FS-64	297	300
	FS-2	783	300		FS-27	2214	300		FS-68	1519	300
	FS-4	707	300		FS-29	1125	300		FS-69	1609	300
	FS-5	1339	300		FS-31	1557	300		FS-70	50	300
	FS-6	2553	300		FS-32	3124	300		FS-71	2421	300
	FS-7	424	300		FS-34	1970	300		FS-72	477	300
	FS-12	1240	300		FS-35	1337	300		FS-73	2378	300
	FS-14	1296	300		FS-36	523	300		FS-74	2231	300
	FS-15	456	300		FS-37	1336	300		FS-75	21	300
	FS-16	495	300		FS-38	1740	300		FS-76	730	300
	FS-17	1313	300		FS-40	3517	300		FS-77	4003	300
	FS-18	498	300		FS-43	1570	300		FS-78	81	300
	FS-20	767	300		FS-44	538	300		FS-79	1108	300
	FS-22	1094	300		FS-46	736	300		FS-80	3813	300
	FS-23	1034	300		FS-49	834	300				
	FS-24	1903	300		FS-53	423	300				

第八章　煤矿区煤层气抽采利用

大倾角多煤组采动对煤岩层移动的影响及其卸压规律与水平多煤组采动相比更加复杂，对大倾角多煤组煤岩层移动及卸压进行研究，获得大倾角多煤组采动下地表沉降规律、岩层移动破坏规律、裂隙分布与卸压效应，对于在大倾角多煤组下进行地面井抽采、钻孔抽采、井上下联合抽采和煤与煤层气协调开发具有重要意义（杨威，2013）。本章以新疆1930煤矿24312工作面为工程背景，对其4号煤层和5号煤层进行回采，并总结采空区上方地表沉降方式及上覆岩层裂隙发育、卸压效果与位移规律。首先，对新疆1930煤矿所在的准噶尔盆地南缘瓦斯聚集及地质构造特征进行分析。其次，对在1930煤矿24312工作面的地表观测站数据进行分析，阐述了工作面上方地表沉降规律。最后，通过搭建1930煤矿24312工作面相似模型，依次回采5号煤层与4号煤层，并对其采空区上覆岩层裂隙形状、分布方式及其卸压效果进行分析，获得大倾角多煤组煤岩层移动及卸压规律。

通过分析与论证，对新疆1930煤矿24312工作面大倾角多煤组采动影响下的煤岩层的移动方式及卸压效果有了全面的认识，掌握其规律。以此为基础，对大倾角下多煤组采动形成上覆岩层的移动及卸压效果进行了深入探讨。

第一节　大倾角多煤组煤岩层移动及卸压规律

一、多煤组采动影响下岩层移动破坏规律

1. 煤层群多重卸压开采相似模拟试验

1）相似模拟试验装置

试验装置为可旋转相似模拟试验台，主要由模型架、旋转系统、承载系统和水压伺服加载系统组成。试验台设计尺寸为2500mm（长）×300mm（宽）×2000mm（高），顶部采用水袋加载方式实现均匀加载以模拟模型上覆岩层的自重。模型架模拟煤层的倾角调节范围为0°～80°。对1930煤矿煤层倾角为30°的煤层群多重卸压开采的位移场、应力场和裂隙场的演化规律及邻近层的卸压范围进行物理模拟研究。

2）监测系统与监测点布置

（1）监测系统。

相似模拟试验的监测系统由位移监测系统和应力监测系统两部分组成。位移监测系统为天远三维摄影测量系统（图8-1-1），用来监测多重开采层采后围岩的位移变化情况。该系统测量位移的原理为：试验开始时采用高像素照相机拍摄原始基准点位置，并以此

作为位移点基准；实时对工作面推进过程中的监测点位置进行拍摄，分析开采过程中实时图像与初始基准图像的差异变化，得到各个监测点的位移变化值。应力监测系统由YE2539高速静态应变仪和微型土压力盒组成（图 8-1-2），用来监测多重开采层开采后顶底板煤岩层的压力变化情况。

图 8-1-1　位移监测系统——天远三维摄影测量系统

(a) YE2539高速静态应变仪　　　　　　(b) 微型土压力盒

图 8-1-2　应力监测系统及布置

（2）监测点布置。

为了监测煤层开采时各煤岩层的位移变化情况，在整个物理模型的表面布置位移监测点（共 18 层位移监测层，每层 24 个监测点，合计 432 个位移监测点，相邻位移监测点的间距为 10cm×10cm）。位移监测点的具体分布如图 8-1-3 所示。

为了监测煤层开采时各煤岩层的应力变化，整个物理模型共布置 6 层应力监测层，合计 65 个应力监测点。其中：第一层应力监测点布置在 6 号煤层中，共布置 18 个应力点，应力监测点编号从左至右为 M61 至 M618；第二层应力监测点布置在 7m 的中砂岩中，共布置 9 个应力点，应力监测点编号从左至右为 Z11 至 Z19；第三层应力监测点布置在 5 号煤层中，共布置 14 个应力点，应力监测点编号从左至右为 M51 至 M514；第四层应力监测点布置在 8.6m 的中砂岩中，共布置 8 个应力点，应力监测点编号从左至右为 Z21 至 M28；第五层应力监测点布置在 11.7m 粗砂岩中，共布置 8 个应力点，应力监测点编号从左至右为 C1 至 C8；第六层应力监测点布置在 3 号煤层中，共布置 8 个应力点，应力监测点编号从左至右为 M3 至 M38。

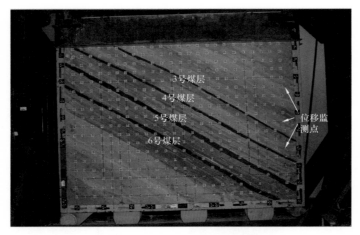

图 8-1-3　物理模型位移监测点

（3）模型建立与试验过程。

①模型建立。

1930 煤矿可采煤层达到 7 层，是典型的煤层群开采，本次物理模拟只选取可采的 3 号、4 号、5 号和 6 号等煤层进行研究，因此，物理模型也只包括这 4 层可采煤层。模型以 24312 工作面的综合柱状图为基础进行设计，工作面煤层倾角为 30°，工作面埋深 300m。根据相似比例 1∶100，铺设模型尺寸为 2.5m（长）×0.3m（宽）×2m（高），模型倾角为 30°，模型上部补偿的垂直应力为 0.025MPa。铺设完成的模型如图 8-1-4 所示。

（a）旋转前　　　　　　　　　　　（b）旋转后

图 8-1-4　铺设完成的模型

物理相似模型各煤岩层通过改变黄砂、碳酸钙和石膏的配比得到，具体的配比方案由各煤岩层的强度和模型相似比决定，模型各煤岩层材料配比见表 8-1-1。

表 8-1-1　模型各煤岩层材料配比

序号	岩性	面积 /m²	配比	黄砂 /kg	碳酸钙 /kg	石膏 /kg	水 /kg	层数
1	下覆岩层	1.116279	346	554.4	73.9	110.9	82.1	23
2	粗砂岩	0.064484	637	33.0	1.6	1.8	4.3	1
3	中砂岩	0.044788	437	22.64	1.7	3.96	3.14	1
4	粉砂岩	0.052901	537	26.96	1.62	3.77	3.59	1
5	6 号煤	0.088977	873	45.69	4.0	1.71	5.71	2
6	含砾粗砂岩	0.238258	737	122.19	5.24	12.22	15.52	5
7	粗砂岩	0.019063	4.537	9.68	0.65	1.51	1.31	1
8	砾岩	0.049975	773	25.63	2.56	1.1	3.25	1
9	中砂岩	0.200336	673	102.51	11.96	5.13	13.29	4
10	粉砂岩	0.072169	637	36.93	1.85	4.31	4.79	2
11	5 号煤	0.150977	873	77.52	6.78	2.91	9.69	3
12	中砂岩	0.051962	555	26.48	2.65	2.65	3.53	1
13	粗砂岩	0.181865	673	93.06	10.86	4.65	12.06	1
14	中砂岩	0.248261	473	125.48	21.96	9.41	17.43	2
15	粗砂岩	0.118357	637	60.56	3.03	7.07	7.85	1
16	中砂岩	0.132791	473	67.12	11.75	5.03	9.32	1
17	细砂岩	0.034641	673	17.73	2.07	0.89	2.3	2
18	粉砂质泥岩	0.037528	775	19.25	1.92	1.37	2.51	2
19	4 号煤	0.081118	873	41.65	3.64	1.56	5.21	2
20	砾岩	0.043301	773	22.21	2.22	0.95	2.82	1
21	粗砂岩	0.332785	473	168.20	29.44	12.62	23.36	5
22	中砂岩	0.063642	637	32.57	1.63	3.80	4.22	1
23	粉砂岩	0.034659	5.537	17.7	0.97	2.25	2.32	1
24	3 号煤	0.041075	873	21.09	1.85	0.79	2.64	1
25	含砾粗砂岩	0.064653	773	33.16	3.32	1.42	4.21	1
26	中砂岩	0.456865	464	230.92	34.64	23.09	32.07	5

续表

序号	岩性	面积/m²	配比	黄砂/kg	碳酸钙/kg	石膏/kg	水/kg	层数
27	粉砂岩	0.051894	4.537	26.36	1.76	4.1	3.58	1
28	砂质泥岩	0.020353	655	10.42	0.87	0.87	1.35	1
29	粉砂岩	0.045936	4.537	23.33	1.56	3.63	3.17	1
30	上覆岩层	0.840818	346	417.62	55.68	83.52	61.87	17

② 试验过程。

物理模型铺设完成后，大约 10 天后拆除模型挡板，自然风干达到模型强度要求后进行开挖。模型开挖前通过水袋加载方式在模型上部施加 0.025MPa 的垂直应力以模拟上覆岩层的自重。模型的开挖顺序为 4 号煤层→5 号煤层，4 号煤层每次开挖尺寸 10cm，5 号煤层每次开挖尺寸为 20cm。每次开挖前后通过相机进行拍照采样，记录模型的位移变形情况，整个试验过程中保存所有的试验数据和照片以便试验后进行分析与处理。

（4）煤层群多重卸压开采覆岩变形破坏规律。

① 4 号煤层开挖后覆岩变形破坏特征。

4 号煤层回采 150m 时覆岩变形破坏特征：由图 8-1-5 可知，4 号煤层开挖后，第一层关键层下部岩层产生更大的离层裂隙，下沉量进一步扩大，多处位置弯曲变形，裂隙发育，模型最上部位置产生了明显的贯通裂隙，但基本能够保持整体结构。从位移云图（图 8-1-6）可以看出，采空区以上第一关键层以下岩层竖直位移量持续变大，最大竖直位移为 16.9mm，同时位移量变化的范围扩大到 3 号煤层及以上的位置，影响范围呈梯形状。

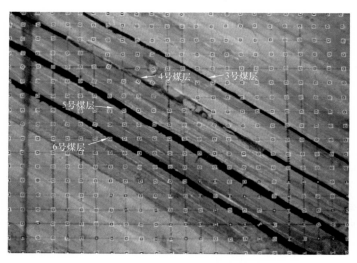

图 8-1-5 4 号煤层回采 150m 后覆岩变形破坏图

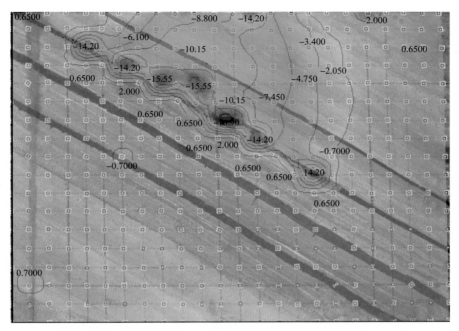

图 8-1-6　4 号煤层回采 150m 后覆岩位移破坏综合图（单位：mm）

4 号煤层回采完成后，其上方岩层会呈"三带"分布，即垮落带、裂隙带和弯曲下沉带，3 号煤层受到 4 号煤层开采的影响程度可通过其所处的层位进行判断（图 8-1-7）。当 3 号煤层处于 4 号煤层开采后形成的垮落带时，3 号煤层变形严重，遭受破坏，丧失完整性，因此不可采；当 3 号煤层处于 4 号煤层开采后形成的裂隙带时，3 号煤层内部会产生裂隙，但完整性得以保持，只要采取适当措施，即上行开采可以实现；3 号煤层若是处于弯曲下沉带，则只会产生少量裂隙或不产生裂隙，整体结构可能会产生一定弯曲，但能够保持完整性，上行开采可以进行。开采 4 号煤层之后，形成的最大垮落带高度 H_1 为 4.5cm，裂隙带高度 H_2 为 10.5cm，弯曲下沉带高度 H_3 为 16cm。因此，3 号煤层位于 4 号煤层开采后形成的裂隙带内，裂隙发育，卸压充分，4 号煤层可以作为 3 号煤层的下开采层。

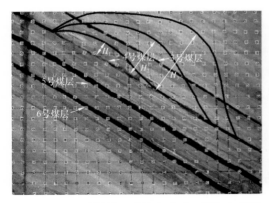

图 8-1-7　4 号煤层回采结束后"三带"高度图

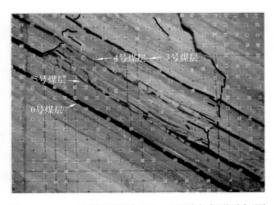

图 8-1-8　5 号煤层回采 170m 后覆岩变形破坏图

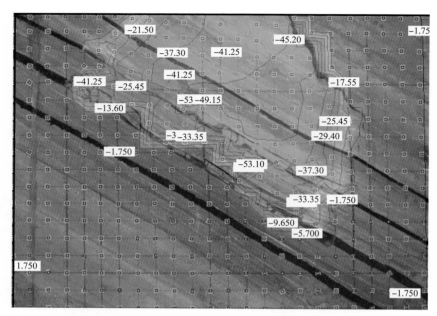

图 8-1-9　5 号煤层回采 170m 后覆岩位移破坏综合图（单位：mm）

② 5 号煤层开挖后覆岩变形破坏特征。

5 号煤层回采 170m 时覆岩变形破坏特征如图 8-1-8 所示。由图 8-1-9 可知，5 号煤层开挖 170m 时，采空区上覆岩层产生巨大破坏，垮落高度为 8cm，未垮落岩层发生巨大的弯曲变形，在 5 号煤层开采的影响下，4 号煤层未垮落的顶板岩层发生了垮落，且在模型最上部产生了巨大的贯通裂隙。3 号、4 号和 5 号煤层采空区上下边界上均产生了贯通裂隙，说明 3 号煤层处于裂隙发育区，煤层充分卸压。5 号煤层开采完成后，采空区上覆岩层的竖直位移量及影响范围都达到最大。

2. 煤层群多重卸压开采数值模拟研究

数值模拟模型同样以新疆 1930 煤矿 24312 工作面的综合柱状图为基础进行设计，但由于 1930 煤矿的可采煤层达到 7 层，是典型的煤层群开采，同物理相似模型保持一致，本次数值模拟也只选取可采的 3 号、4 号、5 号和 6 号煤层进行研究。此外，为了避免模型过于复杂，将煤层综合柱状图中岩层较薄、岩性相近的岩层合并为一层。数值模型设计为岩层倾角 30°，埋深 300m，模型尺寸为 250m（长）×300m（高）（图 8-1-10）。

数值模型中岩层块体采用弹性模型，结构面采用库仑滑动模型，模型左右边界及下边界均为位移固定边界，模型建立到地表，故模型上边界为自由边界。模型首先开采 4 号煤层，随后开采 5 号煤层。

煤层群多重卸压开采覆岩位移分布规律如图 8-1-11 所示。4 号和 5 号煤层开采后，煤层上方岩层的下沉位移远大于煤层下方岩层的膨胀变形位移。煤层上方岩层的位移呈正梯形分布，与垂直应力分布一致，煤层下方的位移呈长方形分布。煤层上方岩层位移由采空区中部向工作面两端逐渐增大，但并不是对称分布，由于煤层倾角原因，工作面上端头岩层破坏程度大于工作面下端头，故工作面上端头岩层位移范围与工作面下端头相比更广。此外，4 号和 5 号煤层开采后，关键层的竖直位移量比 3 号煤层的小很多，这也进一步验证了前面的关键层卸压阻碍作用。

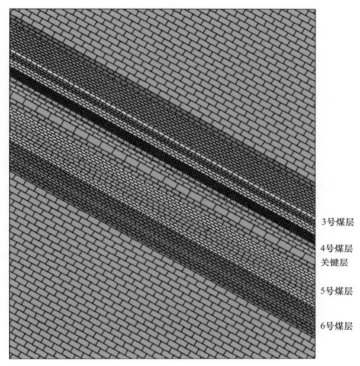

图 8-1-10　煤层群多重卸压开采数值模型

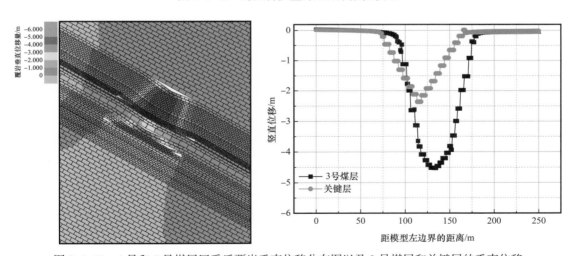

图 8-1-11　4 号和 5 号煤层回采后覆岩垂直位移分布图以及 3 号煤层和关键层的垂直位移

　　煤层群多重卸压开采覆岩破坏分布规律如图 8-1-12 所示。开采层可以分为 3 个开采区域：Ⅰ区为倾斜上边界破断区，破断角为 66°，破断区边界呈倒梯形延伸，破断开度大，关键层的存在阻碍了破断区边界的发展；Ⅱ区为岩层压实区，煤层开采后，采空区中部上覆岩层逐渐垮落压实，当上覆岩层中存在坚硬岩层（关键层）时，关键层由于其强度与刚度大，弯曲变形较下部软弱岩层小，两者之间会形成离层区；Ⅲ区为倾斜下边界破断区，破断角为60°，破断边界也呈倒梯形延伸，破断开度小，关键层的存在也阻碍了破断边界的发展。

图 8-1-12　4号和5号煤层回采后覆岩破坏图

二、多煤组采动影响下裂隙分布及卸压效应

1. 多煤组采动影响下裂隙分布

1）煤层群多重开采覆岩裂隙演化规律

为了获得多重开采层回采过程中覆岩裂隙场的演化规律，以相似模拟试验所得的原始图片为基础，对图片中覆岩的裂隙分布进行统计分析处理，其中将覆岩中肉眼可见的裂隙视为椭圆形状，裂隙中心线与坐标原点的夹角记为该条裂隙的角度 θ，以逆时针旋转记为正，故裂隙倾角范围为 0°～180°，裂隙角度 0° 和 180° 均记为 0° 且坐标轴的 x 轴平行于煤层层面。

（1）4号煤层开挖后覆岩裂隙演化。

由图 8-1-13 可知，随着 4 号煤层工作面推进距离的增加，覆岩裂隙发育程度逐渐增加，裂隙条数逐渐增加，裂隙主要分布在工作面上方岩层中，工作面底板岩层几乎无裂隙分布（崔炎彬，2017）。具体表现为：当 4 号煤层推进至 50m 以前，覆岩中裂隙倾角较小，主要为离层裂隙 [图 8-1-13（a）]；当 4 号煤层继续向前推进，覆岩中竖向贯穿裂隙数量急剧增加，大于离层裂隙数量 [图 8-1-13（b）、图 8-1-13（c）]。

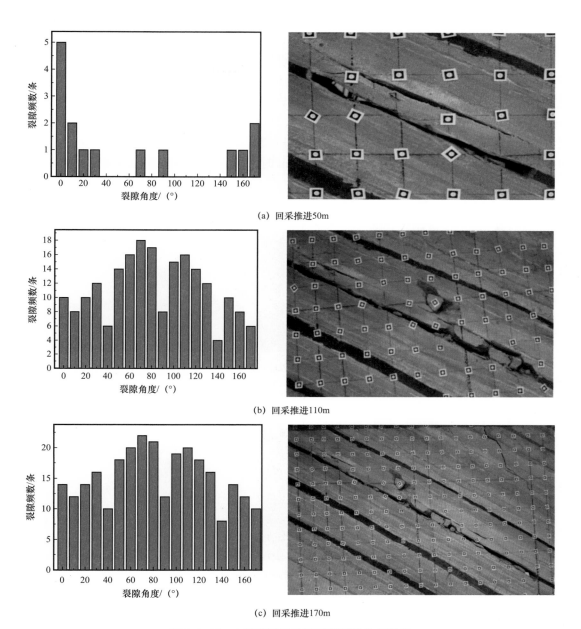

（a）回采推进50m

（b）回采推进110m

（c）回采推进170m

图 8-1-13　4 号煤层回采后覆岩裂隙分布特征

　　其中，覆岩中的竖向贯穿裂隙为煤层瓦斯流动的主要通道，而离层裂隙为瓦斯聚集的主要区域（严如令，2013）。由此表明，随着 4 号煤层的不断开挖，竖向贯穿裂隙逐渐发育，为瓦斯的流动和抽采提供了通道。此外，离层裂隙和竖向贯穿裂隙分布位置也存在差异。离层裂隙主要分布在采空区中部的上方岩层，随着采空区岩层的下沉压实逐渐闭合；而竖向贯穿裂隙主要分布在工作面两端上方岩层，且工作面倾向上方的竖向贯穿裂隙多于倾向下方的竖向贯穿裂隙，主要原因是煤层倾角为 30°，煤层回采后工作面倾向上方岩层垮落和破断较工作面倾向下方更为严重，故形成的竖向贯穿裂隙更多。

（2）5号煤层开挖后覆岩裂隙演化。

随着5号煤层继续回采，覆岩裂隙数量继续增加，且增加速率变快，主要是由于5号煤层开采厚度大于4号煤层（图8-1-14）。5号煤层回采后，覆岩受到采动影响的岩层范围明显增加，原先已经发生下沉、破断的岩层再次发生下沉和破断，且原先未受到4号煤层采动影响的岩层也将发生下沉、破断，从而导致覆岩中裂隙数量和范围迅速增多和扩大。分别统计4号煤层与5号煤层开采后覆岩的裂隙数量，4号煤层回采推进50m时，覆岩裂隙的数量为15条；回采推进110m时，覆岩裂隙的数量为204条；回采推进

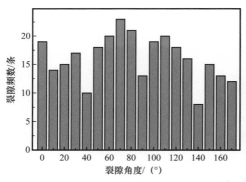
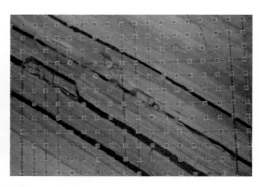

(a) 回采推进50m

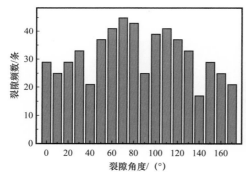
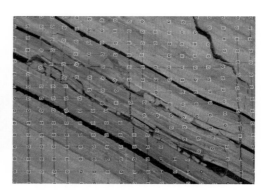

(b) 回采推进110m

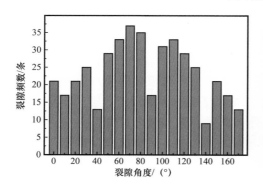
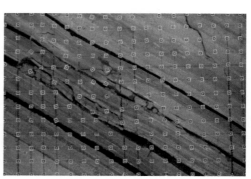

(c) 回采推进170m

图 8-1-14　5号煤层回采后覆岩裂隙分布特征

170m 时，覆岩裂隙的数量为 273 条。5 号煤层回采推进 50m 时，覆岩裂隙的数量为 289 条，新增 15 条；回采推进 110m 时，覆岩裂隙的数量为 411 条，新增 207 条；回采推进 170m 时，覆岩裂隙的数量为 556 条，新增 283 条。5 号煤层工作面回采结束后，覆岩的裂隙数量比 4 号煤层多两倍以上。

2）煤层群多重开采覆岩裂隙分布规律

4 号和 5 号煤层回采后，煤层上方岩层的下沉位移远大于煤层下方岩层的膨胀变形位移（图 8-1-15）。煤层上方岩层的位移呈正梯形分布，与垂直应力分布一致，煤层下方的位移呈长方形分布。煤层上方岩层位移由采空区中部向工作面两端逐渐增大，但并不是对称分布，由于煤层倾角原因，工作面上端头岩层破坏程度大于工作面下端头，故工作面上端头岩层位移范围与工作面下端头相比更广。

图 8-1-15　4 号和 5 号煤层回采后覆岩裂隙

3）煤层群多重开采中关键层对覆岩裂隙分布的影响

在煤层群多重开采中关键层对邻近层的卸压效果存在关键层阻碍作用，表现为关键层位置和厚度的影响，其中关键层位置分为 3 种情况，分别为关键层在 3 号煤层和 4 号煤层之间、关键层在 4 号煤层和 5 号煤层之间及关键层在 5 号煤层和 6 号煤层之间。而关键层厚度也分为 3 种情况，分别为关键层厚度 3m、关键层厚度 6m 和关键层厚度 12m。

（1）不同关键层位置影响的覆岩裂隙分布。

由图 8-1-16 可知，当关键层位于 3 号煤层和 4 号煤层之间时，上邻近 3 号煤层上方岩层离层量较小，贯通裂隙相对较少，上邻近 3 号煤层的竖直位移较小且弯曲变形程度也相对较小，而下邻近 6 号煤层膨胀变形量相对较大，裂隙也相对较多。当关键层位于 4 号煤层和 5 号煤层之间时，上邻近 3 号煤层上方岩层离层量相对变大，贯通裂隙变多，上邻近 3 号煤层的竖直位移量变大且弯曲变形程度也变大，而下邻近 6 号煤层相对膨胀变形量变小。当关键层位于 5 号煤层和 6 号煤层之间时，上邻近 3 号煤层上方岩层离层量进一步变大，上邻近 3 号煤层的竖直位移量达到最大且弯曲变形程度进一步变大，而下邻近 6 号煤层相对膨胀变形几乎没有发生变化。因此，在煤层群多重开采中关键层距离邻近煤层越近，其对邻近煤层的变形效果影响越大；反之，则影响越小。

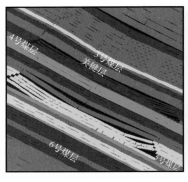 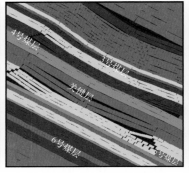 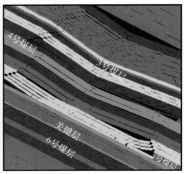

(a) 关键层位于3号煤层和4号煤层之间　　(b) 关键层位于4号煤层和5号煤层之间　　(c) 关键层位于5号煤层和6号煤层之间

图 8-1-16　不同关键层位置覆岩裂隙

（2）不同关键层位置对上邻近 3 号煤层的影响。

不同关键层位置对上邻近 3 号煤层垂直位移的影响如图 8-1-17 所示。当关键层位于 3 号煤层和 4 号煤层之间时，在距模型左边界 86.12m 的位置，竖直位移量开始急剧变化，在距模型左边界 180.6m 的位置，竖直位移量恢复稳定，由于 3 号煤层和 4 号煤层的层间距 ΔH 为 16.85m，因此计算得到 3 号煤层上卸压角为 52.86°，下卸压角为 49.32°。当关键层位于 4 号煤层和 5 号煤层之间时，在距模型左边界 85.28m 的位置，竖直位移量开始急剧变化，在距模型左边界 188.1m 的位置，竖直位移量恢复稳定，因此计算得到 3 号煤层上卸压角为 62.99°，下卸压角为 59.24°。当关键层位于 5 号煤层和 6 号煤层之间时，在距模型左边界 75.25m 的位置，竖直位移量开始急剧变化，在距模型左边界 184.8m 的位置，竖直位移量恢复稳定，计算得到 3 号煤层上卸压角为 72.77°，下卸压角为 68.88°。

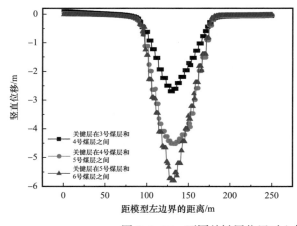 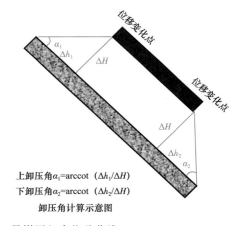

图 8-1-17　不同关键层位置时上邻近 3 号煤层竖直位移曲线

（3）不同关键层位置对下邻近 6 号煤层的影响。

不同关键层位置对下邻近 6 号煤层膨胀变形量的影响如图 8-1-18 所示。

由于 5 号煤层和 6 号煤层的层间距 ΔH 为 21.8m，由图 8-1-18 可知，当关键层位于 3 号煤层和 4 号煤层之间时，可计算得到 6 号煤层上卸压角为 64.68°，下卸压角为

68.23°；当关键层位于 4 号煤层和 5 号煤层之间时，可计算得到 6 号煤层上卸压角为 54.99°，下卸压角为 58.42°；当关键层位于 5 号煤层和 6 号煤层之间时，可计算得到 6 号煤层上卸压角为 44.77°，下卸压角为 48.88°。

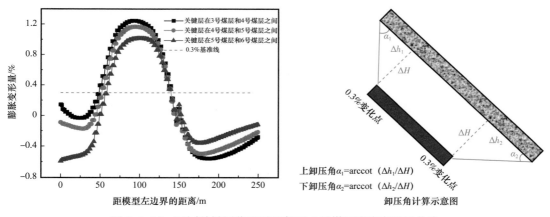

图 8-1-18　不同关键层位置时下邻近 6 号煤层膨胀变形量曲线

2. 多煤组采动影响下卸压效应

针对 1930 煤矿 24312 工作面地质条件，采用可旋转相似模拟试验台及 UDEC 数值模拟软件对煤层群多重开采的卸压特征进行研究（刘应科，2012），并对单层保护开采与多重保护开采的卸压效果进行了分析。

1）顶底板岩层卸压规律

物理模型采用微型土压力盒监测煤层开挖时各煤岩层的应力变化情况。其中，微型土压力盒监测的数据为应变值，其各监测点的压力值可由式（8-1-1）计算得到：

$$p=\mu_\varepsilon K \qquad (8-1-1)$$

式中　p——压力盒压力值，MPa；

　　　μ_ε——压力盒应变值；

　　　K——压力盒率定系数。

将应变仪监测到的应变数据代入式（8-1-1）中，即可计算得到各监测点的压力值。

（1）6 号煤层应力变化。

6 号煤层一共布置了 18 个应力监测点，编号从左至右依次为 M61—M618。其中，编号为 M610、M611、M612、M613、M615、M616 和 M618 的 7 个应力监测点数据不可用，故 6 号煤层共收集得到 11 个可用的应力监测点数据。这 11 个应力监测点数据在工作面推进过程中应力存在两种变化规律。

由图 8-1-19 可以看出：在 4 号煤层开挖过程中，6 号煤层监测点的垂直应力先升高再降低，经历了一次加卸载过程，垂直应力峰值最大达 120kPa；在 5 号煤层开挖过程中，6 号煤层监测点的垂直应力再次经历先升高再降低的加卸载阶段，垂直应力峰值最大达 60kPa。但 6 号煤层不同监测点受到的前后两次加卸载程度不同，6 号煤层的 M61、

M62、M65、M67 和 M68 监测点第一次受到的加卸载强度小于其第二次加卸载强度，而 M614 和 M617 监测点则刚好相反，即第一次受到的加卸载强度大于其第二次加卸载强度。

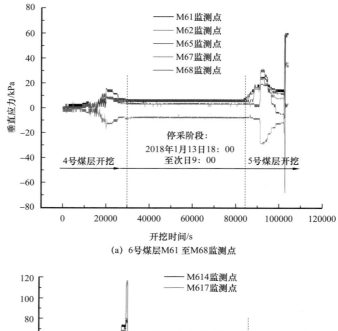

(a) 6号煤层M61至M68监测点

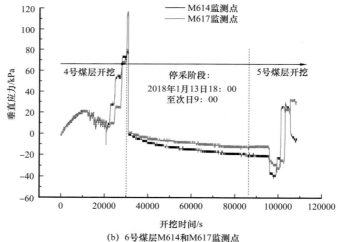

(b) 6号煤层M614和M617监测点

图 8-1-19　6 号煤层监测点垂直应力变化曲线

（2）5 号煤层和 6 号煤层之间的 7m 中砂岩应力变化。

5 号煤层和 6 号煤层之间的 7m 中砂岩一共布置了 9 个应力监测点，编号从左至右依次为 Z11 至 Z19。其中，编号为 Z11 和 Z19 的两个应力监测点数据不可用，故 5 号煤层和 6 号煤层之间的 7m 中砂岩共收集得到 7 个可用的应力监测点数据。这 7 个应力监测点数据在工作面推进过程中应力存在两种变化规律（图 8-1-20）。

在整个模型开挖过程中，5 号煤层和 6 号煤层之间的 7m 中砂岩监测点的垂直应力变化规律与 6 号煤层监测点的垂直应力变化规律一致，具体如下：在 4 号煤层开挖过程中，

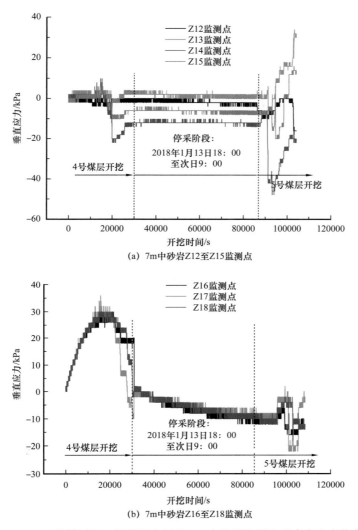

图 8-1-20 5 号煤层和 6 号煤层之间的 7m 中砂岩监测点垂直应力变化曲线

5 号煤层和 6 号煤层之间的 7m 中砂岩监测点的垂直应力先升高再降低，经历了一次加卸载过程，垂直应力峰值最大达 40kPa。而在停采阶段，5 号煤层和 6 号煤层之间的 7m 中砂岩监测点的垂直应力几乎保持不变。在 5 号煤层开挖过程中，5 号煤层和 6 号煤层之间的 7m 中砂岩监测点的垂直应力再次经历先升高再降低的加卸载阶段，垂直应力峰值最大达 35kPa。但 5 号煤层和 6 号煤层之间的 7m 中砂岩不同监测点受到的前后两次加卸载强度不同，5 号煤层和 6 号煤层之间的 7m 中砂岩的 Z12、Z13、Z14 和 Z15 监测点第一次受到的加卸载强度小于其第二次加卸载强度，而 Z16、Z17 和 Z18 监测点则刚好相反，即第一次受到的加卸载强度大于其第二次加卸载强度。此外，第一、第二次加卸载 7m 中砂岩监测点垂直应力峰值均小于 6 号煤层监测点垂直应力峰值，主要原因是 5 号煤层和 6 号煤层之间的 7m 中砂岩与 6 号煤层相比，距离开采层 4 号煤层和 5 号煤层更近，4 号煤层和 5 号煤层开挖后，中砂岩与 6 号煤层相比卸压更加充分，应力集中系数当然更小，因此，第一次和第二次加卸载中砂岩监测点的垂直应力峰值均小于6号煤层。

（3）5号煤层应力变化。

5号煤层一共布置了14个应力监测点，编号从左至右依次为M51—M514。其中，编号为M58、M59、M510、M511和M512的5个应力监测点数据不可用，故5号煤层共收集得到9个可用的应力监测点数据。部分应力监测点数据在工作面推进过程中应力变化规律如图8-1-21所示。

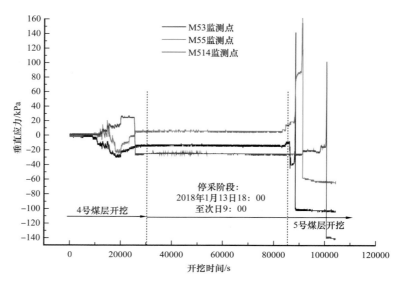

图8-1-21　5号煤层监测点垂直应力变化曲线

在整个模型开挖过程中，5号煤层各监测点的垂直应力变化规律保持一致，具体如下：在4号煤层开挖过程中，5号煤层监测点的垂直应力先升高再降低，经历了一次加卸载过程，垂直应力峰值最大达40kPa。而在停采阶段，5号煤层监测点的垂直应力几乎保持不变。在5号煤层开挖过程中，5号煤层监测点的垂直应力再次经历先升高再降低的加卸载阶段，垂直应力峰值最大达160kPa。此外，5号煤层各监测点第一次受到的加卸载强度小于其第二次加卸载强度。

（4）4号煤层和5号煤层之间8.6m中砂岩应力变化规律。

4号煤层和5号煤层之间8.6m中砂岩一共布置了8个应力监测点，编号从左至右依次为Z21—M28。其中，编号为Z24和Z27的两个应力监测点数据不可用，故4号煤层和5号煤层之间8.6m中砂岩共收集得到6个可用的应力监测点数据。部分应力监测点数据在工作面推进过程中应力变化规律如图8-1-22所示。

在整个模型开挖过程中，4号煤层和5号煤层之间8.6m中砂岩各监测点的垂直应力变化规律保持一致，具体如下：在4号煤层开挖过程中，4号煤层和5号煤层之间8.6m中砂岩监测点的垂直应力先升高再降低，经历了一次加卸载过程，垂直应力峰值最大达45kPa。而在停采阶段，4号煤层和5号煤层之间8.6m中砂岩监测点的垂直应力几乎保持不变。在5号煤层开挖过程中，4号煤层和5号煤层之间8.6m中砂岩监测点的垂直应力再次经历先升高再降低的加卸载阶段，垂直应力峰值最大达 37kPa。此外，4 号煤层和 5 号煤层之间 8.6m 中砂岩各监测点第一次受到的加卸载强度略大于其第二次加卸载强度。

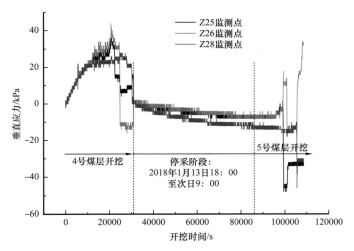

图 8-1-22　4 号煤层和 5 号煤层之间 8.6m 中砂岩监测点垂直应力变化曲线

（5）3 号煤层和 4 号煤层之间 11.7m 粗砂岩应力变化规律。

3 号煤层和 4 号煤层之间 11.7m 粗砂岩一共布置了 8 个应力监测点，编号从左至右依次为 C1—C8。其中，编号为 C2、C7 和 C8 的 3 个应力监测点数据不可用，故 3 号煤层和 4 号煤层之间 11.7m 粗砂岩共收集得到 5 个可用的应力监测点数据。这 5 个应力监测点数据在工作面推进过程中应力存在两种变化规律（图 8-1-23）。

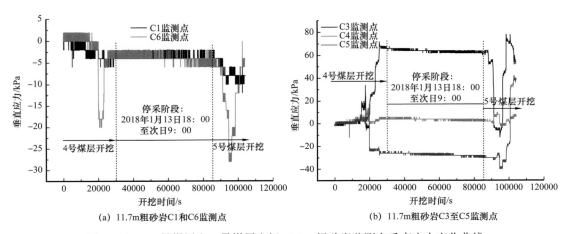

（a）11.7m 粗砂岩 C1 和 C6 监测点　　　　　（b）11.7m 粗砂岩 C3 至 C5 监测点

图 8-1-23　3 号煤层和 4 号煤层之间 11.7m 粗砂岩监测点垂直应力变化曲线

在整个模型开挖过程中，3 号煤层和 4 号煤层之间 11.7m 粗砂岩监测点的垂直应力变化规律有两种情况，具体如下：

① 在 4 号煤层开挖过程中，3 号煤层和 4 号煤层之间 11.7m 粗砂岩中 C1 和 C6 监测点的垂直应力一直降低，即监测点处一直处于卸压状态。在停采阶段，3 号煤层和 4 号煤层之间 11.7m 粗砂岩监测点的垂直应力几乎保持不变。在 5 号煤层开挖过程中，3 号煤层

和 4 号煤层之间 11.7m 粗砂岩监测点再次处于卸压状态，其垂直应力再次一直降低。

② 在 4 号煤层开挖过程中，3 号煤层和 4 号煤层之间 11.7m 粗砂岩中 C3、C4 和 C5 监测点垂直应力先升高再降低，经历了一次加卸载过程，垂直应力峰值最大达 70kPa。在停采阶段，3 号煤层和 4 号煤层之间 11.7m 粗砂岩监测点的垂直应力几乎保持不变。在 5 号煤层开挖过程中，3 号煤层和 4 号煤层之间 11.7m 粗砂岩监测点的垂直应力再次经历先升高再降低的加卸载阶段，垂直应力峰值最大也达 70kPa。这表明 3 号煤层和 4 号煤层之间 11.7m 粗砂岩 C3、C4 和 C5 监测点第一次受到的加卸载强度等于其第二次加卸载强度。

（6）3 号煤层应力变化规律。

3 号煤层一共布置了 8 个应力监测点，编号从左至右依次为 M31—M38。其中，编号为 M35 和 M38 的两个应力监测点数据不可用，故 3 号煤层共收集得到 6 个可用的应力监测点数据。部分应力监测点数据在工作面推进过程中应力变化规律如图 8-1-24 所示。

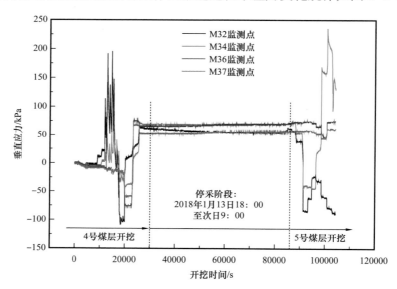

图 8-1-24　3 号煤层监测点垂直应力变化曲线

在整个模型开挖过程中，3 号煤层各监测点的垂直应力变化规律保持一致，具体如下：在 4 号煤层开挖过程中，3 号煤层监测点的垂直应力先升高再降低，经历了一次加卸载过程，垂直应力峰值最大达 200kPa。而在停采阶段，3 号煤层监测点的垂直应力几乎保持不变。在 5 号煤层开挖过程中，3 号煤层监测点的垂直应力再次经历先升高再降低的加卸载阶段，垂直应力峰值最大达 235kPa。此外，3 号煤层各监测点第一次受到的加卸载强度略等于其第二次加卸载强度。

综上所述，煤层群多重保护开采时，距保护层不同距离的煤岩层应力变化规律不同（胡国忠等，2010），最为常见的应力变化规律为煤岩层的重复加卸载状态（图 8-1-20 至图 8-1-24）。但当煤岩层中各监测点的位置不同时，每次受到煤层开采影响的加卸载强度不同，主要存在前次加卸载强度大于后次、前次加卸载强度小于后次和前次加卸载强度约等于后次 3 种情况。另一种煤岩层应力变化规律为煤岩层应力连续卸载 [图 8-1-23 （a）]。以上为煤层群多重保护开采时煤岩层的受力状态，可为后面煤层群保护开采时煤体的不同应力路径渗流试验（魏建平等，2014）的设计提供指导。

2）邻近煤层卸压规律

由图 8-1-25（a）可知，根据应力卸压范围，可计算得到单层保护开采后 3 号煤层的上应力卸压角为 65.45°，下应力卸压角为 62.13°。而多重保护开采后 3 号煤层的上应力卸压角为 72.79°，下应力卸压角为 69.33°。在应力卸压区内单层保护开采下的垂直应力大于多重保护开采，这表明单层保护开采对 3 号煤层的卸压程度不如多重保护开采充分。因此，可以认为多重保护开采对 3 号煤层的卸压范围和卸压程度均比单层保护开采大。

同理，根据图 8-1-25（b）可得单层保护开采后 6 号煤层的上应力卸压角为 57.82°，下应力卸压角为 61.56°。而多重保护开采后 6 号煤层的上应力卸压角为 64.98°，下应力卸压角为 68.42°。此外，在应力卸压区内单层保护开采下的垂直应力大于多重保护开采，这表明单层保护开采对 6 号煤层的卸压程度不如多重保护开采充分。因此，可以认为多重保护开采对 6 号煤层的卸压范围和卸压程度均比单层保护开采大。

对比图 8-1-25（a）和图 8-1-25（b），可以看出，在应力卸压区间内，上邻 3 号煤层的垂直应力均小于下邻 6 号煤层，且 6 号煤层的卸压范围均比 3 号煤层的小。由此可知，煤层开采对上邻煤层的卸压程度和卸压范围均比对下邻煤层的大。

综上所述，多重保护开采对邻近煤层的卸压范围和卸压程度均比单层保护开采大，且煤层开采对上邻煤层的卸压程度和卸压范围均比对下邻煤层的大。

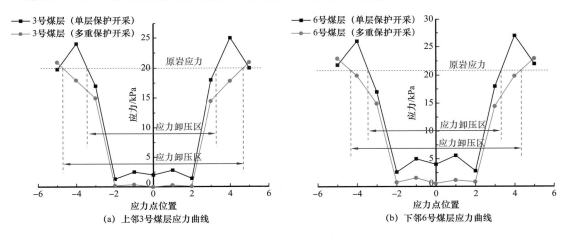

图 8-1-25 煤层群单层保护开采与多重保护开采被保护层的应力曲线

3）邻近煤层膨胀变形规律

由图 8-1-26（a）可知，根据竖直位移变化情况，可计算得到单层保护开采后上邻 3 号煤层的上位移卸压角为 55.38°，下位移卸压角为 52.68°。而多重保护开采后上邻 3 号煤层的上位移卸压角为 62.53°，下位移卸压角为 59.24°。此外，单层保护开采下的上邻 3 号煤层的竖直位移量始终小于多重保护开采，这表明单层保护开采对上邻 3 号煤层的卸压程度不如多重保护开采充分。因此，可以认为多重保护开采对上邻 3 号煤层的卸压范围和卸压程度均比单层保护开采大。同理，根据图 8-1-26（b）可得单层保护开采后下邻 6 号煤层的上位移卸压角为 47.28°，下位移卸压角为 51.69°。而多重保护开采后下邻 6 号煤层的上位移卸压角为 54.56°，下位移卸压角为 58.63°。此外，单层保护开采下下邻 6 号煤层的膨胀变形量始终小于多重保护开采，这表明单层保护开采对下邻 6 号煤层的卸压程度不如多重保护开采充分。因此，可以认为多重保护开采对下邻 6 号煤层的卸压范围和卸压程度均比单层保护开采大。综上所述，多重保护开采对邻近煤层的卸压范围和卸压程度均比单层保护开采大。

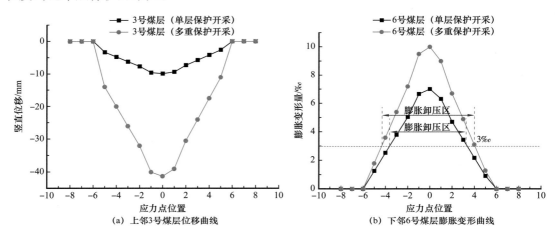

图 8-1-26　单层保护开采与多重保护开采被保护层的竖直位移和膨胀变形曲线

第二节　大倾角多煤组采动卸压煤层气地面井抽采技术

一、大倾角采动区地面井变形破坏力学特征

采动覆岩移动规律的研究表明，采动区地面井在采动影响作用下，其套管将受到岩层内部非均匀水平应力挤压、岩层层间的剪切、复合岩层间的离层拉伸，以及挤压、剪切、拉伸等综合形式的作用（涂敏，2008；刘瑜，2012；孙海涛，2018）。因此，采动条件下的地面井套管的变形、损坏也具有多种形式。

1. 采场覆岩组合岩层运动特性

复合材料是由两种不同性质的材料在宏观尺度上组成的具有新性能的材料，一般复合材料的性能优于组分材料的性能。复合材料在构造形式上分为单层复合材料（单层板）和叠层复合材料（层合板）。对于关键层上部的上覆岩层，由于关键层的支托作用，体现出宏观的变形协调一致性，但由于各层材料的差异，又体现出微观上的各向异性。其特点与复合材料的层合板模型相类似，因此可引入复合材料力学理论研究组合岩层下的运移规律。

在经典弹性力学理论中规定，当板厚（t）与板面内的最小尺寸（b）之比大于 1/5 时，称为厚板；当板厚与板面内的最小尺寸之比小于 1/80 时，称为膜板；当板厚与板面内的最小尺寸之比介于 1/80～1/5 时，称为薄板。苏联 A.A. 鲍里索夫等的研究表明，当 $t/b \leqslant 1/3$ 时，实际上也能使用薄板理论方法。据此，利用复合材料理论中的薄板层合板理论来分析组合岩层运动特性是可行的。

1）组合岩层应力—应变关系

为简化问题，对所研究的层合板做如下限制：

（1）层合板各层之间黏结良好，可视为一整体结构板，且黏结层很薄，其本身不发生变形，即各层之间变形连续。

（2）层合板虽由多层单层板叠合而成，但其总厚度仍符合薄板假定。

（3）层合板变形前垂直于中面的直线段，变形后仍保持直线且垂直于中面。

（4）该线段长度不变，即应变 $\varepsilon_z = 0$。

根据薄板层合板理论，设第 k 层的位移对坐标的偏导数为：

$$K_x = \frac{-\partial^2 w}{\partial x^2}, K_y = \frac{-\partial^2 w}{\partial y^2}, K_{xy} = -2\frac{\partial^2 w}{\partial x \partial y}$$

式中　$\varepsilon_x^0 = \varepsilon_y^0 = \gamma_{xy}^0$ ——中面应变。

第 k 层的应力—应变关系如下：

$$\begin{bmatrix} \sigma_x \\ \sigma_y \\ \tau_{xy} \end{bmatrix}_k = \begin{bmatrix} \bar{Q}_{11} & \bar{Q}_{12} & \bar{Q}_{16} \\ \bar{Q}_{12} & \bar{Q}_{22} & \bar{Q}_{26} \\ \bar{Q}_{16} & \bar{Q}_{26} & \bar{Q}_{66} \end{bmatrix}_k \left\{ \begin{bmatrix} \varepsilon_x^0 \\ \varepsilon_y^0 \\ \gamma_{xy}^0 \end{bmatrix} + z \begin{bmatrix} K_x \\ K_y \\ K_{xy} \end{bmatrix} \right\} \tag{8-2-1}$$

式中　$\bar{Q}_{11}$、$\bar{Q}_{12}$、$\bar{Q}_{16}$、$\bar{Q}_{22}$、$\bar{Q}_{26}$、$\bar{Q}_{66}$——弹性常数；

　　　K_x、K_y——板中面弯曲挠曲率；

　　　K_{xy}——板中面扭曲率；

　　　σ——正应力；

　　　τ——切应力；

　　　ε——正应变；

　　　γ——切应变。

2）组合岩层的弯曲

层合板弯曲问题的研究主要集中在其挠度问题的求解，矩形板受力模型如图 8-2-1 所示。

引入算子：

$$\begin{cases} L_{11}u + L_{12}v + L_{13}w = 0 \\ L_{12}u + L_{22}v + L_{23}w = 0 \\ L_{13}u + L_{23}v + L_{33}w = q \end{cases} \tag{8-2-2}$$

式中　u、v、w——坐标轴 x、y、z 方向的位移。

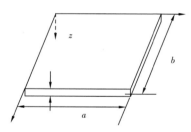

图 8-2-1 矩形板尺寸图

a、b、z——矩形板在坐标轴 x、y、z
方向的尺寸

对于四边简支板，位移函数可取为：

$$u = \sum_{m=1}^{\infty}\sum_{n=1}^{\infty} a_{mn} \cos\frac{m\pi x}{a} \sin\frac{n\pi y}{b}$$

$$v = \sum_{m=1}^{\infty}\sum_{n=1}^{\infty} b_{mn} \sin\frac{m\pi x}{a} \cos\frac{n\pi y}{b} \qquad (8-2-3)$$

$$w = \sum_{m=1}^{\infty}\sum_{n=1}^{\infty} c_{mn} \sin\frac{m\pi x}{a} \sin\frac{n\pi y}{b}$$

将式（8-2-3）代入式（8-2-2）并根据边界条件，即可求得相应的位移。

$$
\left\{
\begin{array}{l}
-\left(A_{11}\dfrac{m^2\pi^2}{a^2} + A_{66}\dfrac{n^2\pi^2}{b^2}\right)a_{mn} - \left(A_{12}+A_{66}\right)\dfrac{mn\pi^2}{ab}b_{mn} + \left[B_{11}\dfrac{m^3\pi^3}{a^3} + \left(B_{12}+2B_{66}\right)\dfrac{mn^2\pi^3}{ab^2}\right]c_{mn} = 0 \\[4mm]
-\left(A_{12}+A_{66}\right)\dfrac{mn\pi^2}{ab}a_{mn} - \left(A_{66}\dfrac{m^2\pi^2}{a^2} + A_{11}\dfrac{n^2\pi^2}{b^2}\right)b_{mn} + \left[\left(B_{12}+2B_{66}\right)\dfrac{m^2n\pi^3}{a^2b} + B_{11}\dfrac{n^3\pi^3}{b^3}\right]c_{mn} = 0 \\[4mm]
-\left[B_{11}\dfrac{m^3\pi^3}{a^3} + \left(B_{12}+2B_{66}\right)\dfrac{mn^2\pi^3}{ab^2}\right]a_{mn} - \left[\left(B_{12}+2B_{66}\right)\dfrac{m^2n\pi^3}{a^2b} + B_{11}\dfrac{n^3\pi^3}{b^3}\right]b_{mn} + \\[4mm]
\qquad \left[D_{11}\dfrac{m^4\pi^4}{a^4} + 2\left(D_{12}+2D_{66}\right)\dfrac{m^2n^2\pi^4}{a^2b^2} + D_{11}\dfrac{n^4\pi^4}{b^4}\right]c_{mn} = \dfrac{16q}{\pi^2 mn} = Q
\end{array}
\right.
$$

令

$$
\begin{bmatrix}
-\left(A_{11}\dfrac{m^2\pi^2}{a^2} + A_{66}\dfrac{n^2\pi^2}{b^2}\right) & -\left(A_{12}+A_{66}\right)\dfrac{mn\pi^2}{ab} & B_{11}\dfrac{m^3\pi^3}{a^3} + \left(B_{12}+2B_{66}\right)\dfrac{mn^2\pi^3}{ab^2} \\[4mm]
-\left(A_{12}+A_{66}\right)\dfrac{mn\pi^2}{ab} & -\left(A_{66}\dfrac{m^2\pi^2}{a^2} + A_{11}\dfrac{n^2\pi^2}{b^2}\right) & \left(B_{12}+2B_{66}\right)\dfrac{m^2n\pi^3}{a^2b} + B_{11}\dfrac{n^3\pi^3}{b^3} \\[4mm]
-\left(B_{11}\dfrac{m^3\pi^3}{a^3} + \left(B_{12}+2B_{66}\right)\dfrac{mn^2\pi^3}{ab^2}\right) & -\left(\left(B_{12}+2B_{66}\right)\dfrac{m^2n\pi^3}{a^2b} + B_{11}\dfrac{n^3\pi^3}{b^3}\right) & D_{11}\dfrac{m^4\pi^4}{a^4} + 2\left(D_{12}+2D_{66}\right)\dfrac{m^2n^2\pi^4}{a^2b^2} + D_{11}\dfrac{n^4\pi^4}{b^4}
\end{bmatrix}
=
$$

$$
\begin{bmatrix}
f_{11} & f_{12} & f_{13} \\
f_{12} & f_{22} & f_{23} \\
f_{13} & f_{23} & f_{33}
\end{bmatrix}
$$

则

$$
\begin{aligned}
a_{mn} &= \frac{Q\left(f_{12}f_{23}-f_{13}f_{22}\right)}{f_{33}f_{11}f_{22}-f_{33}f_{12}f_{21}-f_{13}f_{22}f_{31}-f_{23}f_{11}f_{32}+2f_{12}f_{23}f_{13}} \\[3mm]
b_{mn} &= \frac{-Q\left(f_{11}f_{23}-f_{12}f_{13}\right)}{f_{33}f_{11}f_{22}-f_{33}f_{12}f_{21}-f_{13}f_{22}f_{31}-f_{23}f_{11}f_{32}+2f_{12}f_{23}f_{13}} \qquad (8-2-4)\\[3mm]
c_{mn} &= \frac{Q\left(f_{22}f_{11}-f_{12}^2\right)}{f_{33}f_{11}f_{22}-f_{33}f_{12}f_{21}-f_{13}f_{22}f_{31}-f_{23}f_{11}f_{32}+2f_{12}f_{23}f_{13}}
\end{aligned}
$$

某点 A 在 x 方向位移为 $u_A = u - z\dfrac{\partial w}{\partial x}$，$y$ 方向位移为 $v_A = v - z\dfrac{\partial w}{\partial y}$，至此即求得了层合板 3 个方向上的位移。将 a_{mn}、b_{mn} 与 c_{mn} 代入式（8-2-3）得：

$$u = \sum_{m=1}^{\infty} \sum_{n=1}^{\infty} \left[\frac{Q(f_{12}f_{23} - f_{13}f_{22})}{f_{33}f_{11}f_{22} - f_{33}f_{12}f_{21} - f_{13}f_{22}f_{31} - f_{23}f_{11}f_{32} + 2f_{12}f_{23}f_{13}} - z \right] \cos\frac{m\pi x}{a} \sin\frac{n\pi y}{b}$$

$$v = \sum_{m=1}^{\infty} \sum_{n=1}^{\infty} \left[\frac{-Q(f_{11}f_{23} - f_{12}f_{13})}{f_{33}f_{11}f_{22} - f_{33}f_{12}f_{21} - f_{13}f_{22}f_{31} - f_{23}f_{11}f_{32} + 2f_{12}f_{23}f_{13}} - z \right] \sin\frac{m\pi x}{a} \cos\frac{n\pi y}{b} \quad (8\text{-}2\text{-}5)$$

$$w = \sum_{m=1}^{\infty} \sum_{n=1}^{\infty} \left[\frac{Q(f_{22}f_{11} - f_{12}^2)}{f_{33}f_{11}f_{22} - f_{33}f_{12}f_{21} - f_{13}f_{22}f_{31} - f_{23}f_{11}f_{32} + 2f_{12}f_{23}f_{13}} \right] \sin\frac{m\pi x}{a} \sin\frac{n\pi y}{b}$$

对于关键层上部的上覆岩层，由于关键层的支托作用，体现出变形协调一致的形变规律，因此在纵向上相互黏结，但又由于各层材料的差异性，体现出材料的不均匀性或称为纵向上的各向异性。基于此建立了层合板覆岩模型，并就层合板的弯曲问题进行了求解。层合板相对于普通薄板来讲，可考虑因层与层相互黏结所产生的耦合效应，如剪切与拉伸、拉伸与弯曲、剪切与扭转、拉伸与扭转、剪切与弯曲及扭转与弯曲等耦合因素对层合板弯曲的影响。

2. 采动条件下地面井套管损坏模式

实际生产过程中，由于载荷形式的因素不同，套管损坏的机理不同（孙海涛，2008）。从采动条件下覆岩位移、应力的规律来分析，采动条件下地面井套管损坏形式可以分为：岩层内部非均匀水平应力的套管挤压损坏，复合岩层间的离层拉伸套管损坏，岩层间的套管剪切损坏，以及套管受挤压、拉伸、剪切等的综合损坏（薛志亮，2017）。

从采动区覆岩内部纵向方向的应力变化规律来看，地面井套管损坏的高危位置主要发生在两个部位：一是关键层之间的交界面；二是上下岩层力学性质差异大的两岩层交界面。

复合岩层的应力与形变规律表明，采动区地面井套管变形破坏模式大体分为以下几大类型：

（1）在某一复合岩层内部存在的非均匀水平应力，使得套管在采动影响下具有发生非均匀外载荷下的挤压变形甚至破坏的危险。

（2）由于地层的非均匀性和岩层的弯曲作用，岩层接触面上产生层间剪应力，当剪应力超过界面黏结力后，将发生层间滑移，同时对套管也将产生直剪作用，若套管的抗剪强度大于层间滑移所产生的剪应力，其不发生剪切变形，反之则变形直至破坏。

（3）在主关键层与亚关键层或亚关键层与亚关键层之间存在离层现象，离层前同一坐标的点在离层后，纵向出现分离，横向出现水平滑动，使得在工作面中心位置的套管在离层发生后将承受纵向上的拉伸作用，使得在离层区域位置非工作面中心处的套管在岩层离层后将同时承受纵向上的拉伸和横向上的剪切等综合作用。

采动条件下地面井套管的各种破坏模式如图8-2-2所示。

3. 采动条件下地面井套管受力分析

1）非均载荷挤压损坏力学模型

影响采动区地面井套管损坏的主要原因包括地质因素和工程因素。地质因素主要是由于地层的非均匀性、地层的断层活动等。工程因素主要是采掘活动诱发的底层弯曲、离层及滑动、套管的材质、固井的质量以及射孔或割缝对套管强度的削减等。

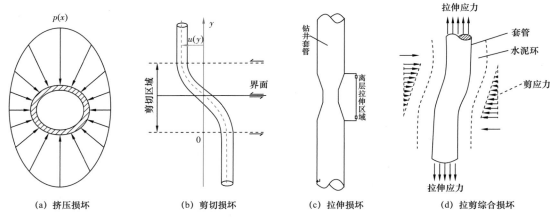

(a) 挤压损坏   (b) 剪切损坏   (c) 拉伸损坏   (d) 拉剪综合损坏

图8-2-2　采动区地面井套管损坏模式

由于这些因素对套管作用载荷的加剧或这些因素载荷叠加的结果，超过了套管在地层条件下的承载能力而导致套管损坏。在实际生产过程中，由于载荷形式的因素不同，套管损坏的机理不同。从损坏力学原因上，分为挤压、拉伸和剪切等；从损坏形式上，分为错段、缩颈和变形等（和心顺等，1989）。无论是地质因素还是工程因素或两者的综合作用，只要外力超过了套管的承载能力，套管就会损坏。由于地层的非均质性、地质区块的差异及采掘活动造成的覆岩变形，岩层内的水平地应力在同一水平上的不同方向表现出差异性，使得套管承受非均匀载荷。在非均匀载荷下，套管承受的最大载荷迅速降低。

套管周边分布的非均匀载荷近似表现为椭圆形式，其分布规律可表示为：

$$\sigma_n = \sigma + s\cos 2\theta \tag{8-2-6}$$

式中　σ_n——套管所受径向外载荷；

θ——与水平最大压应力的夹角；

σ、s——与地层性质、地层含水及地应力大小相关的折算外载荷。

管壁的应力分布按照弹性力学理论计算，一般来说，套管壁内的应力分量 σ_r、σ_θ 和 τ 是套管半径和径向角 θ 的函数。由式（8-2-7）所示的非均匀载荷可分别由 σ 和 $s\cos 2\theta$ 作用下的叠加结果而得，即

$$\begin{aligned}
\sigma_r &= \sigma_{r1} + \sigma_{r2} \\
\sigma_\theta &= \sigma_{\theta 1} + \sigma_{\theta 2} \\
\tau &= \tau_1 + \tau_2
\end{aligned} \tag{8-2-7}$$

式中　σ_{r1}、$\sigma_{\theta 1}$、τ_1——σ 作用下的应力分量；

σ_{r2}、$\sigma_{\theta 2}$、τ_2——$s\cos 2\theta$ 作用下的应力分量。

对于均匀载荷 σ 作用下的套管，其应力分量可由弹性理论的拉梅公式得到：

$$\sigma_{r1} = \frac{1}{1-K^2}\left[-\left(1-\frac{a^2}{r^2}\right)\right]\sigma$$

$$\sigma_{\theta1} = \frac{1}{1-K^2}\left[-\left(1+\frac{a^2}{r^2}\right)\right]\sigma \qquad (8-2-8)$$

$$\tau_1 = 0$$

$$K = a/b$$

式中　a、b——套管内、外半径。

对于分布为 $s\cos2\theta$ 作用下的应力分量，由弹性力学可知，σ_{r2}、$\sigma_{\theta2}$ 和 τ_2 为应力函数 φ 的导函数，其表达式为：

$$\sigma_{r2} = \frac{1}{r}\frac{\partial\varphi}{\partial r} + \frac{1}{r^2}\frac{\partial^2\varphi}{\partial\theta^2}$$

$$\sigma_{\theta2} = \frac{\partial^2\varphi}{\partial r^2} \qquad (8-2-9)$$

$$\tau_2 = -\frac{1}{r}\frac{\partial^2\varphi}{\partial r\partial\theta} + \frac{1}{r^2}\frac{\partial\varphi}{\partial\theta}$$

因此，套管在非均匀载荷情况下，其应力分布可表示为：

$$\sigma_r = \frac{1}{1-K^2}\left[-\left(1-\frac{a^2}{r^2}\right)\right]\sigma - \left(2B + 4\frac{C}{r^2} + 6\frac{D}{r^4}\right)\cos2\theta$$

$$\sigma_\theta = \frac{1}{1-K^2}\left[-\left(1+\frac{a^2}{r^2}\right)\right]\sigma + \left(2B + 12Ar^2 + 6\frac{D}{r^4}\right)\cos2\theta \qquad (8-2-10)$$

$$\tau = \left(6Ar^2 + 2B - 2\frac{C}{r^2} - 6\frac{D}{r^4}\right)\sin2\theta$$

如图 8-2-3 所示的非均匀外载荷，引起套管损坏的形式有弹性失稳破坏和材料塑性屈服破坏。当套管的径厚比大于 32 时，会发生弹性失稳破坏。但对于目前所用的套管，其径厚比都为 10~25，因此只需考虑塑性屈服破坏。

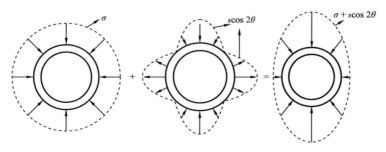

图 8-2-3　非均匀外载荷的叠加模型

应用基于第四强度理论的 Miss 屈服准则判断套管的屈服强度，即套管上任意一点满足屈服条件，即认为套管发生塑性破坏。若某点满足式（8-2-10），则首先发生屈服，假设其中一个主应力是轴向应力（假设是 σ_3），因前面假设此问题是平面应变，则轴向应变

图 39 新疆准噶尔盆地南缘煤层气资源与勘查开发技术

为零。设 $\mu=0.3$，将式（8-2-9）代入式（8-2-8）并泰勒展开得：

$$\left|\sigma_1 - \sigma_2\right| = 1.13\sigma_s\left(1 - 0.08\frac{\sigma_1\sigma_2}{\sigma_s^2} + \cdots\right) \qquad （8-2-11）$$

式中　σ_s——屈服应力。

套管首先在 $r=a$、$\theta=0°$ 或 $\theta=90°$ 处屈服，由式（8-1-10）可知：

$$\left.\sigma_r\right|_{\substack{r=a\\\theta=0}} = -\left(2B + 4\frac{C}{r^2} + 6\frac{D}{r^4}\right)$$

$$\left.\sigma_\theta\right|_{\substack{r=a\\\theta=0}} = \frac{-2\sigma}{1-K^2} + \left(2B + 12Ar^2 + 6\frac{D}{r^4}\right) \qquad （8-2-12）$$

对于以上假设，屈服首先发生在套管壁上的对称点处，这些点的一个主应力近似等于 σ_s，其他两个主应力相对来说很小。因此，当套管满足式（8-2-13）条件时套管出现屈服。

$$\left|\sigma_r - \sigma_\theta\right| > 1.13\sigma_s \qquad （8-2-13）$$

2）层间剪切损坏力学模型

前面在分析过程中忽略了层间应力，但层间应力是实际存在的，特别是对于钻井套管的剪破坏分析，这种层间剪应力是不可忽略的。从工程角度来讲，对于层间剪应力，可近似通过相邻岩层的水平应力求得。基于形变协调假设，在关键层内部各覆岩层的弯曲挠度值一致，又有其物理力学参数的差异，在形变协调一致的条件下，覆岩内部应力不协调，在层与层之间存在跳跃，如图 8-2-4 所示。应力值的跳跃势必在层界面位置处产生剪应力，当其达到或超过界面黏结力后，将发生层间滑移，同时对套管也将产生直剪作用（孙海涛等，2013）。为此有必要对层间应力跳跃产生的剪应力进行分析，为套管强度的安全设计提供理论依据。

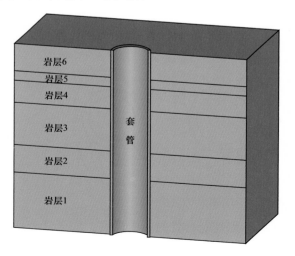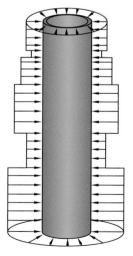

图 8-2-4　覆岩内部套管受力示意图

对于黏结性良好的两层岩石，在其产生错动前，其剪应力 τ_i 可通过相邻两岩层在两个水平方向上的应力差求得，即

$$\tau_i = \sqrt{\left[(\sigma_x)_i - (\sigma_x)_{i-1}\right]^2 + \left[(\sigma_y)_i - (\sigma_y)_{i-1}\right]^2} \qquad (8\text{-}2\text{-}14)$$

式中　$(\sigma_x)_i$、$(\sigma_x)_{i-1}$——相邻两层在 x 方向的水平应力，MPa；

　　　　$(\sigma_y)_i$、$(\sigma_y)_{i-1}$——相邻两层在 y 方向的水平应力，MPa。

研究接触面破坏问题中的一个重要内容就是建立强度理论。一般情况下，强度理论应包括破坏机理、破坏准则和相应的岩性参数 3 方面内容。岩层间的移动有纵向拉伸和横向滑移两种。纵向拉伸使得岩层之间产生离层空间，而横向滑移使得岩层产生错动。对于岩层间的错动，一般认为是当剪应力增加值超过层面上（或软弱夹层的接触面上）的黏结力和摩擦阻力所允许的限度时，层面或软弱夹层的接触面即被剪坏，岩层间的滑动随即发生。莫尔－库仑准则可描述岩层间出现剪切破坏瞬间的应力关系式。因此，只要知道接触面上的黏结力、内摩擦角和压应力，就可求得岩层错动的条件。

对于钻井套管而言，若其自身的抗剪能力能抵抗住岩层间的水平滑动，则套管不会发生剪切破坏，反之发生剪切破坏，即抗剪强度 $Q_{套管}$ 大于岩层滑动时所需的剪应力，套管不发生破坏，反之发生剪切破坏，可用式（8-2-15）表示：

$$\begin{cases} Q_{套管} \geq C_i + (\sigma_n)_i \tan\varphi_i & 套管不破坏 \\ Q_{套管} < C_i + (\sigma_n)_i \tan\varphi_i & 套管破坏 \end{cases} \qquad (8\text{-}2\text{-}15)$$

式中　$Q_{套管}$——套管的抗剪强度，MPa；

　　　　C_i——接触面或层面的黏结力，MPa；

　　　　φ_i——接触面或层面的内摩擦角，（°）；

　　　　$(\sigma_n)_i$——接触面或层面上的压应力，MPa。

因此，在套管的选型上，只要其抗剪强度大于岩层滑动所需的剪应力即可。

3）离层拉伸损坏力学模型

煤层覆岩由于采动影响，发生弯曲形变，并在关键层下方发生离层，地面井套管在该区域将承受拉伸变形作用。采动区地面井施工时，套管外侧一般用固井水泥进行固井。当离层发生后，套管在该区域的可能破坏形式主要有：（1）套管被拉断；（2）套管从套管与水泥环界面处脱出；（3）套管与水泥环从水泥环与岩体界面脱出。第一种破坏形式主要是在离层位置的上下方，套管与水泥环和岩层的摩阻力足够大不发生滑移，而套管的抗拉强度不足在离层位置处套管被拉断；第二种破坏形式主要是固井段砂浆对套管没有足够的握裹力或黏结力，而水泥环与岩层在受拉时始终共同工作，岩层垮落时岩层和水泥环沿着套管滑移；第三种破坏形式，主要是地层对套管及水泥环的极限摩阻力不够所造成，岩层垮落时岩层沿着套管和水泥环滑移。

从套管的破坏形式及影响因素分析可知，套管的承载力 T_u 主要由套管的极限拉力 T_g、套管与水泥环直径的极限握裹力 T_1、水泥环与岩体之间的极限抗拔力 T_2 三者确定。

套管的极限拉力 T_g 可由式（8-2-16）表示：

$$T_g = \sigma_g A = \pi \sigma_g \left(R_w^2 - R_n^2 \right) \qquad （8-2-16）$$

式中　　σ_g——套管的极限拉力，kPa；

R_w、R_n——套管外径、内径。

由上文的计算可知，套管在水平方向上受到不均匀的挤压力作用，而其与水泥环间的握裹力与挤压力和固井水泥的黏结力有关，因此在不同位置处握裹力具有不同的数值。这里为了简化计算，认为套管每一位置处的握裹力相同，因此固井段的水泥环对套管的极限握裹力可表示为：

$$T_1 = 2\pi R_w L_e f_g \qquad （8-2-17）$$

式中　　L_e——固井段的最小长度；

f_g——水泥环对套管的平均握裹力，根据现有的试验材料，平均握裹力值一般可取固井水泥标准抗压强度的 1/10～1/5。

水泥环与岩体间的极限抗拔力可表示为：

$$T_2 = \int_0^{2\pi} R_w \theta L_e f_{(\sigma_r, \theta)} \mathrm{d}\theta \qquad （8-2-18）$$

其中：
$$f_{(\sigma_r, \theta)} = c + \sigma_r \tan\varphi$$

式中　　$f_{(\sigma_r, \theta)}$——固井段周边的剪应力。

如果套管的承载力 $T_g < T_u < \min（T_1, T_2）$，套管无法挣脱水泥环与岩层对其的束缚力，其将在达到塑性极限变形后发生破断。具体过程为弹性缩径阶段—塑性流动阶段—破断。

若承载力的组合形式表现为 $T_1 < T_u < T_2 < T_g$，套管将在离层区域达到一定程度后，其承载力使其摆脱了水泥环对其的握裹力，在水泥环中滑动拔出。

若应力组合表现为 $T_2 < T_u < T_1 < T_g$，则套管与水泥环表现为一整体结构，表现为第三种破坏形式，即水泥环与岩体间发生滑动。

对于第二种与第三种破坏形式，套管的形变仅为弹性变形，其变形量为 $\dfrac{T_u L_e}{E}$。

二、地面井井位选择及结构优化

煤炭开采后，上覆岩层不可避免地发生移动、旋转及下沉，采动区煤层气地面井受此影响将发生一定程度的变形破坏。而覆岩移动、旋转及下沉过程中，各岩层所受应力作用或变形不相同。避开应力集中区或变形强烈区（侯金玲，2017），选择受应力小或变形小的区域布井，便能较好地保护地面井套管的变形破坏，但采动区地面井布置的目的是抽采瓦斯，还需考虑抽采瓦斯的效果（刘蒙蒙，2012；曹运兴等，2018b）。因此，提出第一个技术理念：用"避"的理论，分析地面井结构稳定性最好且抽采效果好的区域，确定地面井的井位。

确定了采动区地面井瓦斯抽采井的井位后，设计地面井的井身结构，提出4个地面井结构设计的技术理念：用"抗"的理念，完善地面井结构，提高井身抗破坏能力；用"让"的理念，完善局部固井技术，"让"出岩层水平移动量；用"防"的理念，开发局部安全防护装置，包括偏转结构、伸缩结构、厚壁刚性结构等；用"疏"的理念，研发悬挂完井技术，解决三开筛管段泥沙堵孔难题。通过上述技术理念的掌握，形成一套成熟的采动区地面井瓦斯抽采技术。

采动区地面井的合理井位部署需考虑两个方面的影响因素：一方面，钻井所在工作面的位置受采动影响发生层间剪切、离层拉伸及拉剪综合作用小，利于采动后期钻井本身结构的稳定；另一方面，需要考虑地面井所在位置采动后煤层气的聚集，利于抽采到高浓度煤层气。

前文分析表明，充分采动时采场上覆岩层的挠曲线总体呈抛物线型，在板梁固定端附近呈上凸形，在板梁中点附近呈下凹形，如图8-2-5所示，其中w_{max}代表上覆岩层最大下沉，横坐标代表采场位置，L表示等效岩梁长度。

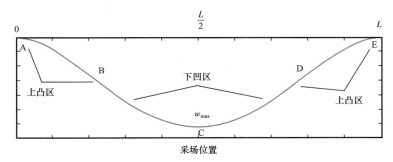

图8-2-5 等效岩梁的挠曲线分布

对于岩层本身发生的变形，设岩梁结构满足线弹性关系$\sigma = E\varepsilon$，由等效岩板梁结构横截面正应力可得：

$$\begin{cases} \varepsilon = -\dfrac{2\pi w_0}{r_Y^3} y(x - r_Y) e^{-\pi \frac{(x-r_Y)^2}{r_Y^2}} & \text{半无限开采} \\[4mm] \varepsilon^\circ = -\dfrac{2\pi w_0}{r_Y^3} y\left[(x - r_Y) e^{-\pi \frac{(x-r_Y)^2}{r_Y^2}} - (x - r_Y - l) e^{-\pi \frac{(x-r_Y-l)^2}{r_Y^2}} \right] & \text{有限开采} \end{cases}$$

（8-2-19）

式中 w_0——等效层合板梁所在岩层的最大沉降位移，其与岩层性质、回采工艺等有关；

r_Y——取岩层上表面的埋深为基准埋深。

岩层变形分布曲线关于层合板梁中点呈对称分布状态，在由拐点向梁固定端约$0.4r_v$附近变形达到最大值。充分开采时，层合板梁结构沿中性面的变形分布曲线如图8-2-6所示，其中ε代表应变值。

通过对岩层变形特征分析，可以选出"避"开变形强烈的区域部署，从而更能保障地面井结构的稳定性。

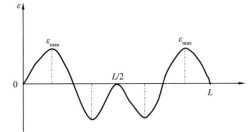

图8-2-6 充分开采时岩层变形分布曲线（位移体现正负值）

1. 基于"避"的井位部署原则

通过模拟大倾角煤矿井下开挖的相似模拟试验，得出走向覆岩应力拱形及垮落态特征，如图8-2-7所示。

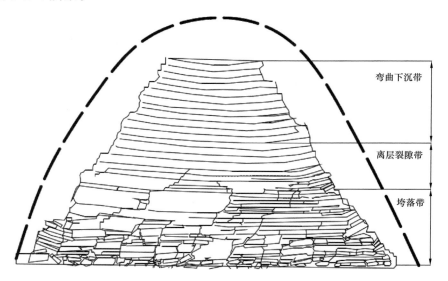

弯曲下沉带

离层裂隙带

垮落带

图8-2-7　走向覆岩应力拱形及垮落态特征

从图8-2-7的裂隙形态可以看出，大倾角煤层群开采时，由于受到采动影响的次数和程度不尽相同，导致采空区垮落岩体（石）在工作面倾斜方向上的破碎程度不同，一般为上部较为破碎，中部和下部次之。在多区段开采时，表现为上区段较为破碎，下区段次之。此外，在垂直工作面倾斜方向上，处于上方煤层层位的垮落岩层较为破碎，下方煤层层位的岩层次之（黄华州，2010），处于上方煤层之上的较高位岩层完整性或垮落规则性较好；同时，多煤层多区段开采导致破断岩层下沉。

基于上述分析，采动区地面井应部署在地表沉降拐点连线偏向上山方向的一定区域，在内外椭抛面之间的区域内，且位于工作面回风巷侧。

在回避矿区广泛分布的陷落柱的前提下，选择综合安全系数最高的区域进行布井（刘军，2013），尽量避开因大采高引起覆岩剧烈沉降的区域，当回采工作面推进到钻井位置前后一倍采动影响半径范围内时，应加速通过该区域，以降低回采工作期间的剧烈扰动。

对采动覆岩移动理论模型和地表移动监测数据的分析表明，采动工作面走向中线位置附近部署的地面井在关键层部位受离层拉伸作用最为严重，存在被拉断的可能（孙学阳，2010）；而工作面拐点附近，地面井套管剪切位移最小，较为合适布井。

因此，在进行采动区地面井井位部署时主要遵循如下原则：

（1）地面井的施工布井应综合考虑采场岩层移动下地面井套管发生剪切破坏、离层拉伸破坏的影响和钻井煤层气抽采效果等综合因素，应该在分析采场岩层移动规律和地面井抽采效率的基础上进行。

（2）在采场倾向上，当地面井的变形破坏以剪切破坏为主时，根据地面井剪切变形破坏的空间分布规律，宜将钻井部署在采场沉降拐点连线偏向上山方向的一定区域；当地面井的变形破坏以离层拉伸破坏为主时，根据地面井离层拉伸变形破坏的空间分布规律，宜将钻井部署在靠近采场两边的位置；避开在采场中心线施工安全系数最低值点附近施工地面井，在位移场中线上侧靠近采场边界施工。

（3）在采场走向上，随着回采工作面的推进，地面井套管位移将逐步增大，但回采工作面开切眼和停采线附近的地面井套管也是损坏高发区，因而，应将地面井位置尽可能避开沉降拐点与开切眼和停采线之间的区域，而偏向采场内部。

（4）综合考虑各因素时，大倾角煤层地面井井位安全度分布较高的区域为完全充填区沿上山方向边界处，避开在采场中心线施工安全系数最低值点，在位移场中线上侧靠近采场边界施工。

2. 采动区地面井井身结构优化

地面井井身结构的设计包括钻井开井次数、钻头规格、套管结构及规格、固井水泥返高等（吴晶晶等，2014；段新胜等，1999）。因此，采动区地面井井身结构的优化主要是针对开井次数、钻头规格等进行合理组合（施莉，2012），使得地面井虽受采动影响，但其完整性和套管有效抽采截面积仍保持较好的状态，使采动区地面井的有效抽采时间得以延长，甚至能够持续抽采。

1）优化的井身结构

根据前面的理论分析及试验研究表明，采动区的地面井应具有如下优化的井身结构：

（1）采动区地面井开井次数一般为二开或三开。若采动区地面井为三开钻井：一开钻进至基岩面以下10m位置，并下表层套管和固井，其主要目的是防止钻进过程中钻孔塌孔；二开钻进是形成抽采煤层气的流通通道，这是地面井最为主要的部分，二开钻进至煤层顶板以上30~50m的层位，之后下入套管并固井；三开主要为煤层气从煤体进入抽采套管的通道，一般采用筛管，不固井（图8-2-8）。若采动区地面井为二开钻井：一开钻进至基岩面以下10m位置，并下表层套管和固井，其主要目的是防止钻进过程中钻孔塌孔；二开钻进至煤层顶板以上10~50m层位，二开下套管时靠近孔底部分40m套管割缝，二开在靠近孔口段进行固井，其他位置不固井。

（2）开井钻头规格。在条件允许的情况下选用大直径组合钻头进行各次开井，其目的是给采动影响变形留有较大的变形空间（张永勤等，2001）。

（3）套管规格。对同等直径的石油套管来说，为尽可能降低套管受采动影响，一般选用强度高、套管壁厚较大的石油套管。

（4）固井方式。若采动区地面井为三次开井，其一开和二开的固井水泥均返至地表；若采动地面井为二次开井，其一开固井水泥返至地表，二开靠近地表段固井，使固井水泥返至地表，二开靠近孔底段不固井。

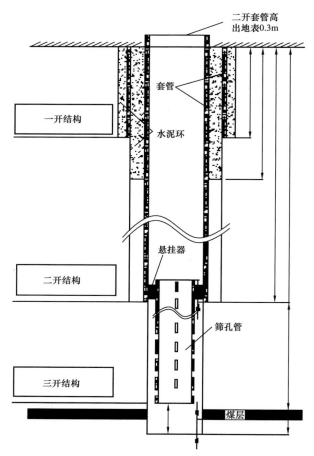

图 8-2-8 地面井局部固井技术

2）技术理念及方法

通过对钻井变形破坏特征进行分析，结合采动区瓦斯地面井的特点，一般采用三开的井身结构，设计一开位于基岩下 15～20m，二开位于采场裂隙带上边缘，三开穿透煤层 5～15m。在高危位置处安设安全防护装置，以下对地面井井身结构设计中的技术理念及方法进行阐述。

（1）基于"抗"的结构优化技术。

目前，国内煤矿区地面井深度一般不大于 1000m，其局部地应力不超过 40MPa，而高强度（J55 钢级及以上）的标准油井套管屈服强度普遍高于 379MPa，因此，可以通过使用高强度油井套管提高井身结构的抗破坏能力，降低地面井的破坏失效可能性（左龙飞，2019；杜坤，2019）。

研究可知，在均布地应力条件下，水泥环的存在可使套管压力减小，也可使之增大。在材料差异系数或水泥环厚度不是很小的情况下，水泥环的存在对钻井套管压力的影响主要取决于水泥环弹性模量（E）、套管弹性模量（E_c）、地层弹性模量（E_s）三者的相互关系。其中，套管弹性模量和地层弹性模量相对稳定，因此可以通过改变水泥环弹性模量参数来改变水泥环的存在对钻井套管压力的影响。

基于上述分析，提出了"抗"理念的井身结构优化设计技术：

① 地面井的生产套管宜使用高强度厚壁的标准油井套管管材，一般情况下宜使用 N80 以上钢级且壁厚不低于 10mm 的管材。

② 优化护井水泥环的成分及厚度，保证其对井身套管压力的正增益，一般情况下使用 G 级高强度水泥固井，水泥环厚度约 40mm。

（2）基于"让"的局部固井技术。

常规的原始煤层地面井压裂增透技术采用全井段固井的办法，由于原始煤层覆岩的岩移量很小，一般不太会对地面井井身产生破坏。而采动区瓦斯地面井要经历工作面回采过程，岩层移动变形对地面井的影响巨大（郭洪涛，2015）。尽管地面井套管的刚度、强度比岩层大（王洪亮，2014），但采场覆岩层的厚度（一般采深 200～900m）决定覆岩水平应力作用非常强，因此，设计大直径井身结构增加地面井的有效通径，同时利用局部固井工艺给地面井下部岩层移动较强烈的区域"让"出一定的变形空间，无疑是一种较好的方法。

通过对覆岩的分析，提出了基于"让"理念的局部固井措施，如图 8-2-9 所示。

采用的局部措施如下：

① 分析覆岩的岩性特征，将固井位置终点部署在岩性强度中等的覆岩中，深度范围大于一开深度，小于二开深度的 1/3。

② 在下二开套管时，在套管上的设定位置上安设 4～5 个水泥伞并缠绕干海带，在下管后，把碎海带等发泡材料倒入二开环空空间，再倒入一定量的干水泥灰和水。

③ 待海带膨胀和水泥凝固后，再从地表向二开环空内灌入水泥浆进行固井。

④ 候凝后，局部固井完成。

二开下部的环空可作为覆岩水平移动的空间余量，此方法对缓解地面井变形破坏具有较好的效果。

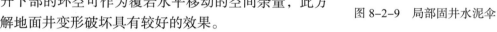

图 8-2-9　局部固井水泥伞

（3）基于"防"的防护技术。

通过分析采场覆岩的结构特征发现：采场上覆岩层的运动形式主要有层间剪切滑移，受两相邻岩层相对滑移特性的影响，两岩层界面处钻井易发生剪切变形破坏；随着煤层的回采，采场上覆岩层中关键层（或组合关键层）下往往发生明显的离层位移；在层合板内，钻井套管易发生非均匀挤压变形，井身结构变形破坏很可能是两种或三种形式综合作用下发生破坏。

基于采场覆岩移动规律分析，对以上 3 种覆岩移动对地面井的变形破坏进行安全防护，开发了 3 种采动区地面井井身结构防护装置。

① 防剪切破坏装置。

防止地面井套管受采动影响而发生剪切破坏，需要在发生剪切破坏的部位安装一特殊的装置，使得岩层间发生剪切时，该结构装置能随着上下岩层面的滑移方向发生一定角度的偏移，减弱岩层面的剪切滑移对原有套管的刚性破坏。地面井偏转防护装置主要包括旋转头、旋转套、螺纹套、压盖、密封条和O形圈6部分，偏转防护装置装配如图8-2-10所示，实物如图8-2-11所示。

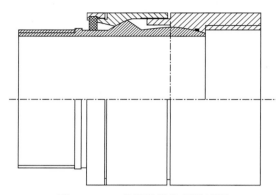

图 8-2-10　偏转防护装置装配图

图 8-2-11　偏转防护装置实物图

② 防拉伸破坏装置。

防止地面井套管受采动影响而发生离层拉伸破坏，在发生拉伸破坏的部位安装防护装置。使得岩层间发生离层时，该装置能随着上下岩层的分离方向发生一定量的伸缩，减弱离层对套管的刚性破坏。地面井套管伸缩装置允许该装置在轴线方向具有一定的伸长和缩短的能力。地面井伸缩装置主要包括伸缩外筒、伸缩内管、导向套、安全销和O形圈5部分，伸缩装置装配图如图8-2-12所示，地面井套管伸缩防护装置实物如图8-2-13所示。

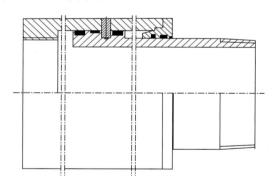

图 8-2-12　伸缩防护装置装配图

图 8-2-13　伸缩防护装置实物图

③ 厚壁刚性装置。

在层合板梁内发生套管挤压破坏，在发生挤压破坏的部位安设厚壁刚性防护装置。在岩层间发生挤压破坏时，厚壁刚性防护装置能抵抗大部分层合板梁内的挤压力，保障抽采煤层气的畅通性。根据工程防护的需求，厚壁刚性防护结构的主体长度可以取为2m、4m和6m 3个标准。结构以外径 r_1、内径 r_2、壁厚46mm的API标准N80Q类非标准套管为主体进行加工，防护结构端部及转角部位应全部采用圆角处理，以消除应力集中。

在安装防护装置之前，根据地层的详细资料结合地面井套管损坏的模型进行高危位置的判断，根据判断结果在合理岩层层位安装相应的防护装置。

（4）基于"疏"的悬挂完井技术。

采动区地面井三开筛管的部署形式及筛管的尺寸要求对瓦斯抽采是至关重要的。基于"疏"的理念开发了筛管悬挂装置，主要的实施办法如下：

① 预先在二开最下端一根套管底部的内侧焊接4块挡套，4块挡套在套管内侧十字对称布置，然后下放二开套管并固井，候凝结束钻三开。

② 在三开最上端一根生产套管外侧焊接一环形挂套，并在环形挂套下侧同样焊接4块十字对称布置的钢锥。

③ 在三开最上端的生产套管上端连接两段螺纹短节，下紧上松螺纹短节与生产套管连接，上紧下松螺纹短节上端与钻杆连接，以实现钻机正转时，下紧上松螺纹短节为松开过程。

④ 三开钻井结束后，用钻杆下放三开生产套管，在预计生产套管上的环形挂套快至挡套上时，需慢慢下放，以减小挡套上侧的冲击。

⑤ 通过钻机缓慢正转使十字对称的钢锥进入套管内侧十字布置的挡套空隙处，从而通过钢锥与挡套的接触力松开生产套管上端的螺纹短节，然后上提钻杆，同时根据地面的拉力计判断生产套管是否下放好，直至悬挂生产套管精确下放完毕。

三开筛管作为煤层气抽采的采集管，其强度与透气孔的设计具有非常重要的意义，基于"疏"的理念，对三开筛管的筛孔尺寸进行了设计，为了加强套管的强度安全并保障抽采透气效果，三开筛管孔的尺寸规格如图8-2-14所示。

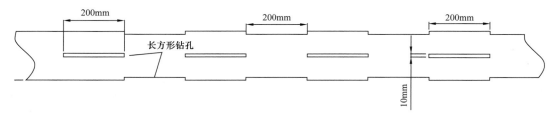

图 8-2-14 三开筛孔管透气钻孔加工尺寸规格

三开筛管孔的尺寸如此加工有以下几个优点：

① 保障三开筛管强度、刚度。

② 十字交叉布置的长条形通道能保障抽采通道不会完全堵塞。

③ 悬挂于二开套管内侧，允许三开筛管一定量的水平摆动，摆动有利于防止通道完全堵塞。

三、地面管道集输系统及安全抽采

受地形和抽采利用需求的影响，煤矿采动区地面井地面抽采系统可以分为单井单建地面抽采系统和地面集输抽采系统两类。

1. 单井单建地面抽采系统

1）地面煤层气抽采管路管径选择

地面煤层气抽采管路的管径按单井最大混合流量进行计算，即

$$d = 0.1457 (Q/v)^{0.5} \qquad (8\text{-}2\text{-}20)$$

式中　d——管路内径，m；

　　　Q——管路内混煤层气量，m^3/min；

　　　v——经济流速，m/s，可取 $5\sim12m/s$。

2）地面煤层气抽采设备的选型

采动区地面井单井单建地面抽采系统主要需要配备安全监控及控制设备、抽采设备、抽采数据采集设备、消防设备及电源动力辅助设备。

（1）抽采设备。

抽采设备主要有水环真空泵、气水分离装置、矿用隔爆型真空电磁启动器等（表8-2-1）。

表8-2-1　抽采设备

序号	名称	说明
1	矿用隔爆型真空电磁启动器	防爆启动开关
2	潜水泵	用于水环真空泵水循环
3	无刷交流同步发电机	供电
4	交流柴油发电机组	供电
5	水环真空泵	根据流量要求选配
6	隔爆型三相异步电动机	提供动力
7	气水分离装置	用于气水分离

① 水环真空泵。

水环真空泵是采动区抽采系统中的核心设备，直接影响抽采的强度和效率，应根据抽采量和抽采系统的配置情况选择定型。

② 气水分离装置。

由于各传感器的传感头对于水气都有很强的敏感性，尤其是氧气传感器的显示精度受水气影响很大，必须在抽采管路系统上安设气水分离装置，而且该设备应与水环真空泵配套使用。

③ 辅助设备。

为了保证抽采系统的正常运行，需要配备一些辅助设备，如循环水箱、循环水泵、发电机、分流管路系统等。循环水箱的作用是为真空泵提供冷却循环水，根据位置不同

分为高位水箱和埋地水箱，大小需要根据水循环管径确定，一般设计为 $4 \sim 5m^3$ 较合理；循环泵的作用是为真空泵的运行提供循环水，水泵的功率根据循环管径确定；发电机为井场所有用电提供电力供应。

（2）抽采数据采集设备。

为掌握地面井的抽采情况及保证设备的安全运行，需在抽采管路上设置相应的抽采数据监测装置（表 8-2-2），监测对象主要包括甲烷浓度、氧气浓度、抽采负压、抽采流量、抽采气体成分等。

表 8-2-2　抽采数据采集设备

序号	名称	说明
1	瓦斯抽采多参数传感器	1 用 1 备
2	U 型压差计	自动监测失效时进行人工监测
3	光干涉甲烷浓度便携式测定仪（带负压取样器）	
4	矿用氧气传感器	监测氧气浓度

① 甲烷浓度。

甲烷浓度的实时监测有 3 个方面的意义：甲烷浓度可以有效反映工作面漏风情况，可以反映出采动区瓦斯聚集量的多少，可以判断抽采瓦斯的浓度范围（爆炸限内的甲烷不能点火只能集输或放空）。因此，甲烷浓度的实时监测对于工作面通风安全和地面抽出气体处理方式有重要的指导意义。

② 抽采负压和流量。

抽采负压和流量主要反映抽采的难易程度和强度，是衡量工作面与钻孔连通性的重要参数，在抽采过程中必须严密监测。抽采中负压值自然变小、排量自然增加，是工作面连通性变好的提示，也是工作面漏风量增加的提示，这时必须结合甲烷浓度的变化调整抽采强度。

③ 氧气浓度。

氧气浓度实时监测的主要意义在于可以随时监控采动区煤层气的抽采是否会造成邻近工作面新鲜风流的入侵。因为地面抽采系统运行时会在采动区内钻井附近产生低压区，可能造成邻近回采工作面的新鲜风流向采空区内部入侵，这一方面会导致邻近工作面新鲜风流不足，另一方面会促进遗煤的缓慢氧化，造成采空区内部温度缓慢升高，如果得不到有效控制，容易使遗煤发生自燃。

④ 一氧化碳浓度。

一氧化碳浓度监测的主要意义在于监控采动区内部遗煤是否发生自燃。因为采空区内遗煤发生自燃时，由于大部分为不完全燃烧，会产生大量的一氧化碳气体，使得采空区内一氧化碳气体浓度迅速上升。

⑤ 气体温度。

如果采空区内遗煤发生氧化反应或已经自燃，变化最明显的参数就是温度，因此，进行气体温度的监测意义重大。

（3）其他辅助设备。

为了保障抽采设备和抽采数据采集设备的连续安全运行，需要配备直流电源、消防沙箱等配套设施（表8-2-3）。

表8-2-3　电源动力辅助设备

序号	名称	说明
1	矿用本安型分站	自动喷粉抑爆装置、抽采数据监控设备的动力电源
2	矿用隔爆兼本安直流稳压电源	
3	磷酸铵盐干粉灭火器	井场防灭火必备
4	消防沙箱	

3）地面抽采系统部署

（1）总体原则。

① 所有管路架空敷设，管路净高1.5～2m，管线除管件、阀门处用法兰接头外采用焊接，在管路与井口连接处采用金属波纹管连接以防止沉陷造成管路断裂。

② 地面井口与抽采泵站、抽采泵站与放空出口之间均应设置防回火防爆装置，并进行可靠接地。

③ 真空泵两端设计调整分流管路，以便调整抽采负压。

④ 抽采瓦斯气根据浓度和需求采用3种方式处理：有利用价值浓度范围的气体进入集输管路利用；浓度范围处于爆炸限或不可燃的气体直接放空；点燃后放空。

（2）地面抽采系统安装要求。

① 采动区地面井抽采设备的安装架构和各设备的选型根据抽采需求确定。

② 抽采管路采用架空方式敷设，一般距离地表1.5m。

③ 排空管距离井口应大于30m。

④ 标注尺寸的管段必须保持直线型管段。

⑤ 抽采泵基座高度一般高于地面20～30cm，上部安设减振垫。

⑥ 基座长宽尺寸根据具体抽采泵型号确定。

⑦ 泄爆器与孔板之间的管路按0.5°/m的上仰斜度安设，孔板与真空泵之间的管路按0.5°/m的下伏斜度安设。

⑧ 气水分离器与放空管之间的管路按0.5°/m的上仰斜度安设。

⑨ 管道上的两个放水龙头安设在管道的正下方。

⑩ 抽采系统在冬天运行时，应在易积水管路段上缠绕电热带1环/（10～15）cm，以备断续除冰使用。

⑪ 各参量监测孔应按照监测要求按规格焊接在管路上。

⑫ 排空管安装于抽采井场的上风向，其顶部安设防雨帽，排空管高度应高于泵房高度3.5m。

⑬ 在排空管附近根据设计规范安装避雷系统。

随着煤层回采，地表将会产生不均匀沉降（邓喀中等，2000），因此所有管路架空敷设，管路均选用无缝钢管，管线除管件、阀门处用法兰接头外，其余尽量采用焊接，管路净高 1.5～2m。在管路与井口连接处，采用金属波纹管连接，以防止沉陷造成管路断裂。为保证瓦斯抽采管路安全运行，在地面井口与抽采泵站、抽采泵站与放空出口之间均应设置防回火防爆装置，并进行可靠接地。为防止雷击，需设置避雷针等装置，根据实际情况可将橇装式抽采系统换成集成正压输出的螺杆泵组。

根据地面井煤层气集输需要，在地面井井场安设螺杆泵进行负压抽采和正压输送。

2. 新疆高寒地区低浓度煤层气输送防冻保温

煤矿抽采低浓度煤层气温度一般不会低于 20℃，并含有饱和水及部分液态水，显热及潜热均较高，在有限的输送长度内，通过对设备、管路及附属设施进行外保温，可以保证输送气体温度保持在 2℃以上，避免管道结冰产生冰堵现象。保温材料选用岩棉制品，保温层厚度可按《室外管道架空敷设绝热层经济厚度选用表》（08R418-1）进行设计选用。

但输送系统中应用的水封阻火泄爆装置、超压放散罐等安全设施，以水为工作介质，设备配套的水位计、水位传感器等安装区域，水流缓慢，低温环境下容易结冰，造成水位监测失效，带来安全隐患。尤其是对于安装在超压放散管路上的相关设备，长期无气体流动，水封水极易结冰，造成安全设施失效。

高寒地区使用时，可采取伴热方式，对水封阻火泄爆装置、超压放散罐进行加热。设计采用内置式换热器，利用蓄热氧化装置生产的热水（蒸汽）循环加热。内置式水封阻火泄爆装置、超压放散罐如图 8-2-15 所示；也可采用抽采泵站热水循环流动加热。但保温加热效果是相对的，如环境温度太低，应建设水封阻火泄爆装置、超压放散罐专用建筑，采取统一供暖方式。

图 8-2-15　安装在超压放散管路上的超压放散罐、水封阻火泄爆装置

1）水封阻火泄爆装置、湿式放散罐防冻设计参数

水封阻火泄爆装置、湿式放散罐设计采用盘管换热器热水内循环加热或抽采泵站热水流动加热方式。即蓄热氧化装置运行产生热水时，采用装置内设置的盘管换热器加热；无热水供应时，采用泵站回水热水在设备内持续循环流动，避免水封结冰。

采用环境温度 –20℃、筒外对流换热系数 10W/（m²·℃）、热水流量 0.13kg/s 考虑环境参数，目前用于地面煤层群输送、瓦斯发电的低浓度输送管路最大管径为 DN500mm，按 DN500mm 输送管路进行水封阻火泄爆装置防冻优化设计，湿式放散罐按使用管径 DN700mm 进行。

装置结构参数及热水参数计算结果见表 8-2-4。

表 8-2-4　装置结构参数及热水参数计算结果

设备	筒体外径 / m	筒体高 / m	筒体散热量 / W	热水进温 / ℃	热水出温 / ℃	盘管内水流速 / m/s
水封阻火泄爆装置	1.50	3.20	4653	60.00	51.45	0.74
湿式放散罐	2.00	5.00	9425	60.00	42.68	0.74

2）装置防冻加热结构

DN500mm 瓦斯输送管路加热型水封阻火泄爆装置结构如图 8-2-16（a）所示；DN700mm 瓦斯输送管路加热型湿式放散罐结构如图 8-2-16（b）所示。盘管选 ϕ18mm×1.5mm 不锈钢管材料。设备使用时，热水给回水管路及设备本体均采用 100mm 厚岩棉保温，外包镀锌铁皮保护，供回水管路也可采用玻纤布刷漆防护。

3）仪表空气系统防冻保温

输送管道流量调节阀、快速切断阀及紧急状态旁通放空阀等均采用压缩空气作为动力，仪表空气系统稳定运行是保证蓄热氧化系统安全运行的重要条件之一。

仪表空气系统一般采用双螺杆式空气压缩机采集自然界的大气，制成的压缩空气经储气罐储存，然后由干燥机除水除油，最后由过滤器除尘后达到仪表空气使用洁净等级要求。

其系统流程为：双螺杆压缩机—储气罐—高效除油器—前置过滤器—精密过滤器—空气干燥机—粉尘过滤器—储气罐—用气点。

通常大气中总会含有一定量的气态水，水的含量与季节、地理位置及气候条件有关。当外界空气进入空压机并被压缩时，这些气态水将凝结为液态水。对于气动操作和控制系统，压缩空气中的水分会由于高速气流降压而发生冰堵，使气流中断，除去压缩空气中的水分是确保蓄热氧化系统中气动阀门等气动操作控制系统稳定运行的重要环节。压缩空气干燥方法一般有冷冻法和吸附法。

（1）冷冻法。

利用空调机的原理，通过制冷系统使压缩空气中的水蒸气冷凝成液态水，并通过自动排水器排出，达到除水的目的，该类设备简称为冷干机。冷干机设计的最低压力

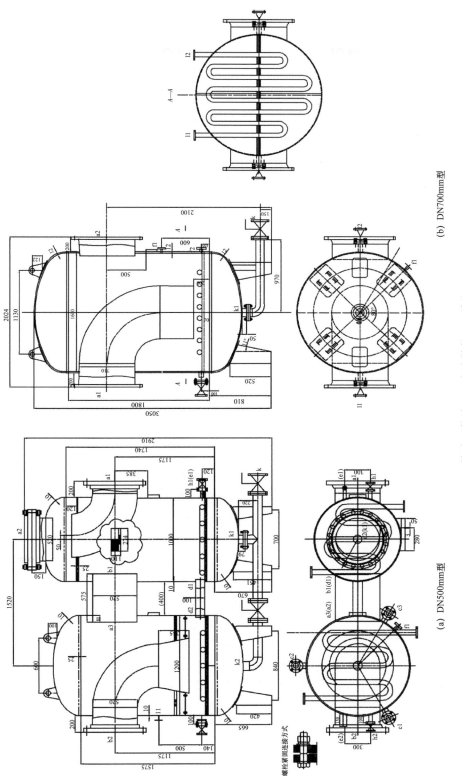

(a) DN500mm型　　(b) DN700mm型

图 8-2-16　管路用伴热型湿式放散装置（单位：mm）

（0.7MPa）露点为 1.7℃。此压力露点相当于大气露点 23℃，即每 1m³ 饱和空气仅含有 0.836g 的水分。冷干机在除水的同时，还可使一部分油雾凝结，并使一部分尘粒和水汽与油雾凝结后一同排出，除油效率约 70%，除尘效率约 75%。

（2）吸附法。

吸附法采用硅胶、活性氧化铝或分子筛等干燥剂吸附水分的特点，达到除去压缩空气中水分的目的。适合低浓度煤层气蓄热氧化供暖项目利用的基于吸附法原理的压缩空气干燥装置有无热再生式压缩空气干燥机和无热微风量再生式压缩空气干燥机。

① 无热再生式压缩空气干燥机。

其结构原理与有热再生式压缩空气干燥机相似，但吸附剂的再生不需加热，而是直接用占总量 12%~30% 的压缩空气作为再生空气将再生吸附剂中的水分带走，其罐体较小，但两罐切换频繁，通常 30~600s 切换一次，对切换阀的可靠性要求较高。此外，因切换频繁，吸附剂易粉化，在无热再生式干燥机后需设过滤器，无热再生式干燥机处理后的压缩空气的大气露点通常也是 -40℃。

② 无热微风量再生式压缩空气干燥机。

该机是在无热再生式干燥机的基础上再前置一台冷干机，因而同时具有冷冻式和吸附式的优点。由于前置了冷干机，无热再生机的除水工作负荷大为减小，从而可使再生气体的耗量大大减少，仅为总气量的 1.5%~3%，大气露点可达 -40℃或 -70℃；可允许较高的入口压缩空气温度，标准型为 45℃，高温型为 80℃；干燥剂寿命可延长两倍，延长后置精密过滤器寿命 3 倍，其出口压缩空气含油量可达 1mg/m³ 以下。

同时，在高寒地区暴露在室外的压缩机入口管道、仪表空气系统管道及阀门执行机构等还需进行热水或蒸汽伴热及外敷保温层处理，如环境温度太低，应建设专门的压缩机房，采取统一的供暖方式保温防冻。

第三节　大倾角多煤组首采层煤层气井下抽采技术

一、碎软大倾角煤层瓦斯抽采技术分析

1. 现状

我国的含煤地层主要是侏罗系、石炭系和二叠系（张子敏等，2013）。许多含煤地层经历了多次隆起、弯曲、伸张陷裂和凹陷等复杂地质构造（杨智华，2018）运动后多以煤层群的形式赋存，在构造应力作用下形成了松软低透气性煤层和软煤与硬煤并存的复合煤层，这些松软煤层的透气性系数特别小，属于难以抽采煤层（潘孝康，2019）。这类煤层在我国分布广泛，如新疆乌鲁木齐达坂城地区、山西阳泉、河南平顶山和贵州黔西等地区。

新疆煤炭、煤层气资源丰富，煤炭储量占全国的 40%，是国家 14 个大型煤炭基地之一，有 36 个煤矿区，现有生产矿井年产煤炭 $1.5×10^8$t，在建矿井规模达 $3.2×10^8$t。但

新疆煤矿长期以来主要是浅部开采，对瓦斯抽采研究开展少、技术水平低、认识程度不够。如新疆焦煤集团各矿、新疆大黄山煤矿及南疆的库车、拜城县的煤矿等，都是优质主焦煤或配焦煤（张珺晔，2020），目前开采都面临煤层气含量高的区域。新疆典型多煤组、煤层碎软特点使得高效抽采瓦斯难以实现，其主要原因在于难抽采煤层的渗透率极低，造成瓦斯难以逸出，抽采浓度不高，且钻孔的稳定性较差，孔壁容易发生坍塌堵塞，成孔率低，抽采效果差，这使得矿区首采层煤层气资源的抽采难以取得较好的效果，煤矿生产安全性也差。

2. 存在的问题

对于碎软大倾角煤层群来说，由于煤层赋存环境为碎软、大倾角及煤层群，碎软大倾角煤层群受采动的影响会出现特殊的采动空间垮落、变形。

随着采动的影响，上覆岩层逐渐垮落压实，上覆岩层中存在离层裂隙和垂直导通裂隙，下覆岩层则向采空区方向挤压膨胀变形，下覆岩层主要为离层裂隙。上覆岩层中裂隙带呈正梯形分布，其中上覆岩层中部裂隙以离层裂隙为主，两端以垂直导通裂隙为主，裂隙边界呈倒台阶形状。因此，碎软大倾角煤层群开展瓦斯抽采时，应根据其特殊的采动空间垮落、变形特征研究适合碎软大倾角多煤组的定向钻孔工艺、水力化增透措施及下向钻孔施工工艺。

3. 发展趋势

碎软大倾角煤层具有非均质性、低渗透性且高吸附性等特点，给瓦斯的抽采利用造成严重阻碍，采用常规钻孔抽采瓦斯的方法无法高效抽采，而目前有效提高瓦斯抽采率的技术有限，因此，采用合理的技术手段增大煤体的瓦斯渗流通道及运移接触面积，实现瓦斯的高效抽采变得至关重要。近年来，针对碎软大倾角煤层提高透气性研究提出很多方法（李文超，2020），现阶段，我国应用最为广泛的是定向钻孔及水力化增透措施（孟召平，2020）。

1）定向钻孔

顺煤层钻孔和邻近层长钻孔是我国煤矿广泛采用的瓦斯抽采手段。顺煤层瓦斯抽采钻孔布置于正开采煤层中，从而实现瓦斯的采前预抽；邻近层瓦斯抽采长钻孔布置于开采煤层的邻近稳定地层中，从而实现瓦斯的边采边抽。使用常规钻进方法回转钻进过程中，钻孔的倾角、方位角受岩（煤）层硬度变化、倾向变化，以及施工过程中的给进力、转速和泵量等工艺参数影响较大，无法实现钻孔按照设计轨迹延伸，钻孔左右和上下偏差大，有效抽采段短，同时造成抽采盲区，无法达到预期效果，留下安全隐患。采用定向钻进技术，可以有效控制钻孔尽可能在煤层中延伸（石智军等，2020），同时可实现"一孔多分支"，大大提高钻孔的有效抽采范围，提高了瓦斯抽采效率，抽出的瓦斯大部分可达到直接利用的浓度，大大减少了瓦斯有效利用的成本，为推动煤层气（瓦斯）开发利用和节能减排起到很大的促进作用。因此，在碎软大倾角煤层的开采条件下，采用定向钻孔抽采技术也是实现碎软大倾角煤层瓦斯有效抽采的发展趋势。

2）水力化增透措施

在采用井下煤层钻孔抽采方法时，提高松软煤层瓦斯抽采率的措施主要有两种：一是增加抽采钻孔的数目，优化钻孔参数；二是采取辅助措施提高煤层的渗透率，从而提高瓦斯抽采效果。但松软煤层的煤质较为松软易破碎，在载荷作用下具有蠕变流变特征，渗透率低，在高瓦斯压力下易发生煤与瓦斯突出。在松软煤层中钻孔施工过程中容易出现顶钻、喷钻和抱钻等情况，甚至有可能发生钻杆脱落现象，且钻孔的稳定性较差，孔壁容易发生坍塌堵塞，致使瓦斯抽采效果不佳。

若通过优化钻孔参数，增加抽采钻孔的数目，这样不但可以提高煤层瓦斯抽采效果，还能降低煤层的地应力，但加大了工程量，增加了工程成本，容易造成采掘接替紧张。

水力割缝措施是指通过向目标煤层打穿层或顺层钻孔，而后在高压水射流的冲蚀作用下冲出大量松软煤体和瓦斯，从而在煤层形成直径较大的洞室，从而降低煤层地应力，配合瓦斯抽采以降低瓦斯压力和瓦斯含量（周建斌，2019）。在高压水射流的冲蚀作用下，煤体发生破坏并产生裂隙、释放瓦斯、煤体应力发生二次分布，应力集中区向煤层深处转移，应力集中区煤体破碎，洞室周围煤体孔隙裂隙向煤层深处拓展，从而实现洞室周围煤体卸压增透。该方法一方面将煤层中松软煤体大量破坏并冲出，起到了卸压的作用；另一方面在冲孔后形成较大洞室，增加了煤体的裸露面积和在洞室周围煤体中形成了大量的裂隙，增大了煤层的透气性，为瓦斯抽采打下了良好的基础。

若采用水力割缝措施，以水作为介质，通过人工动力改善煤储层孔隙—裂隙的发育特征以及煤的物理力学性质，可以使裂缝沿煤层固有的节理和割离在横向上得到扩展和延伸，主裂缝沿最小主应力方向延伸较长，次级裂缝在一定范围内也得到扩展和延伸，从而使煤储层原生裂隙和次生裂隙有效连通，形成相互交织的裂隙网络，造成煤体内部卸压和膨胀变形，促使应力重新分布，从而在相当范围内出现应力释放，煤层透气性提高，达到提高瓦斯抽出率的目的。因此，在碎软大倾角煤层的开采条件下，采用水力增透技术也是实现碎软大倾角煤层瓦斯有效抽采的发展趋势。

二、定向长钻孔高效抽采及控制技术

1. 技术与装备

1）技术

定向钻进技术主要是以高压冲洗液作为传递动力介质的一种孔底动力钻具——孔底马达上带有造斜装置，并配上孔底测斜仪器，可方便地对钻进过程进行随钻测量。利用孔底马达进行定向钻进时，通过孔底马达钻子旋转前进，而不需要钻杆及孔底马达外壳旋转，造斜件的弯曲方向即是钻孔将要弯曲的方向，其纠偏能力远强于传统的组合钻具，使用方便灵活。定向钻进技术主要用于煤矿井下顺煤层长钻孔及煤层顶底板高低位钻孔施工，通过高精度孔底随钻测量系统反馈的数据进行精确定位，显示钻孔轨迹并纠偏，也能实现分支钻孔施工。定向钻进技术装备组成如图8-3-1所示，定向钻进工作原理如图8-3-2所示。

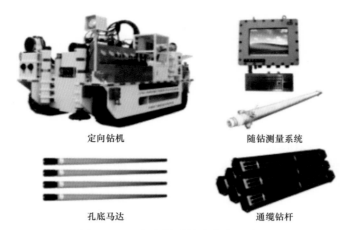

定向钻机 　　　　　　　随钻测量系统

孔底马达 　　　　　　　通缆钻杆

图 8-3-1　定向钻进技术装备组成图

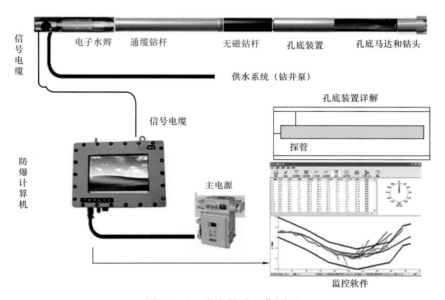

图 8-3-2　定向钻进工作原理

目前，国内拥有定向钻机技术及其装备的主要有中煤科工集团重庆研究院、中煤科工集团西安研究院、江苏中煤矿山设备有限公司、沈阳北方交通重工集团等研究机构和企业。研制了 4000、4500D、6000、13000、15000、23000 等一系列整体式、分体式、多方位式等类型的定向钻机，钻进深度范围为 500～1500m，适合大、中、小型煤矿各类钻孔施工。

自水平定向钻机在全国各地推广以来，在晋城寺河矿、成庄矿、岳城矿、坪上矿，阳煤集团新大地矿、五矿，潞安集团高河矿、一缘矿、沈煤红阳二矿、三矿以及白羊岭煤矿、盘城岭煤矿，山西金辉集团万峰矿，晋煤集团长平矿、唐口矿、万峰矿、山脚树矿等成功应用。

水平定向钻进技术与装备为我国煤矿中硬煤层顺层长钻孔及煤层顶底板高低位定向

钻孔施工提供了先进的技术和装备，其推广应用对增加全国的瓦斯抽采量、提高抽采效果及井下煤层气的开发利用必将有其积极作用。

2）装备

（1）钻机主机。

满足水平定向钻进，具备定向钻进和螺旋钻进两种功能，为整套设备中的关键部件。液压系统、退进机构、动力头（包括新型胶套式卡盘）和夹持器技术等为孔底马达钻进提供了性能稳定可靠的钻机主机装备。

钻机主机在钻孔施工过程中用来完成通缆钻杆的拆装、钻进过程中的给进、钻孔方位角的控制和调整，并且在遇到塌孔、埋钻等孔内事故时具备较强的处理能力。钻机整体结构由油箱、操作台、动力头、机架、夹持器、电动机组件、计算机柜、履带车、电控柜、水路系统和锚固立柱等部分组成。钻机具有回转钻进（动力头主轴和卡盘夹紧钻杆一起回转）和定向钻进（动力头主轴和卡盘夹紧钻杆且不旋转）两种功能。配上定向钻杆、定向水辫、孔底马达、随钻测斜系统，钻机即可实现定向钻进。

（2）定向钻具。

定向钻具包括通缆钻杆、钻头及配套水辫以及与之相连接的随钻测量装置和螺杆马达部件，由于定向钻进的技术要求较高，需钻进千米以上，这要求钻杆具有较高的机械强度，同时要求钻杆具备密封和信号传输的性能，故需对通缆钻杆、钻头及水辫进行专门研究和设计。

① 通缆钻杆。

在定向钻进过程中，通缆钻杆的功能主要是推进和支撑孔底马达运转及传递钻机动力（纠偏时）、输送高压水、传输孔底信号。因此，通缆钻杆在外管的抗拉刚度、抗扭强度、密封性及中心电缆的绝缘性等方面必须具备较高的性能要求。通缆钻杆采用双层结构，以传递信号和输送高压水。外管采用地质钻杆常用的锥面密封，而中心电缆组件采用塑料接头、护心管等绝缘材料将电缆包裹在其中，同时塑料接头与护心管间、接头之间均采用O形橡胶圈密封，以保证中心电缆信号传输的可靠性和与外管的绝缘性能。

② 螺杆马达。

一种以冲洗液为动力，把液体的压力能转换为机械能的容积式正排量动力转换装置。其工作原理是当钻井泵泵出的冲洗液流经旁通阀进入马达，在马达的进出口形成一定的压力差，推动转子绕定子的轴线旋转，并将转速和扭矩通过万向轴和传动轴传递给钻头，从而实现连续钻进。其结构主要由旁通阀总成、防掉总成、马达总成、万向轴总成和传动轴总成组成。

③ 定向钻头。

定向钻进主要用于煤层长距离瓦斯抽采孔的施工，钻进深度超过1500m，为了保证钻进的可靠性，减少钻头的更换次数，要求钻头的使用寿命长。采用抗冲击性能较好、耐磨的胎体式PDC复合片钻头进行施工。钻头冠部采用平底结构形式，这将更利于适合定向钻进的要求。钻头冠部镶焊了7~9片加强型复合片，使其具有足够的强度和使用寿命；胎体四周布置有聚晶体以保持钻头体的外径；钻头顶部中心布置了一个较大的水口，以利于润滑复合片和排除岩粉；钻头结构为平底型，这样更利于定向钻进时实现实时纠偏（图8-3-3）。

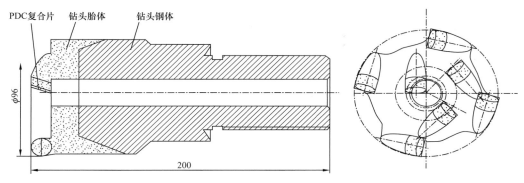

图8-3-3　钻头外形（单位：mm）

④ 水辫。

定向钻进过程中必需的装备，通过它高压水进入通缆钻杆直到孔底，而孔底信号通过它输送至孔口计算机，确保信号传输的可靠性和准确性。与钻杆不同的是，水辫无须传递扭矩，仅需做好密封即可，这与通缆钻杆的密封大同小异，只需增加一个旋转环节，保证水辫壳体在随钻杆旋转的同时，信号输出端不旋转（图8-3-4）。

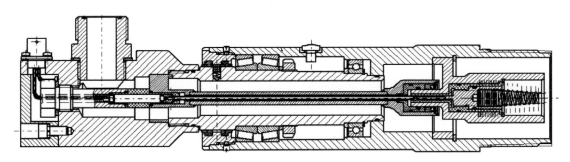

图8-3-4　水辫结构

2. 轨迹测量系统

根据我国煤矿开采的具体情况，"十三五"期间结合新疆大倾角煤层赋存情况，在原有有线随钻测量系统基础上，研发了钻井液脉冲随钻测量系统、电磁无线随钻轨迹测量技术。

1）钻井液脉冲随钻测量系统

ZSZ2000矿用钻井液脉冲随钻测量系统主要用于井下定向钻孔轨迹跟踪监测纠偏等，由探管、数据处理器、压力传感器、无磁钻杆、循环套等部分组成。

工作原理：探管传感器测量近钻头位置的地球磁场和重力加速度的 XYZ 三轴分量，计算倾角和方位角，通过脉冲发生器产生水脉冲压力，压力信号传至孔口压力传感器解码，由数据采集器解码，用专用软件处理并显示钻孔轨迹，最终通过孔底马达实现轨迹纠偏。

具有无线传输、探管工作时间长、性能可靠、传输距离远等优点，可用于改造普通钻机为定向钻进设备，可用于升级有线随钻测量系统。

2）电磁无线随钻轨迹测量技术

（1）随钻测量工作原理。

电磁波随钻（EM-MWD）是井下发射机将井下传感器测量的信息调制激励到用特殊工艺制作的绝缘钻杆上下两端，信号经由钻杆、钻孔介质、地层等构成的信道传输到地面，地面接收系统通过测量地面两点（钻杆和大地）之间电位差的变化获得相关信息（图 8-3-5）。

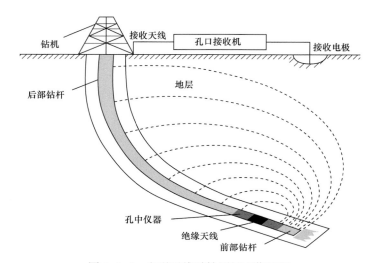

图 8-3-5　电磁无线随钻测量工作原理

电磁无线随钻测量系统是以电磁波形式，将井下随钻测量的参数信息通过地层向地面传输的测量系统，从而为司钻人员提供几何导向参数，使钻孔轨迹能按照预先设计的空间位置行进，并最终实现准确"中靶"。

电磁无线随钻测量系统包含孔底发射机、绝缘天线、孔口接收机、接收天线和接收电极。孔底发射机将测量信息（井斜、方位、工具面等）调制电磁信号馈送至绝缘天线两端，信号经由钻杆、地层构成的信道传输至孔口，由孔口接收天线拾取信号，并进入接收机数据解调处理单元，完成测量信息的恢复。

（2）ZKG1000 电磁无线随钻测量系统的组成。

ZKG1000 无线电磁随钻测量系统由发射系统、接收系统和相关软件组成。发射系统包含测量探管、绝缘天线和内天线；接收系统包含井下防爆计算机、接收机、接收天线和地锚；软件包含接收机解码软件和计算机轨迹数据成图软件。

3. 定向长钻孔抽采技术

1）钻场布置

钻场应足够宽敞，方便钻孔作业。钻场布置（图 8-3-6）需充分考虑到钻孔布置、钻机大小、回水沉淀池、钻具、设备堆放空间等因素，以利于施工。进行开孔、扩孔和封孔等工序，然后连接好孔口设备（图 8-3-7）。

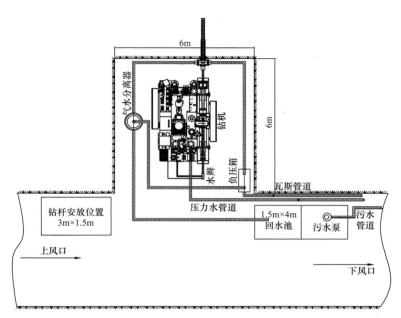

图 8-3-6　钻场布置图

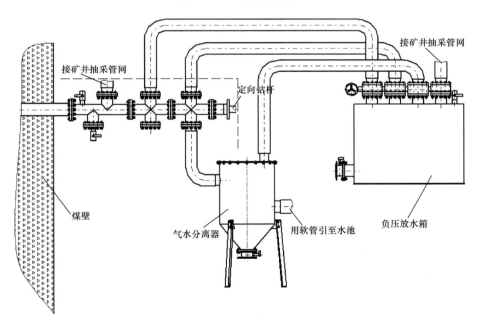

图 8-3-7　孔口设备安装图

2）钻孔轨迹设计

（1）根据煤层厚度，地质构造，煤层顶底板等高线图确定煤层顶底板走势曲线。

（2）通过设计软件修改设计轨迹各点的倾角、方位角等数值，保证设计轨迹在顶底板之间为一条平滑的曲线即可，设计轨迹应尽量避开软煤、破碎煤等构造带。钻孔轨迹垂直投影如图 8-3-8 所示。

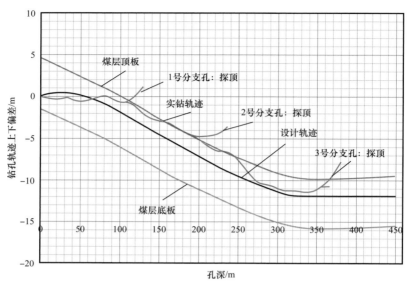

图 8-3-8　钻孔轨迹垂直投影图

近年来，随着井下定向钻进技术及装备的研发进步，井下定向钻孔钻进技术及装备日趋完善成熟，"十一五"和"十二五"期间井下定向钻孔施工技术取得巨大发展，"十三五"期间井下定向钻孔最大钻进深度可达3300m，形成了以中煤科工集团重庆研究院有限公司及西安研究院有限公司为代表的井下千米定向钻进成套设备和技术，其中井下钻进方式主要包括顺层（单孔、梳状、羽状、枝状）钻进、穿层（单孔、梳状、枝状）钻进以及顺层穿层相结合。目前，井下定向钻孔钻进抽采技术已广泛应用于煤巷条带瓦斯抽采、本煤层瓦斯抽采、邻近层瓦斯抽采、上隅角瓦斯治理和采空区瓦斯抽采。随着定向钻孔梳状钻孔井下抽采瓦斯技术的发展和逐步完善，原国家安全生产监督管理总局、国家煤矿安监局下发了《关于发布煤矿安全生产先进适用技术推广目录（2016年）的通知》（安监总煤装〔2016〕142号），将梳状钻孔井下抽采瓦斯技术列入推广目录。

三、抽采效果评价技术

1. 瓦斯抽采达标评判指标

1）瓦斯涌出量评判

根据瓦斯涌出来源情况，其瓦斯涌出主要来源于开采层和邻近层满足的抽采达标要求不同。当瓦斯涌出主要来源于开采层，评价范围内煤的可解吸瓦斯量满足表8-3-1规定的，判定采煤工作面评价范围瓦斯预抽效果达标。

表 8-3-1　采煤工作面回采前煤的可解吸瓦斯量应达到的指标

工作面日产量 /t	可解吸瓦斯量 /（m³/t）
≤1000	≤8
1001～2500	≤7

续表

工作面日产量 /t	可解吸瓦斯量 / (m³/t)
2501～4000	≤6
4001～6000	≤5.5
6001～8000	≤5
8001～10000	≤4.5
>10000	≤4

当瓦斯涌出量主要来自邻近层或围岩的采煤工作面，计算的瓦斯抽采率满足表 8-3-2 规定时，其瓦斯抽采效果判定为达标。

表 8-3-2　采煤工作面瓦斯抽采率应达到的指标

工作面绝对瓦斯涌出量 Q/ (m³/min)	工作面瓦斯抽采率 /%
5≤Q<10	≥20
10≤Q<20	≥30
20≤Q<40	≥40
40≤Q<7	≥50
70≤Q<100	≥60
100≤Q	≥70

2）瓦斯浓度评判

采掘工作面同时满足风速不超过 4m/s、回风流中瓦斯浓度低于 1% 时，判定采掘工作面瓦斯抽采效果达标。

3）矿井瓦斯抽采率评判

矿井瓦斯抽采率满足表 8-3-3 规定时，判定矿井瓦斯抽采率达标。

表 8-3-3　矿井瓦斯抽采率应达到的指标

矿井绝对瓦斯涌出量 Q/ (m³/min)	矿井瓦斯抽采率 /%
Q<20	≥25
20≤Q<40	≥35
40≤Q<80	≥40
80≤Q<160	≥45
160≤Q<300	≥50
300≤Q<500	≥55
500≤Q	≥60

2. 评价指标体系

根据新疆乌鲁木齐乌东煤矿、乌苏四棵树八号井等矿井瓦斯抽采工程情况，总结提出了评价指标体系，在瓦斯抽采工程通过验收且达到预定抽采时间后，组织对目标范围内的瓦斯抽采效果进行评价，瓦斯抽采效果评价指标体系见表8-3-4。

表 8-3-4　瓦斯抽采效果评价指标体系

序号	一级指标	二级指标	权重	分值	评分依据	得分
1	图纸（10分）	瓦斯抽采系统图	30	3	达到以下要求可取最高分值，如有欠缺，酌情扣分。及时更新，真实可靠，如有弄虚作假，则该项不得分	
		泵站平面与管网布置图	20	2		
		抽采钻场及钻孔布置图	20	2		
		泵站供电系统图	10	1		
		回采及掘进局部防突措施竣工图	20	2		
2	记录（10分）	抽采工程和钻孔施工记录	40	4	达到以下要求可取最高分值，如有欠缺，酌情扣分。（1）能够准时、准确地详细记录，且记录保存完整；（2）记录数据真实可靠（记录内容应包含钻孔施工时间、施工参数、施工人员与验收人员签名）	
		抽采参数测定记录	40	4	达到以下要求可取最高分值，如有欠缺，酌情扣分。（1）能够准时、准确地详细记录，且记录保存完整；（2）记录数据真实可靠（测定内容应包括测定地点、抽采浓度、负压、流量等内容）	
		泵房值班记录	20	2	达到以下要求可取最高分值，如有欠缺，酌情扣分。（1）能准确地详细记录，且记录保存完整；（2）记录数据真实可靠	
3	报表（10分）	抽采工程年、季、月报表	30	3	达到以下要求可取最高分值，如有欠缺，酌情扣分。（1）按时、准确地对矿井抽采情况、抽采工程施工情况进行统计，并详细记录；（2）数据真实有效，杜绝虚报；（3）抽采预测预报应按照矿井、采区、工作面分布进行	
		抽采量年、季、月、旬报表	30	3		
		抽采预测预报报表	40	4		
4	台账（10分）	抽采设备管理台账	20	2	达到以下要求可取最高分值，如有欠缺，酌情扣分。（1）应有专人进行抽采台账管理；（2）做到台账定时更新，数据记录详细完整；（3）对半年内抽采台账进行流动管理，对半年以上台账进行封存管理，以便查阅	
		抽采工程管理台账	20	2		
		瓦斯抽采系统和抽采参数台账	40	4		
		抽采量管理台账	20	2		

续表

序号	一级指标	二级指标	权重	分值	评分依据	得分
5	报告 （20分）	矿井和采区抽采工程设计及竣工报告	50	10	（1）做到抽采设计与开采设计同步完成，抽采工程施工完一月内完成抽采竣工报告； （2）由矿井通风副总组织编写，并报总工审核	
		瓦斯抽采总结与分析	50	10	（1）每季度对抽采情况进行一次分析，对抽采中出现的问题及时整改； （2）对抽采总结进行建档管理； （3）由矿井通风副总组织编写，并报总工审核	
6	瓦斯抽采达标评判 （20分）	抽采钻孔有效控制范围界定	10	2	煤与瓦斯突出矿井均达到《防突规定》《煤矿安全规程》《瓦斯抽采达标暂行规定》相关要求的可取满分；非突出矿井均达到《煤矿安全规程》《瓦斯抽采达标暂行规定》的可取满分；如有任意一项不满足要求，则取零分	
		抽采钻孔布孔均匀程度评价	10	2		
		抽采瓦斯效果评判指标测定	20	4		
		采面工作面瓦斯抽采率评判	20	4		
		采掘工作面瓦斯抽采率评判	20	4		
		矿井瓦斯抽采率评判	20	4		
7	钻孔有效范围界定 （20分）	钻孔有效范围界定	60	12	严格按照《瓦斯抽采达标暂行规定》对钻孔有效范围进行划分，该项满分，不符合要求不得分	
		钻孔有效范围内均匀程度评价	40	8		
合计	100分	—	—	100分		

注：最终评定分数为90～100分，瓦斯抽采效果基本达标；低于90分，不达标。

第四节　大倾角多煤组采动区卸压煤层气高效抽采技术模式

一、井上下联合卸压抽采技术发展现状

我国煤层渗透性低、煤层气抽采效果差，传统的煤层气（瓦斯）抽采手段难以满足煤矿区煤层气高效抽采和煤矿瓦斯高效治理需求。长期以来，煤炭与煤层气作为典型的共生矿藏，主要实行"先采气，后采煤"的开发模式（袁亮，2016）。随着对煤炭开采与煤层气开发相关关系认识的不断深入，初步形成了煤层气与煤炭协调开发模式（樊振丽，2016），通过协调煤层气抽采和煤炭开采在时间和空间上的关系，并充分利用采动效应对煤层进行卸压增透，从而达到优化煤层气抽采方案、提高抽采效果的目的（刘见中等，2017），例如淮南矿区，开展了在大倾角（高祥，2004）、远距离、上保护层（邱伟，2017）、下保护层（夏腾飞，2014）等煤层群条件下卸压瓦斯抽采研究，形成了以采动区

卸压和强化预抽技术为代表的区域性瓦斯治理技术（袁亮，2009）的"淮南模式"。

我国煤层气开发地质条件的特殊性决定了煤层气产业化发展必须走煤层气与煤炭协调开发的道路，且应实行煤层气地面开发和井下抽采相结合的煤层气资源开发利用的方案。

煤矿瓦斯抽采技术主要为井下钻孔抽采技术和地面钻井抽采技术。煤矿钻孔抽采瓦斯工艺作为防治煤矿发生瓦斯灾害事故的重要措施之一，被广泛应用。井下钻孔抽采技术以其可靠性高、成本低等优点，经多年发展，已经成为各大矿区进行瓦斯抽采的重要技术途径。

地面钻井抽采技术则是煤矿行业近年发展起来的一种新技术（秦勇，2013），以其安全性高、受井下影响小等优点，目前已在我国多地矿区应用并取得了较为理想的效果（孙东玲，2016；李日富，2018），其中在新疆乌鲁木齐艾维尔沟矿区也开展了地面井抽采工作面瓦斯试验工作，经试验，地面钻井能够实现钻井成功率不低于 75%，试验工作面卸压涌出煤层气抽采率在 50% 以上，能够实现在大倾角碎软煤层的快速钻进。

总体来看，煤层气与煤的共采技术包括地面开采和煤矿井下抽采两种方式，主要包括开采层抽采、邻近煤层抽采和采空区抽采三大类别，而煤矿采动区抽采属于典型的大面积卸压邻近煤层抽采，效果最好，并且以采动区卸压和强化预抽技术为代表的区域性瓦斯治理技术，称为"淮南模式"，已经在国内的多煤层高瓦斯矿区取得了广泛的应用。

但是单一的井上或井下技术开发煤层气存在着效率低、盲目性较大的问题，无法在煤炭开采的全周期内实现煤与煤层气的高效同步开发。

通过对煤矿煤层气抽采状况的分析，在井上下联合抽采技术使用中，其优势体现在以下几个方面：（1）构建立体化联合抽采通道，并在结构上保证与多分支水平井的相似性，确定煤层气开采的范围，提高煤层气的导流能力；（2）在井下负压抽采中，通过立体化抽采通道的设定保证水平孔段内煤层气聚集，提升煤层气开采的有效性；（3）结合联合抽采技术，在钻孔控制排水中，通过地面直井无动力开采方法的构建，可以达到工艺成本低、经济效益好的技术使用优势。

在此基础上，将井下抽采技术与地面抽采技术有机结合在一起，建立完善的井上井下抽采模式，使煤矿瓦斯治理能力得到进一步提高，同时也为煤矿安全生产提供了有力的保障。

二、井上下联合抽采煤层气技术体系

井上下联合抽采瓦斯技术是在井下钻孔与地面钻井瓦斯抽采技术有效结合的基础上进行的一次工艺创新，如图 8-4-1 所示。首先，在井下施工大面积处进行定向钻孔，然后通过井上压力钻孔将油管逐步向大直径定向钻孔的煤层段内深入，将压力液在压力油管中进行压裂。利用这种井上地面扩容的方式，来增加井下煤层的渗透性，使瓦斯的解吸能力有所增强，最终利用定向钻孔和地面井相结合的方式实施瓦斯抽采。这种新的抽采模式，不仅在时间上体现了井下先抽、井上后抽的特点，同时也在空间上体现出井上井下相结合的特点。

　　要想实现井上下联合抽采的良好效果，无论在井下定向钻孔的位置层位选择上，还是地面钻井与定向钻孔的连接位置选择上都十分重要。依据"三带"理论，在煤矿采空区垂直方向，按照从下往上的顺序，依次排列为冒落带、断裂带以及弯曲下沉带（吴仁伦等，2017）。而且在采空区四周下部存在一些裂隙区，通常也被称作 O 形圈（刘海瑞等，2018），随着煤层的开采，O 形圈也会以同样的开采速度逐渐向前移动，从而在采空区始终有裂隙区并以 O 形圈形式存在，该区域也是煤矿井下瓦斯聚集的重要场所。以上分析认为，地面井与井下定向钻孔的连接区域可选择在裂隙区域（魏有胜等，2019），但考虑到地面钻井的密封性和稳定性，那么这种选择绝对不是最佳方案。实验证明，既能够满足瓦斯抽采时所需的互通裂隙通道，又能确保井筒具备一定的稳定性和密闭性，连接位置最好选择在弯曲下沉带和裂隙带附近，并将其作为过渡区域。这种抽采钻孔方法具有费用低、速度快等优点。但在实际工作中，往往因为抽采时间短、封孔效果差等原因，导致瓦斯气体浓度增高。一般情况下，使用这种方法的抽采率较低，只能达到 20% 左右。邻近层抽采技术，也是目前我国煤矿用于瓦斯抽采的一项重要手段。主要指煤层开采后，无论对煤层上部，还是煤层下部都会受到不同程度的影响，从而造成煤层变形或卸压等现象，进而产生裂隙。为了有效防止瓦斯气体从煤层上部或煤层下部进入开采煤层区域，使瓦斯浓度不断升高，这就需抽采工作人员针对开采煤层设计钻孔，进而对邻近层瓦斯实施抽采。抽采过程中如遇特厚煤层或距离较近的煤层群时，为了提升抽采效率，可在煤层底部较为稳定的煤层区域或岩层中开出一条巷道，然后从巷道内直接向煤层打钻孔，便于实施瓦斯气体的抽采。邻近层抽采煤层气技术具备抽采时间长、抽采范围大以及抽采率高等优点，而且其抽采率远高于本煤层瓦斯抽采，一般来说，瓦斯抽采率可超过 50%。采空区瓦斯涌出是煤矿工作面瓦斯超限的重要原因之一，该区域的瓦斯涌出在整体瓦斯涌出量中占有非常大的比例，部分煤矿瓦斯涌出量高达 50% 左右。因此，对煤矿采空区也需进行瓦斯抽采。通常，采空区瓦斯抽采有高位钻孔抽采、埋管抽采和上隅角抽采 3 种方式。这些方法在绝大多数煤矿采空区抽采中，效果较为理想，瓦斯抽采率可达60%～80%。

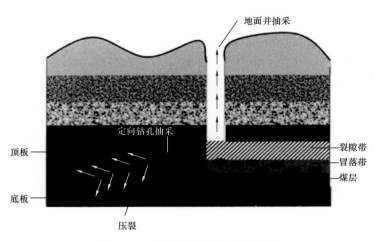

图 8-4-1　井上下联合抽采示意图

三、井上下联合抽采技术模式

井上下联合抽采技术应用时将井下瓦斯治理技术和地面煤气层开发两者有机结合起来。对煤炭开采来说，地面煤气层抽采具有一定的现实意义，但在实际应用中也存在一些缺陷，很容易出现瓦斯盲区，尤其针对一些低渗透煤层的抽采效果不佳。同样井下开采对于煤气层的开发也有不同程度的影响：一是由于煤炭回采时覆岩变形，造成地面井的损坏，使地面井钻孔结构严重受损，最终导致钻孔失效；二是在煤炭回采覆岩变形的同时，无论对采空区域还是附近采面煤层都会有一定的应力释放，不仅原有裂缝会逐渐扩大，而且还会有新的裂缝产生，煤层的渗透性有所改善，使抽采效率提高。因此，在实施瓦斯抽采过程中，应采取适当的技术手段，尽可能克服煤炭开采与煤气层开发之间的负面影响，合理应用两者之间的正面影响。实现煤矿先抽后采，采煤采气一体化。

1. 井群式井上下联合抽采

井群式井上下联合抽采是指在未进行地面预抽的规划区或准备区，对拟开设的水平大巷、盘区（带区）大巷、工作面巷道，在其两侧施工常规地面钻井，完井后进行储层压裂改造，进行地面煤层气抽采；当巷道掘进后，施工近水平瓦斯抽采定向钻孔连通地面井压裂影响区，也可根据需要对井下长钻孔实施井下压裂，以便实现井下钻孔与地面压裂井裂隙网的高效互连，此时，停止地面煤层气抽采，改为井下钻孔负压抽采（图8-4-2）。井群式井上下联合抽采具有两方面的技术优势：一方面通过地面钻井实施水力压裂这一有效的储层改造措施，在影响区内形成大量的人工裂缝，使抽采通道与煤储层中的天然裂隙有效连通，可扩大抽采范围，提高抽采效率；另一方面，在井下施工近水平定向长钻孔，通过轨迹控制实现多个地面工程井压裂影响区的"串联"，发挥井下钻孔施工成本低、布孔灵活的优势，主要适用于煤层结构完整、力学强度高、构造相对简单的煤矿区。

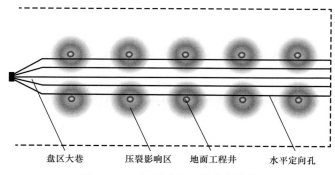

盘区大巷　　压裂影响区　　地面工程井　　水平定向孔

图8-4-2　井群式井上下联合抽采

井群式井上下联合抽采突出的难题是井下近水平定向长钻孔通过压裂影响区的钻进技术，地面工程井压裂区内的煤体被改造后，裂隙发育，且充填有压裂液、支撑剂，煤体结构破碎，使得钻孔进入压裂区后极易出现喷孔、塌孔、卡钻等事故，钻进成孔难度大。同时，井下水平定向长钻孔施工完成后，压裂影响区内孔段的孔壁稳定性差，易发生孔壁坍塌而堵塞抽采通道，严重的甚至导致井下近水平定向钻孔大部分抽采孔段失效。

2.地面立井与井下长钻孔连通压裂联合抽采

地面井与井下长钻孔连通压裂联合抽采是通过在地面施工垂直井，在井下沿煤层施工定向长钻孔，借助定向钻进技术使地面直井与井下长钻孔交会贯通，随后对井下定向长钻孔进行有效封孔，利用地面压裂设备通过地面井对目标抽采区域及井下钻孔进行压裂作业，实现抽采区域增透改造后抽采，其产气方式主要分为井下采气和地面采气两种（图 8-4-3）。针对碎软煤层定向钻孔成孔难题，有学者提出首先施工地面直井进行水力压裂，对目标煤层进行预抽，然后在目前煤层下底板岩巷施工放射状穿层钻孔进行二次瓦斯抽采，对突出煤层卸压消突。

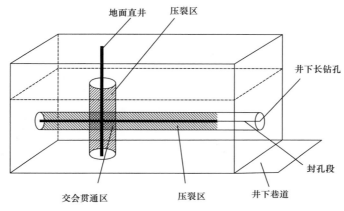

图 8-4-3　地面立井与井下长钻孔连通压裂联合抽采

地面直井与井下长钻孔连通压裂后采气，在施工技术层面上实现了井上下联合，其潜在的技术优势是：一方面可提高煤层气抽采效率和速度，地面直井与井下长钻孔连通压裂后，沟通了更多的煤层裂隙，以较少数量的井下钻孔实现煤层气高效抽采；另一方面，连通压裂增大了井下长钻孔的抽采影响范围，因此在井下区域抽采时可增大井下长钻孔的布置间距，减少钻孔施工作业量，进而缩短煤层气抽采工程建设周期，主要适用于煤层结构较完整、渗透率低的煤矿区。

地面直井与井下长钻孔连通压裂可有效沟通井筒、钻孔和煤层中裂隙，扩大井/孔的抽采影响范围，理论上具有一定的先进性。但这种联合抽采方式存在一定的局限性，表现为：（1）井孔联合压裂，效果不可控，裂缝的启裂和延伸随机性较大，煤层气抽采效果有待进一步考察；（2）压裂前需将井下钻孔孔口段密封，由于地面压裂装备供液能力强，压裂时在井下钻孔内可形成高的静压力，对孔口密封承压能力要求较高，实施难度较大，因此，技术层面的缺陷限制了这种联合抽采方式在实际煤层气开发工程中的应用。同时地面直井与井下穿层钻孔联合抽采需要施工专门的底板岩层巷道，且放射状穿层钻孔施工工程量大、施工周期长，导致工作面采掘衔接紧张。

3.立体压裂联合抽采

立体压裂地面与井下联合抽采的核心思想是借助井下巷道已揭露的地面煤层气开发

直井井筒，实现地面水力压裂设备与井下水平定向钻孔之间的连通，进而利用地面压裂设备对井下水平定向钻孔实施水力加砂压裂改造，达到增大孔壁周围煤岩体的透气性、提高瓦斯抽采效率、扩展单孔瓦斯有效抽采的范围、减少钻孔施工工作量和缩短煤矿瓦斯预抽时间等目的（图8-4-4）。

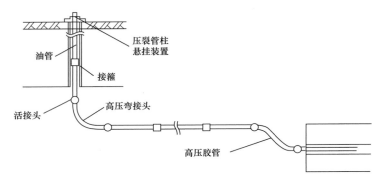

图 8-4-4　立体联合压裂

立体压裂联合抽采可以充分利用地面宽敞的场地摆放大型压裂机械设备，以实现更大规模的井下近水平钻孔的压裂。立体压裂地面与井下联合抽采在施工技术层面上具有潜在优势，可大幅提高井下钻孔的压裂规模，理论上可形成更大范围的压裂影响区，增加钻孔抽采范围，提高抽采效率，主要适用于地面钻井条件相对简单、井下近水平长钻孔成孔率高的煤矿区。然而，这种联合抽采方式客观上存在一定的局限性，钻孔压裂效果不可控，难以实现全孔段均匀压裂。

针对具有突出危险性的煤层，在地面施工多分支水平井，在井下施工近水平钻孔，并使井下近水平钻孔与地面多分支水平井部分井眼对接连通，随后将地面多分支水平井封闭，将井下近水平钻孔连接到瓦斯抽采系统中进行负压抽采，抽采通道组成如图8-4-5所示。

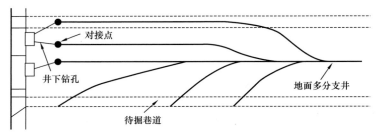

图 8-4-5　立体连通抽采

本质上是地面、井下煤层气开发施工技术联合，一定程度上发挥了地面多分支井与井下近水平钻孔开发煤层气技术的各自优势。首先，地面多分支水平井本身是一项高效煤层气开发技术，多分支井眼增加了煤层的裸露面积，扩展了煤层中气体流动的泄流面积。其次，地面多分支水平井的施工不受井下巷道条件的限制，同时从地面施工多分支井与在井下施工水平定向长钻孔相比，钻进成功率更高。最后，地面井下钻孔／井对接联合抽采技术利用井下负压瓦斯系统进行抽采，摆脱了地面排采系统的限制，地面布井位置更加灵活，可回避安装、维护地面排采装备和集输管汇系统等，辅助工程量小，安全性和技术性更高，主要适应于煤层透气率低、地面钻井条件简单、满足多分支水平井施工的煤矿区。

地面多分支水平井与井下近水平钻孔的精确对接是必须要解决的关键技术难题，同时地面多分支水平井在井下煤层气抽采过程中也存在塌孔堵塞瓦斯运移通道等问题。

4. 顶板压裂与井下水平钻孔联合抽采

在地面施工垂直井和水平井，保证水平井层位位于裂隙带与弯曲下沉带之间，且靠近待回采煤层回风巷一侧，并在垂直井底部扩径，降低垂直井与水平井的对接难度，完井后在地面对水平井进行压裂作业。工作面圈闭时密闭水平井，通过直井利用压裂裂缝对煤层及上覆围岩气体进行抽采。采煤前，将靠近采煤工作面水平井段密封，从回风巷和进风巷向煤层中施工对穿钻孔，利用地面直井和井下近水平钻孔进行负压抽采，直到煤层瓦斯含量降到标准值，工作面正常回采；采煤中及采后，针对本煤层、采空区及顶板裂隙带瓦斯，首先将采空区密闭，将初次来压后所对应的水平井段用密封装置密封，利用垂直井、水平井和井下采用梯度负压模式进行瓦斯抽采；当周期来压形成后，水平井段被分割，从直井井口和水平井井口分别实现瓦斯抽采，以此循环直至工作面回采结束（图8-4-6）。

顶板压裂立体化联合抽采形成了采前、采中和采后的三区抽采模式，从时间和空间上实现了煤层气井上下联合立体化抽采，具有一井多用的优点。在煤层顶板实施分段压裂增产改造，相比于在煤层中实施压裂优势明显，顶板水平井分段压裂技术已在我国淮北矿区取得了良好的煤层气抽采效果，连续3个月日产气量达10000m³以上。采前，利用井下钻孔与水平井压裂缝贯穿，实现井上下立体化联合抽采；边采边抽阶段，煤层得到充分卸压，利用压裂裂缝与采动裂隙有效沟通，显著提高煤层气抽采效率，主要适应于煤层结构破碎、渗透率低、井下定向长钻孔钻进成孔困难的煤矿区。

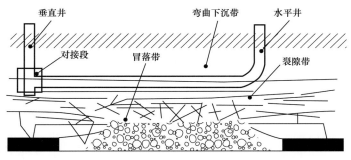

图 8-4-6　顶板压裂与井下水平钻孔联合抽采

但这种联合抽采方式也存在着技术上的弊端，在煤层回采过程中顶板覆岩发生变形破坏，地面直井及水平井井身结构遭到破坏，影响煤层气抽采效果。

第九章　煤层气开发利用成效与展望

经过 10 多年的快速发展，以准噶尔盆地南缘为代表的新疆煤层气开发取得了较大的突破，阜康矿区、乌鲁木齐河东矿区实现小规模开发利用，涌现了多口高产井，探索并形成了完整的煤层气勘探开发、集输、销售利用一体化产业体系，新疆大倾角、多厚煤层、中低煤阶地质特点的煤层气勘查开发地质理论和钻压排工程技术体系进一步明确和完善。同时，准噶尔盆地南缘的煤层气开发利用也辐射和带动了库拜煤田、三塘湖煤田、和什托洛盖煤田的勘查开发，形成了全疆煤层气勘查开发多处开花、重点推进的良好布局。

第一节　煤层气开发利用先导试验

一、白杨河煤层气地面开发先导试验

白杨河煤层气开发先导性试验区位于阜康市东 40km，区内东西长 8.6km，南北宽约 3.1km，面积约 18.23km²。2003 年，新疆维吾尔自治区煤田地质局一五六煤田地质勘探队开始在阜康白杨河区块开展煤层气勘查评价工作。通过 10 年的持续投入和坚持，在 2013 年获得煤层气井组工业气流，单井最高日产量达到 2507m³，井组最大日产量达到 7000m³。2014 年，一五六煤田地质勘探队承担自治区国土资源厅"新疆阜康白杨河矿区煤层气开发利用先导性示范工程"项目，引领示范新疆煤层气勘查开发。2016 年以来，依托国家油气重大专项，开展"新疆阜康白杨河矿区煤层气开发利用先导性示范工程（二期）"项目建设，总结运用新疆低阶煤含气规律，优选靶区施工 17 口生产井。经过两期建设，白杨河区块单井平均日产气量达 1400m³，取得了较好的产气效果。

1. 开发地质

1）区域位置与构造形态

区域构造位于新疆二级构造单元北天山优地槽褶皱带北部中央部位，该褶皱带北与准噶尔坳陷接壤，南以博罗科努—阿其库都克超岩石圈断裂为界，呈近东西向展布，南北宽约 200km。这是自早古生代开始，历经华力西、印支、燕山及喜马拉雅构造运动，形成的一系列北西西向、近东西向及北东东向的断裂、褶皱及山间盆地。其断裂主要为压性，褶皱均以复背斜形式展现，东部构造形迹呈波浪起伏（图 9-1-1）。

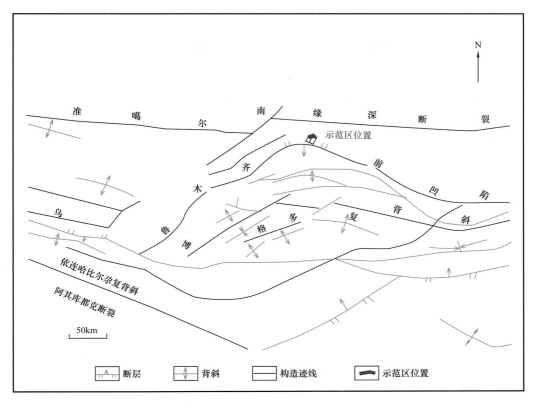

图 9-1-1　区域构造位置示意图

先导试验区处于黄山—二工河向斜北翼，总体上为地层南倾的单斜构造，近东西走向，地层倾角 30°～58°，平均为 46°，含煤地层在走向上和倾向上变化不大（图 9-1-2）；影响试验区的主要断层有妖魔山逆断层、白杨河逆断层、西沟逆断层及阜康逆掩断层；区内构造复杂程度整体为简单构造类型。先导性试验区工程部署如图 9-1-3 所示。

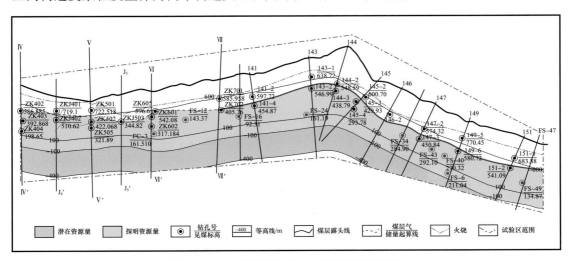

图 9-1-2　白杨河试验区 42 号煤层底面构造

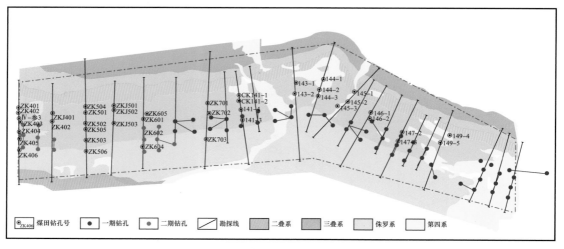

图 9-1-3　白杨河先导性试验工程分布

2）含煤层系与煤层分布

先导试验区主要含煤地层为八道湾组下段（J_1b^1）和八道湾组中段（J_1b^2）。区内八道湾组（J_1b）含煤地层控制地层平均厚度为 569.34m，煤层平均总厚度为 32.79～106.34m，可采煤层平均总厚度为 60.86m，含煤系数为 11.3%。

八道湾组下段含 45 号、44 号、43 号、42 号、41 号、40 号和 39 号煤层，其中 44 号、43 号、42 号、41 号和 39 号煤层全区可采；45 号煤层在试验区东部有控制，但均不可采，向西逐渐尖灭；40 号煤层局部可采，层位较稳定。44 号至 39 号煤层浅部自燃，在试验区北部形成近东西向的烧变岩带。

八道湾组中段含 38 号、37 号、35-36 号和 34 号煤层，其中 35-36 号煤层全区可采，37 号煤层为大部可采，在 750m 水平以上可采，向东尖灭。38 号、34 号煤层为不可采薄煤层，不稳定。

主力煤层 39 号、41 号及 42 号煤层埋深 500～1200m，总体南深北浅，东南埋藏最深，西北埋藏最浅。纵向上，41 号煤层比 39 号煤层深 7.46～22.32m，平均约 15.8m；42 号煤层比 41 号煤层深 24.91～44.49m，平均 31.47m。

3）煤岩煤质与孔裂隙特征

各煤层宏观煤岩成分大致相同，以暗煤为主，镜煤、丝炭次之，条带状结构。宏观煤岩类型为半亮煤—半暗煤。区内各煤层的显微组分大多以镜质组为主，惰质组次之，半镜质组和壳质组少量。各煤层的有机质中，镜质组占 37.8%～87.6%，半镜质组占 0～16.6%，惰质组占 1.70%～65.2%，壳质组占 0～7.6%。有机质总量为 62.3%～96.3%，矿物质总量为 3.8%～37.7%，矿物组成主要为黏土矿物和碳酸盐矿物，黏土矿物呈浸染状或薄层状分布，碳酸盐矿物呈脉状分布。主力煤层镜煤最大反射率为 0.60%～1.01%，平均为 0.82%，其变质阶段属 Ⅰ—Ⅱ—Ⅲ 阶。

煤的水分含量较低，一般为 0.92%～2.21%；41 号、42 号煤层灰分含量为 9.25%～10.00%，属特低灰煤；浮煤挥发分含量一般为 28.45%～36.65%，浮煤水分含量较低，平均值为 1.13%～2.72%。

主力煤层孔隙度为 2.5%～14.5%，平均约 7.6%。各煤层割理发育，41 号、42 号煤层裂隙较发育，连通性较好，利于煤层气的渗流和运移，其主要类型为内生裂隙。41 号煤层面割理长 0.5～6.0cm，密度为 6～25 条 /10cm，高度为 0.5～9.0cm，无矿物充填；端割理不发育，连通性差。42 号煤层面割理长 0.2～6.0cm，密度为 5～26 条 /10cm，高度为 0.2～6.0cm；端割理长度受面割理控制，密度为 8～26 条 /10cm，高度为 0.2～6.0cm。

4）气藏特征

（1）含气性与气组分。

先导试验区主力煤层含气性较好。煤层含气量变化规律主要受深度影响，即随着深度增加，煤层含气量不断增加，同时随着深度的增加，含气量增加的梯度变缓。39-1 号煤层从含气量下限深度至埋深 1200m，含气量从 4m³/t 增加至 20.89m³/t；39-2 号煤层从含气量下限深度至埋深 1200m，含气量从 4m³/t 增加至 18.71m³/t；41 号煤层从含气量下限深度至埋深 1200m，含气量从 4m³/t 增加至 19.26m³/t；42 号煤层从含气量下限深度至埋深 1200m，含气量从 4m³/t 增加至 15.70m³/t。

煤层的气体组分具有典型中低煤阶煤层的煤层气组分特征，以甲烷为主，二氧化碳含量其次，其他气体含量较少。39 号煤层气体组分中，甲烷平均含量为 87.39%，二氧化碳平均含量为 10.83%，氮气平均含量为 1.38%，乙烷及其他重烃平均含量为 0.46%；41 号煤层气体组分中，甲烷平均含量为 78.78%，二氧化碳平均含量为 18.69%，氮气平均含量为 1.37%，乙烷及其他重烃平均含量为 1.14%；42 号煤层气体组分中，甲烷平均含量为 77.24%，二氧化碳平均含量为 20.15%，氮气平均含量为 1.39%，乙烷及其他重烃平均含量为 1.22%。

（2）储层压力、温度。

储层压力基本正常，具有欠压—常压特点。39 号煤层压力梯度为 7.58～8.23MPa/100m；41 号煤层压力梯度为 8.37～8.52MPa/100m；42 号煤层压力梯度为 7.58～7.84MPa/100m。

先导性试验区储层温度梯度为 0.88～1.53℃ /100m，属异常低温。39 号煤层储层温度平均为 24.09℃；41 号煤层储层温度平均为 24.23℃；42 号煤层储层温度平均为 26.31℃。

（3）储层渗透性。

根据注入 / 压降测试，39 号煤层平均渗透率为 1.54mD，41 号煤层平均渗透率为 0.12mD，42 号煤层平均渗透率为 0.073mD。

（4）煤层产气产水能力。

先导性试验区火烧分布广泛，影响深度较大。一期气井距离火烧影响带过近，受火烧区影响产气效果较差。在二期井部署工作中加大生产井与火烧区之间的距离，避免火烧区影响。去除浅部受到火烧区影响的井以外，中深部其他气井产气效果较好。50% 的井产气量为 1000～2000m³/d，产气效果好。

区块产水能力差异小，日产水量一般为 1～10m³，地层水矿化度为 11778～13295mg/L，水型为 $NaHCO_3$。

（5）煤层气储量。

垂深 1200m 内，39 号、41 号、42 号煤层叠合含气面积 10.66km²，探明地质储量 $43.39×10^8m^3$，技术可采储量 $21.70×10^8m^3$，经济可采储量 $19.58×10^8m^3$，资源量优势明显。

2. 工程部署与实施

按照整体部署、分阶段实施的产能建设原则，分两期开展白杨河示范区 $0.3×10^8m^3/a$ 产能建设工作。

先导性试验区一期工程部署如下：

（1）施工煤层气参数井，系统采集相关参数。

（2）施工 51 口煤层气生产井和 U 型试验井。

（3）建设 CNG 站及集气管网等地面工程。

一期工程钻井 51 口（定向井 33 口，直井 15 口，L 型井 2 口，对接井 1 口），进尺 51466.66m，完成了项目建设目标。

先导性试验区二期工程部署如下：

二期工程由新疆煤田地质局一五六煤田地质勘探队自筹资金完成。吸取一期工程经验和地质成果，深化中低阶煤层气地质规律认识，进一步优选煤层气靶区，部署钻井 17 口。

1）开发区块优选

开发区属低山地带，地表有一定的起伏，因此在部署井位时地下和地表情况要同时兼顾，井位部署依据为：

（1）煤层真厚度大于 5m。

（2）一般在煤层埋深小于 1200m 的地区，主要部署在 620～1200m 区域。

（3）避开可疑构造、煤层断裂区域，以保证部署井钻井安全和成功钻遇煤层，保障产气效果。

（4）井网部署在含气量不小于 $4m^3/t$、含气饱和度高的区域。

2）井网选择与井距优化

针对不同井间距的布置，综合考虑煤层气井产气高峰期到达时间的早晚、高峰期产量、稳定高产持续时间和煤层气最终采收率等主要因素，同时兼顾白杨河地区煤层气资源丰度较高、煤储层较好的开发条件。综合国内外煤层气开发井距、储量丰度、裂缝半长、稳产年限、采收率等因素，确定以 250m×210m 井距的矩形井网为主进行设计（图 9-1-4），单井控制面积

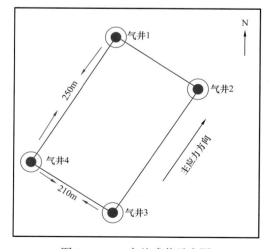

图 9-1-4　4 点丛式井示意图

$0.0525km^2$。主裂缝方向为北东—南西向，井网与主裂缝方向一致。

3）工艺技术优选

（1）钻井工程技术。

丛式井组的直井和定向井均采用二开井身结构，一开 $\phi311.1mm$ 井眼 ×$\phi244.5mm$ 套管，二开 $\phi215.9mm$ 井眼 ×$\phi139.7mm$ 套管，生产套管固井水泥浆返至地面或目的层段顶面以上 $300m$；煤层段采用钢套管。

（2）储层改造技术。

采用水力压裂方式增产，最高砂比为15%。为了提高支撑裂缝的长度，降低滤失，在前置液阶段需要加入一定量的中细砂（$4\sim8m^3$），以增加压裂液的效率并促进压裂施工的顺利进行。为提高施工成功率、保证压裂效果，压裂施工均采用大排量的压裂施工工艺，压裂施工时排量为 $8\sim12m^3/min$。采用连续油管注入的方式。

（3）排采及控制技术。

采用抽油机＋管式泵排采，形成添加缓蚀剂和基于三维杆柱力学的防腐防偏磨技术，大幅延长检泵周期，提出"五段三点两控制"排采控制方法，引入智能排采，编制智能排采系统，实现智能化排采控制，节约成本，实现了气井的高产稳产。

3. 示范作用

先导试验建设涉及方案部署、钻井工程、压裂施工、排采生产、地面建设、生产运行、设备保运等一系列方面，提交了新疆首个煤层气探明储量报告，形成了适用于该区块的"丛式井钻井、复合压裂液压裂、'五段三点两控制'排采"等勘探开发关键技术系列，探索了新疆煤层气规模开发的工程管理模式、实施经济性，培养了新疆自身的开发队伍，形成 $0.3\times10^8m^3/a$ 产能，建成了新疆第一个煤层气开发利用示范区，证实了新疆煤层气规模开发可行性，成功带动新疆其他地区煤层气开发。先导试验成果获新疆"358"地质找矿项目优秀成果一等奖、2016年度中国十大地质科技进展。另外，白杨河先导试验项目部 2017 年获得了自治区总工会颁发的"自治区工人先锋号"。

（1）成功应用丛式井钻井技术。

先导性试验是新疆首个大规模成功推广应用丛式井的煤层气开发项目，并从井身结构设计、井身轨迹优化、井身质量控制、钻头选型、钻具组合优化等方面优化和提高了丛式井钻井技术，提出了"直—增—稳—降—稳"的五段制井身结构设计，并推广五段制、三段制结合的部署方式，实现了煤层的等间距控制。以上丛式井钻井技术与方法很好地满足了安全快速钻进的要求，缩短钻井周期50%以上，共节省征地面积约 $33600m^2$。

（2）首次在煤层气井压裂中大规模应用复合压裂液。

研发新型清洁压裂液和活性水压裂液配方，清洁压裂液＋新型活性水的复合压裂液施工技术解决了白杨河区块大倾角、高滤失的客观地质因素，提高了压裂液抗滤失能力、造缝效率和携砂能力，形成大范围有效的支撑裂缝，保证对复杂煤层的充分改造。结果证明，新型复合压裂液配方有效地克服了复杂地质状况，入井液量、砂量大幅增加，压裂效果明显提升。

（3）形成了适应示范区地质特点的"五段三点两控制"排采法。

在国内排采控制方法的基础上，对排采理论进行适合区块特点的调整，总结形成"五段三点两控制"排采法。在该排采控制方法的指导下，气井产量"上得去、稳得住"，先导性试验区总体产气量呈现出稳定上升的趋势。"五段三点两控制"排采法完全适应新疆大倾角煤层煤层气开发需要。

（4）建成了新疆煤层气首个排采自动化系统。

高标准、高要求，充分发挥项目示范作用和价值。先导性试验项目提出以最高的工业运行自动化要求进行建设，实现"无人值守、自动化排采"。生产现场数据通过自动化计量装置将气量、水量、套压、井底流压、抽油机冲次、功图等实时参数通过无线网桥上传，上位机系统实现控制目标远程规划和实时控制指令下发及生产的综合智能化管理。软件方面获得国家知识产权局软件著作权证书，实现了自动化排采控制软件的自主化。通过硬件、软件的同步开发建设，建成当时全国自动化程度最高的自动化排采系统。

（5）获得较好的开发效果，首次成功实现新疆煤层气小规模地面开发利用。

区块单井平均产气量为1400m³/d，区块最高产气量为69000m³/d。3口井产气量大于5000m³/d，6口井产气量大于3000m³/d，11口井产气量大于1000m³/d。FS-80井产气量最高，单井最高产气量为6600m³/d（图9-1-5）。单井平均产气量超过国内平均水平。所产煤层气以CNG形式用于工业园区和汽车加气，截至2018年10月累计对外输气$6000×10^4$m³。

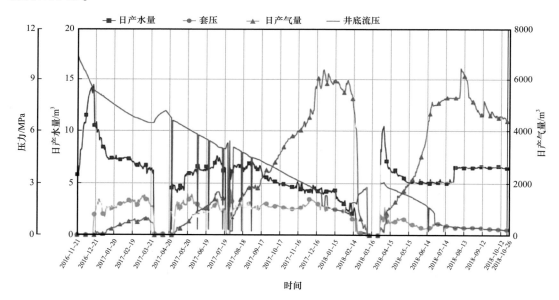

图9-1-5　FS-80井排采曲线（2016—2018年）

二、四工河煤层气地面开发先导试验

四工河煤层气开发先导试验区（以下简称试验区）位于阜康市区东南15km阜康矿区西部，西起三工河，东至四工河，南部以池钢逆断层（F5）为界，北部以夹皮沟断层

（F7）为界，东西长约 4km，南北宽约 2.5km，面积约 10km²。试验区含煤构造为阜康向斜东段翘起端，构造形态为弧形斜坡带，含煤地层为侏罗系八道湾组三段（J_1b^3）、八道湾组二段（J_1b^2），共含煤 7 层，其中主力煤层 A_2、A_5 煤层厚度大，煤层气含量高。区内煤矿气煤一井是阜康矿区重点高瓦斯煤矿。

2008 年以来，新疆科林思德新能源有限责任公司在四工河试验区开展了煤矿瓦斯综合利用（瓦斯发电）和地面抽采煤层气试验，"十三五"期间承担了国家科技重大专项课题，针对四工河试验区中低煤阶、大倾角、厚煤层、多煤层地质特点开展了煤层气开发技术攻关和开发先导试验，形成丛式井钻井、水平井钻井、储层保护、煤层压裂和大斜度复杂井筒防砂防磨防腐自动化排采等特色技术，完成煤层气开发井 50 余口，水平井单井最高产气量达到 $3.5 \times 10^4 m^3/d$，定向井最高单井产气量达到 $2.8 \times 10^4 m^3/d$，年产煤层气规模达到 $5600 \times 10^4 m^3$，"十三五"期间累计生产商品气 $2.2 \times 10^8 m^3$，实现了新疆中低煤阶煤层气商业化生产的突破，为准噶尔盆地南缘煤层气规模开发和新疆煤层气产业发展，成功探索了配套技术和商业模式。

1. 开发地质

1）区域位置与构造形态

试验区位于准南煤田阜康矿区西部，地质构造较复杂。北缘发育阜康逆断层（F1），南缘发育妖魔山逆断层（F4），分别控制矿区北部和南部的边界。在南北边界断层之间发育一系列近东西向或北东东向褶皱和小型逆断层，自北向南褶曲构造依次为古牧地背斜（M1）、阜康向斜（M3）、南阜康背斜（M4）、南阜康向斜（M5）、七道湾背斜（M6）、八道湾向斜（M7）等，褶皱多呈紧闭型，两翼派生出一系列高角度仰冲逆断层及小型的平移断层（图 9-1-6）。

试验区位于阜康向斜东段翘起端。阜康向斜西起大草滩，向东延伸至四工河一带。西部宽缓，东部收敛，轴面南倾，轴线由西向东逐渐仰起。向斜两翼出露地层包括下侏罗统八道湾组（J_1b）、三工河组（J_1s），中侏罗统西山窑组（J_2x）及第四系。向斜两翼地层不对称，北翼稍缓地层倾角 30° 以上，最大 46°。南翼较陡地层倾角约 50°，边缘翘起最大倾角 60° 以上（图 9-1-7）。试验区总体构造形态为被断层 F6、F7 南北夹持的北缓南陡不对称弧形斜坡带。

2）含煤层系与煤层分布

试验区主要含煤地层为下侏罗统八道湾组，为一套河流—湖泊—沼泽相交替出现的含煤建造，自下而上可划分为 4 段，上部第四段（J_1b^4）几乎不含可采煤层，主力含煤段分布在八三段（J_1b^3）和八二段（J_1b^2），含煤地层总厚度为 430～500m，共含煤 7 层。下部八一段（J_1b^1）煤层变少、变薄，在该区埋深较大，超过当前煤层气勘探深度，不是本区煤层气勘探目的层。

八三段（J_1b^3）含煤 4 层，自上而下划分为 A_1、A_2、A_3、A_4 煤层，A_4 煤层为八三段底界。A_1 煤层净厚度为 0.35～1.12m，平均 0.72m，全区稳定分布；A_2 煤层净厚度为 1.20～18.68m，平均厚 12.98m，中东部分布稳定，煤层厚度一般大于 10m，西部边

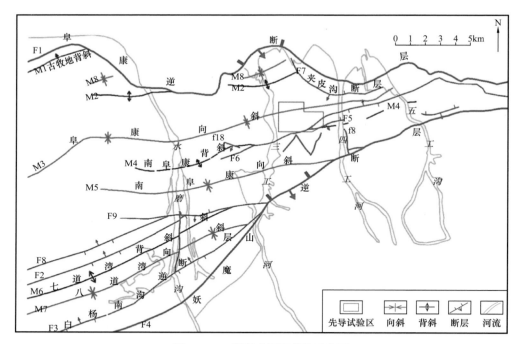

图 9-1-6　阜康矿区西部构造纲要

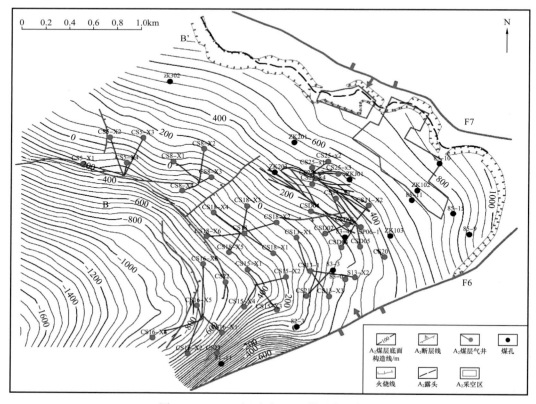

图 9-1-7　四工河试验区 A_2 煤层底面构造

缘 A_2 煤层变薄直至尖灭；A_3 煤层净厚度为 $1.30\sim5.62m$，平均 $2.34m$；A_4 煤层净厚度为 $1.05\sim5.23m$，平均 $2.68m$。

八二段（J_1b^2）含煤 3 层，自上而下划分为 A_5、A_6、A_7 煤层。其中 A_5 煤层净厚度为 $0\sim34.27m$，平均 $13.09m$，主要分布于试验区中东部地区；A_6 煤层全区分布，煤层净厚度一般为 $2.07\sim2.32m$，最大厚度为 $7.71m$；A_7 煤层纵向上距离 A_6 煤层 $3\sim5m$，煤层净厚度一般为 $1.46\sim1.51m$，最大厚度为 $4.5m$。

八三段 A_2 煤层、八二段 A_5 煤层单层厚度大，横向分布稳定，是试验区煤层气勘探开发主要目的层。

试验区主力煤层埋深 $0\sim2200m$，南缘、北缘和东部翘起端上部煤层出露被剥蚀或火烧，向斜轴部埋深增大，最大埋深约 $2200m$。纵向上，A_5 煤层较 A_2 煤层平均深 $80\sim150m$。

3）煤岩煤质与孔裂隙特征

试验区宏观煤岩类型主要为半亮煤，煤岩成分以亮煤为主，次为暗煤，丝炭少量。煤岩条带状结构、层状构造。煤体结构以原生结构煤为主，少量碎裂煤，岩心呈柱状、短柱状，少量块状。

各煤层可燃有机质含量高，有机质占 $85.20\%\sim92.50\%$，平均 87.85%。有机显微组分中，镜质组占 $71.30\%\sim88.60\%$，平均 79.95%；半镜质组占 $0.20\%\sim6.67\%$，平均 3.78%；惰质组占 $1.0\%\sim7.45\%$，平均 4.25%；壳质组占 $0.2\%\sim1.3\%$，平均 0.42%。

主力煤层水分、灰分低。A_2 煤层原煤水分（M_{ad}）$0.94\%\sim1.46\%$，平均 1.16%；灰分（A_d）$2.88\%\sim23.38\%$，平均 8.97%；挥发分（V_{daf}）$41.17\%\sim46.95\%$，平均 43.44%。A_5 煤层原煤水分（M_{ad}）约 1.04%，灰分（A_d）10.55%，挥发分（V_{daf}）44.53%。各煤层矿物质以黏土类为主，少量硫化物（黄铁矿）和碳酸盐类。

A_2 煤层视密度 $1.24\sim1.46g/cm^3$，平均 $1.32g/cm^3$；A_5 煤层视密度 $1.23\sim1.62g/cm^3$，平均 $1.30g/cm^3$。

各煤层最大镜质组反射率为 $0.59\%\sim0.72\%$，煤阶以气煤为主。

煤层割理较发育，呈不规则网状分布，面割理密度为 $4\sim30$ 条 /10cm，端割理密度为 $5\sim10$ 条 /10cm。构造裂隙也较发育，部分裂隙被方解石充填。电子显微镜扫描、高压压汞、核磁共振、Micro-CT 等对煤岩孔隙、裂隙的研究表明，主力煤层孔隙以微孔、过渡孔为主，总孔隙度为 $5.9\%\sim679\%$，中孔直径为 $8.0\sim11.1nm$。

试验区煤储层力学性质具有低抗拉、低抗压、断裂韧性小的特点，具有较强的应力敏感性。"五敏"试验证实，煤层具有中等偏强的速敏性，偏弱的水敏、酸敏和碱敏特性。

4）气藏特征

（1）含气性与气组分。

试验区主力煤层含气性较好。据煤层气参数井岩心样品解吸试验数据，A_2 煤层原煤干燥基含气量为 $10.08\sim13.22m^3/t$，平均 $12.24m^3/t$；A_3 煤层原煤干燥基含气量为 $6.68\sim12.40m^3/t$，平均 $10.72m^3/t$；A_4 煤层原煤干燥基含气量为 $6.08\sim10.88m^3/t$，平均 $8.34m^3/t$，A_5 煤层原煤干燥基含气量为 $9.51\sim23.23m^3/t$，平均 $13.84m^3/t$。根据控气条件分析，试验区是由八道湾组泥岩及砂质泥岩纵向封盖，由断层和水动力条件侧向封堵的压力吸附型煤层气藏。在1500m以浅深度范围内，各煤层含气量随深度增加而增加。

据煤心解吸气样和试采井井口气样组分分析，煤层气主要组分包括：甲烷（CH_4）含量为92.07%～96.29%，平均93.97%；乙烷（C_2H_6）含量为0.01%～0.26%，平均0.15%；氮气（N_2）含量为2.24%～7.23%，平均4.99%；二氧化碳（CO_2）含量为0.18%～2.27%，平均0.88%。未检测出其他有毒有害组分，为优质天然气。

（2）储层压力、温度。

根据试验区6口煤层气参数井试井数据（表9-1-1），试验区浅部靠近煤矿的试验井组煤层埋深642.1～1043m，试井A_2、A_3煤层压力介于3.59～5.47MPa。压力梯度为0.41～0.57MPa/100m，平均0.53MPa/100m，属于异常欠压储层。A_5煤层埋深984.40～1402.5m，储层压力介于7.54～13.61MPa。压力梯度为0.77MPa/100m，属于略欠压储层。储层温度20.15～25.70℃，平均地温梯度约2.86℃/100m，属于正常偏低地温梯度。

表9-1-1 煤层气参数井试井储层压力数据统计

井号	煤层	中部垂深/m	储层压力/MPa	压力梯度/MPa/100m	渗透率/mD	表皮系数	调查半径/m	储层温度/℃	试井方法
CSD01	A_2	759.80	3.59	0.49	16.42	4.51	71.88	20.15	注入/压降
CSD02	A_2	893.44	5.09	0.57	1.620	2.03	8.82	22.50	DST测试
CSD03	A_3	927.08	5.47	0.59	0.064	−1.21	3.30	25.30	DST测试
	A_3	927.47	8.01	0.84	0.050	0.10	5.53	24.09	注入/压降
CSD04	A_4	946.56	3.88	0.41	0.243	−2.64	5.80	25.70	DST测试
CS11-X1	A_5	984.10	7.54	0.78	0.350	0.15	9.26	25.10	注入/压降
CS15-X4	A_5	1386.08	13.61	0.78	0.090	−4.01	3.78	35.79	注入/压降
CS22	A_4	1575.00	14.38	0.91	2.900	1.63	11.77	40.00	注入/压降

（3）储层渗透性。

试验区A_2煤层的渗透率为0.243～16.42mD，A_5煤层的渗透率为0.009～0.35mD，煤层渗透性具有很强的非均质性。总体而言，1000m以浅的区域煤储层渗透率1.0～16.42mD属于中—高渗透储层，特别是CS11井组CSD01井、CSD02井距离煤矿较近，距离已建巷道和采动区最近距离约560m，煤储层渗透率达到16.42mD为高渗透储层；超过1000m以深煤储层渗透率介于0.1～1mD属于低渗透储层，超过1500m渗透率低于0.1mD属于特低渗透储层。

（4）煤层产气产水能力。

探井试采证实，试验区1500m以浅A_2、A_5煤层压裂后具有很好的产气能力，直井/定向井单井日产气4500～13500m^3，最高单井日产气17800m^3，日产水1.5～10m^3，证实试验区主体部位主力煤层具有很好的产气能力。

煤层气井产水能力差别较大，东部边缘 CS20 井和西北部边缘 CS8–X3 井、CS5–X4 井靠近火烧区充水层，受地表降水补给和地面芒硝层淋滤作用，火烧层含水丰富矿化度高，最高单井日产水 25～40m³，总矿化度高（10221.0～17060.2mg/L），水型为 NaHCO₃—Na₂SO₄ 型；向斜主体部位试验井 CSD01 井、CSD03 井和 CS15 井单井日产水 1.5～10m³，煤层水矿化度为 2131.1～7741.7mg/L，水型为 NaHCO₃ 型（表 9-1-2）。

表 9-1-2　四工河试验区煤层水分析

| 井号 | 层位 | 深度 /m | 主要离子 /（mg/L） | | | | | | | 矿化度 /mg/L | 水型 |
			CO_3^{2-}	HCO_3^-	Cl^-	SO_4^{2-}	Ca^{2+}	Mg^{2+}	K^++Na^+		
CS20	A_2	673.3～685.4	119.10	775.1	357.4	1588.8	75.90	43.19	7269.3	10221.0	Na_2SO_4
CS8–X3	A_2	958.8～991.4	476.60	5559.6	3342.0	11.50	37.10	2.37	4568.1	14012.2	$NaHCO_3$
CS5–X4	A_2	998.3～1006.5	786.32	6855.7	48.85	7.82	48.85	1.18	5561.7	17060.2	$NaHCO_3$
CSD01	A_2	750.0～769.8	179.80	2898.2	2876.8	13.90	32.20	13.60	3040.3	7605.6	$NaHCO_3$
CSD03	A_2	887.7～909.7	28.20	731.3	706.5	195.1	20.80	7.20	811.5	2131.1	$NaHCO_3$
CS15	—	840.5～859.0	51.70	2483.4	3323.2	9.10	550	13.60	3047.2	7741.7	$NaHCO_3$

（5）煤层气储量。

试验区主体部位是阜康向斜东部翘起端弧形斜坡构造，内部无大型断层切割，平面上划分为一个整装气藏，纵向上按煤组可划分为 A_1+A_2 层、A_3+A_4 层和 A_5 层 3 个层段，根据探井与试采井分布范围圈定探明含气面积 7.08km²，按体积法计算煤层气探明的地质储量为 $32.51×10^8m^3$，储量丰度 $4.59×10^8m^3/km^2$，属高丰度中小型煤层气藏。类比国内外低煤阶煤层气井采收率，结合等温吸附曲线—废弃压力法计算采收率结果，确定试验区煤层气采收率为 55%，计算技术可采储量为 $17.88×10^8m^3$。

2. 工程部署与实施

1）开发区块优选

四工河试验区开发井部署选区原则：（1）具备较好的地面条件，避开居民水源地、博格达自然遗产地、天池国家地质公园；（2）最优煤层埋深 500～1200m，最大埋深不超过 1500m；（3）煤层单层厚度大于 3m，总厚度大于 15m；（4）距离风化带（火烧区）500m 以上，距离煤矿巷道 300m 以上，距离断层 200m 以上；（5）煤层含气量大于 5m³/t，含气饱和度大于 75%；（6）资源丰度大于 $1×10^8m^3/km^2$，单井控制可采储量不少于 $500×10^4m^3$。

考虑试验区煤体结构、煤层物性非均质性强，在很小的范围内发生较大变化，因此试验区优选原则未对煤体结构、渗透率设定限制，可以通过直井／定向井压裂缝长和水平井主／分支长度增加覆盖面积来获得较大的供气范围，消除局部煤体结构破碎、煤层渗透率低造成的影响。

在煤田勘探和煤层气钻探基础上，综合考虑以上因素，试验区选择在气煤一井矿井以南埋深 600～1500m 的区域，面积 3.8km²，试验目的层以 A₂、A₅ 煤层为主，兼顾 A₃、A₄ 煤层等薄煤层，动用煤层气探明地质储量约 $18.2×10^8m^3$，储量丰度 $4.79×10^8m^3/km^2$，可采储量约 $10.01×10^8m^3$。

2）井网选择与井距优化

开发先导试验阶段主要采用以丛式井为主的井型评价煤层产气能力，在浅部（1000m以浅）靠近煤矿采动区的高渗透区，开展多分支水平井试验。丛式井组采用菱形井网布井（图 9-1-8），根据地应力和主裂缝发育情况确定煤储层主渗透方向，沿主渗透方向和垂直于主渗透两个方向布井，主渗透方向井距适当加大，垂直于主渗透方向井距较小。考虑深部煤层渗透性变差，可适当减小井距提高产气效果。菱形井网是煤层气开发常用的布井形式，其最大优点是在煤层气开发排水降压时，井间压力降低比较均匀，可以达到大面积协同降压产气的目的。

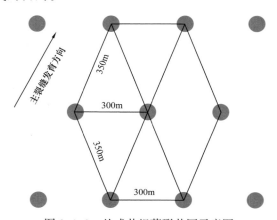

图 9-1-8　丛式井组菱形井网示意图

根据储层参数和煤层气产量数值模拟结果，高渗透区部署的多分支水平井，预测单井稳定产气量在 15000m³/d 以上；埋深 1000m 以浅较高渗透区丛式井采用 300～350m 井距，根据前期试采井产量及储层参数拟合结果，通过数值模拟方法预测单井产气量指标为 5000m³/d；埋深 1000～1500m 的较深部位中—低渗透区丛式井采用 250～300m 井距，预测单井产气量指标为 2000m³/d。

3）工艺技术优选

（1）钻井工程技术。

丛式井组的直井和定向井均采用二开井身结构，一开 ϕ311.1mm 井眼 ×ϕ244.5mm 套管，二开 ϕ215.9mm 井眼 ×ϕ139.7mm 套管，生产套管固井水泥浆返至地面或目的层段顶面以上 300m，注意封固煤层上部含水层；多分支水平井由水平井和洞穴井组成。水平井采用三开井身结构，一开 ϕ311.1mm 井眼 ×ϕ244.5mm 套管，二开 ϕ215.9mm 井眼 ×ϕ139.7mm 套管，三开由 1 个主支和 6～8 个分支组成，主支 ϕ155.6mm 井眼 × ϕ114.3mm PE 筛管，分支 ϕ155.6mm 井眼裸眼完井，水平井眼总长度 2000～3000m。洞穴井采用二开井身结构，一开 ϕ311.1mm 井眼 ×ϕ244.5 套管，二开 ϕ215.9mm 井眼 ×

ϕ177.8mm 套管固井完井，煤层段采用钢套管或玻璃钢套管，通过锻铣在煤层段造洞穴。水平井眼主支与洞穴井造穴段连通。

钻井工程的关键技术是保持井壁稳定并做好储层保护，钻进至目的层段要求采用强抑制性低密度无固相—低固相钾基钻井液体系，严格控制钻井液密度和固相含量，防止井壁垮塌和近井筒储层伤害，减少钻井液浸泡时间保护好储层。另外，为防止大倾角厚煤层发生塑性蠕动造成套管变形，要求煤层段采用 N80 以上钢级或厚壁套管，增强套管抗压抗挤性能。

（2）储层改造技术。

丛式井采用水力压裂方式增产，压裂 1～2 个煤层的丛式井采用电缆射孔光套管注入压裂方式，多个煤层（3 层以上）的丛式井采用连续油管带底封工具喷砂射孔压裂工艺提高压裂时效，采用环空注入加砂、油管补液方式提高注入排量和携砂能力，降低摩阻。压裂液体系采用活性水（1%KCl），喷砂射孔采用滑溜水（1%KCl+0.12% 降阻剂）；前置液段塞使用 100～200 目石英砂，携砂液使用 20～40 目石英砂（或 20～40 目低密度陶粒）并尾追 20～40 目覆膜砂；厚度 10m 左右的单个压裂层段设计液量 800～1000m³，前置液占比约 40%，注入排量 6～8m³/min，采用变排量和前置液段塞施工工艺，砂比 8%～10%。单层厚度超过 25m 的煤层在中上部和中下部选择两段射孔分段压裂，平均每段压裂 10～15m，并根据煤层厚度适当加大液量和砂量。

针对大倾角厚煤层压裂的关键技术是集中射孔、适当提高前置液比例、段塞施工。厚煤层集中射孔可以在不增加排量和液量情况下实现造长缝的目的，加大施工排量和段塞加砂可提高远距离携砂能力。尾追覆膜砂技术可防止大倾角煤层压裂后出砂。射孔时应适当减少射孔密度，保护套管的抗压性能，防止压裂后套管变形。

（3）排采及控制技术。

直井和小斜度定向井采用螺杆泵排采，中等斜度定向井采用抽油机＋管式泵，五段制大斜度定向井采用射流泵排采工艺。利用井下压力计、数字化仪表进行生产监测和智能化排采控制。采用牺牲阳极的防腐短节和内衬油管综合防腐技术。

3. 示范作用

在前期勘探成果的基础上，"十三五"期间完成了四工河煤层气开发先导试验，累计完成参数井和开采试验井 47 口，其中直井 5 口，定向井 38 口，多分支水平井 2 口，配套洞穴井 2 口。敷设集输管道 15.76km，建成年处理能力 1×10^8m³ 煤层气集气站 1 座，年处理能力 1×10^8m³ 煤层气压缩站 1 座（CNG 厂），装机容量 30×10^4kW 瓦斯电厂 1 座，加气站 1 座。累计投产 45 口井，合计日产气（11.2～17.5）$\times10^4$m³，年产煤层气 5600×10^4m³。其中，丛式井单井日产气 697～28084m³，创国内单直井日产气 2.8×10^4m³ 高产纪录。水平井单井日产气 5200～35000m³，也取得了很好的产气效果。

直井 / 丛式井共钻 7 个井组，合计 43 口，均采用二开井身结构。其中，37 口井位于 1500m 以浅，完钻井深（斜深）833～1532m，主力煤层最大垂深 1477.38m。6 口井位于深部（CS16 井组），完钻井深 1587～2086m，煤层最大垂深 1958.18m。各井实钻 A_2 煤层厚 15.2～29.2m，实钻 A_3 煤层单层厚 1.4～5.63m，A_4 煤层单层厚 1.8～6.3m。部分井钻遇 A_5 煤层，实钻 A_5 煤层单层视厚度 10.4～40.5m。各井对钻遇主力煤层 A_2 煤层全部进行了压裂；由于 A_3 和 A_4 煤层纵向距离一般为 2～5m，选择单层厚度大于 2.0m、总厚度大于 5m 的井对 A_3+A_4 煤层进行合压，钻遇 A_5 煤层的井对 A_5 煤层全部开展了压裂。

试验区 CS11 井组单井产气量和累计产气量最高，其次是 CSD 井组、CS13 井组和 CS25 井组（图 9-1-9 至图 9-1-11）。日产气量超过 25000m³ 的生产井 2 口；日产气量为

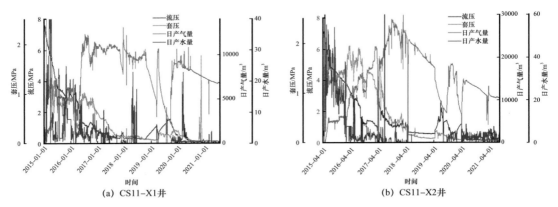

(a) CS11-X1井   (b) CS11-X2井

图 9-1-9　CS11 井组排采曲线

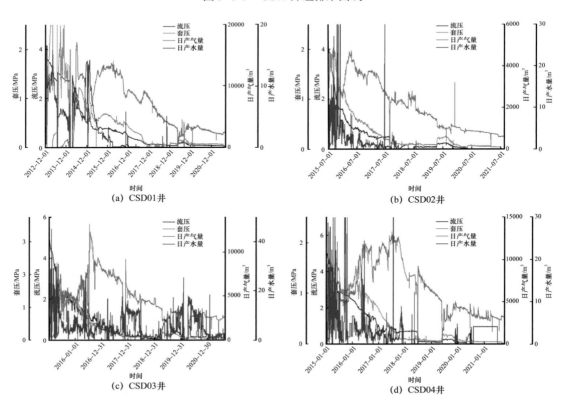

(a) CSD01井   (b) CSD02井

(c) CSD03井   (d) CSD04井

图 9-1-10　CSD01—CSD04 井组排采曲线

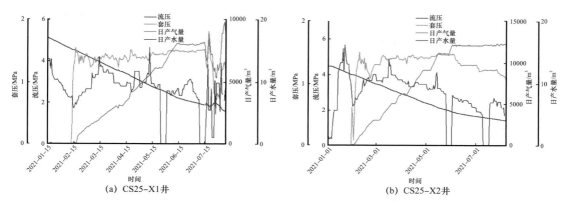

(a) CS25-X1井　　　(b) CS25-X2井

图 9-1-11　CS25 井组排采曲线

5000～15000m³ 的生产井 11 口井；日产气量为 1000～5000m³ 的生产井 21 口。部分井日产气量低于 1000m³，主要位于试验区边缘靠近火烧层煤层气逸散区。

受火烧区影响的有西部边缘 CS05 井组 CS5-X2 井、CS5-X3 井，CS08 井组 CS8-X2 井，东部边缘 CS13 井组 CS13-X2 井、CS13-X3 井和 CS20 井，因靠近火烧层充水区单井日产水量增大 2～10 倍，产气量低且持续性较差。

完成两口多分支水平井（CSP-1H 井、CSP-2H 井）。其中，CSP-1H 井由多分支水平井 CSP-1H 和配套洞穴井 CSP-1V 组成（图 9-1-12）。CSP-1H 井钻 1 个主支、5 个分

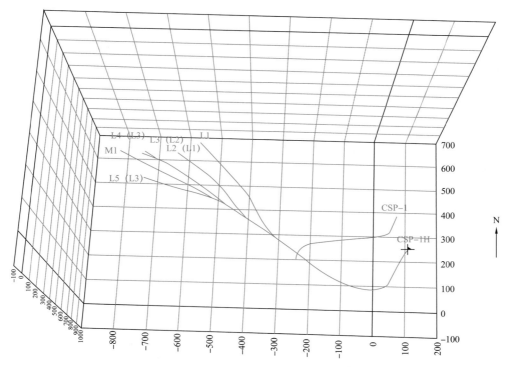

图 9-1-12　CSP-1H 水平井垂直剖面投影（单位：m）

支，主井眼 977.43m 处与洞穴井连通。全井总进尺 3096.0m，水平井段总进尺 2146.0m，煤层总进尺 2146.0m，钻遇率 100%。主支 930.0～1580.0m 井段下入外径 110mm PE 筛管完井，PE 筛管段长 650.0m。水平井段采用清水钻进，同时在洞穴井注气以保持井底压力和钻井液携砂能力，控制钻井液密度为 1.01～1.02g/cm³，通过振动筛、脱砂器和除泥器三级除砂装置降低固相含量，有效保护了储层。CSP-1V 洞穴井是水平井组的排采井，完钻井深 928m，目的煤层 A_2 煤层井段 844.5～861.0m，视厚度 16.5m，二开下入 177.8mm 钢套管，在 A_2 煤层段锻铣套管造洞穴完井。CSP-2H 多分支水平井采用与 CSP-1H 井相同的钻完井技术，全井总进尺 3217.0m，水平井段总进尺 2506.0m，纯煤层进尺 2506.0m，煤层钻遇率 100%。主支 2.0～1161.0m 井段下入外径 110mm PE 筛管完井，PE 筛管段长 1159.00m。

两口多分支水平井单井日产气量分别为 $3.35×10^4m^3$ 和 $0.52×10^4m^3$。其中，CSP-1H 井产气效果好，单井日产气量为 $3.35×10^4m^3$（图 9-1-13），"十三五"期间累计产气 $3701×10^4m^3$。

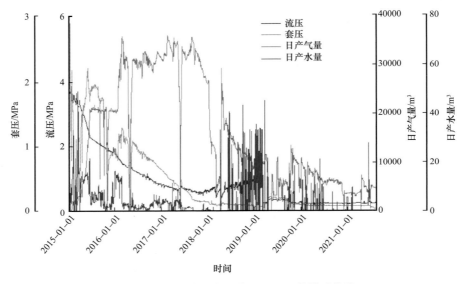

图 9-1-13 多分支水平井 CSP-1H 井排采曲线

深部煤层气开发试验取得初步成效。在煤层埋深 1500～1800m 范围完成 CS16 井组 5 口丛式井钻井试验，压裂后实现单井平均日产气 $2758m^3$，最高单井日产气 $4504m^3$（表 9-1-3、图 9-1-14）。虽然井组后期日产气量降低，但初步证实试验区深部煤层气具有较好的开发潜力。

通过四工河勘探开发先导试验，获得以下认识：

（1）试验区具备较好的煤层气封盖和保存条件。八道湾组含煤层系泥岩、砂质泥岩发育，是煤层气良好盖层，有效阻止了煤层气纵向扩散；向斜边缘上倾方向的断层遮挡并隔离火烧区，对防止煤层气逸散、避免气藏遭受破坏起到关键作用；向斜下倾方向滞留—弱径流地下水动力环境也为煤层气保存提供了良好的条件，保障了四工河试验区煤层含气性，煤层含气量、含气饱和度和地层压力梯度明显高于相邻地区。四工河煤层气开发先导试验地质工作方法可为准南地区煤层气目标优选提供借鉴。

表 9-1-3　深部煤层气井产量统计

井号	产层	煤层中深（垂深）/m	高产期/月	平均日产气量/m³
CS16-X1	A_1—A_3	1526.1	8	2495
CS16-X2	A_2	1458.7	4	3878
CS16-X4	A_2—A_3	1802.9	3	1580
CS16-X5	A_1—A_5	1619.7	5	1786
CS16-X6	A_2—A_4	1519.3	7	4054
平均				2758

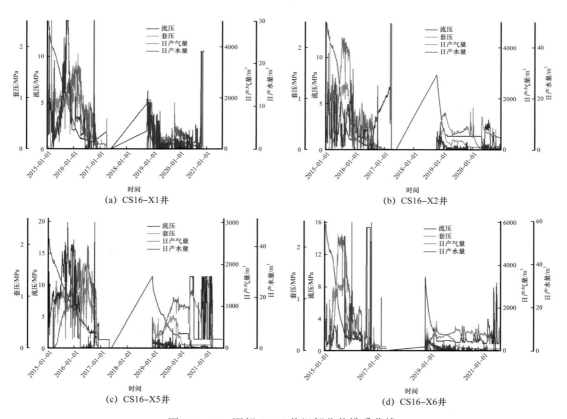

(a) CS16-X1井　　(b) CS16-X2井
(c) CS16-X5井　　(d) CS16-X6井

图 9-1-14　深部 CS16 井组部分井排采曲线

（2）试验工程选择的钻井、压裂、储层保护、排采工程技术适用于中低煤阶大倾角厚煤层地质条件和试验区煤岩煤质、煤体结构特点，特别是注重钻井和压裂施工过程中的全程煤储层保护，有效保护了储层，保证了多数试验井取得很好的产气效果，单井平均产量居全国前列。先导试验项目获得成功，为阜康地区煤层气资源规模开发奠定了技术基础。

（3）试验区深部（埋深大于 1500m）煤层气开发试验初见成效，证实新疆低煤阶含煤区深部煤层气成藏条件好，低煤阶储层在深部仍保持了较高的渗透性，具有较好的产气能力，证实新疆含煤盆地深部煤层气资源具备开发潜力。下一步需要对深部煤层气井长期稳产的钻井、压裂、排采技术开展攻关，提高深部煤层气长期稳产效果。

第二节　煤层气规模开发与煤矿瓦斯利用

一、乌鲁木齐矿区煤层气产能建设

1. 煤层气地质概况

1）区域位置与构造形态

乌鲁木齐矿区范围西起水磨沟区七道湾附近，东至米东区水磨河东岸，东西长 25km，南北宽 5.2km，工作区面积 109.91km²。属博格达山北麓低山—丘陵地带，地势南高北低，海拔 690~1300m，平均海拔 800m 左右，构造剥蚀地形及发育在现代沟谷或冲沟中的线性侵蚀堆积地形为主。博格多水系的数条河流切割山脉横穿煤系地层，大致垂直山脉与地层走向，呈近南北向发育。自西向东主要有乌鲁木齐河、白杨河、水磨河、三工河，均发育于博格多山北坡。

矿区位于北天山褶皱带，博格多复背斜以北、准噶尔坳陷区以南的八道湾向斜，构造上总体为一向斜（八道湾向斜 W7）、一背斜（七道湾背斜 M6）构造。八道湾向斜轴向北东东 60°，轴面南倾，轴线方向与七道湾背斜轴基本平行，两翼倾角不等，北翼缓 30°~65°，南翼陡 62°~85°。区内无大型断裂，仅有次一级的断裂 f1—f10，工作区周边主要断裂有区域的碱泉沟—魏家泉逆断层（F8）、五家泉逆断层（F9）、碗窑沟逆冲断层（F2）、白杨北沟逆冲断层（F3）和红山嘴北—白杨北沟逆冲断层（F4）以及五家泉逆断层（F5）。总体构造线方向为北东东向，与北天山褶皱带展布方向基本一致。含煤地层在走向上和倾向上变化不大，构造复杂程度划分为中等构造类型（图 9-2-1）。

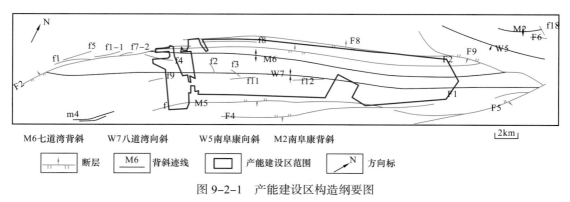

M6七道湾背斜　　W7八道湾向斜　　W5南阜康向斜　　M2南阜康背斜

断层　　　M6 背斜迹线　　　产能建设区范围　　　N 方向标

图 9-2-1　产能建设区构造纲要图

2）含煤层系与煤层分布

含煤地层主要为中侏罗统西山窑组（J_2x）和下侏罗统八道湾组（J_1b）。

八道湾组总厚平均 1015.92m，含煤 38 层，自上而下编号为 1～38 号。煤层总厚度平均 55.48m，总有益厚度 31.83m，含煤系数 6.18%，其中可采煤层总计 28 层，平均总厚33.62m。

西山窑组煤层分布在八道湾向斜及北部单斜一带，含煤地层总厚 812.78～917.33m，平均厚度 856.10m，煤层自上而下编号为 2～46 号，可归纳为 28 个层（组）。煤层（组）总厚度 334.87～414.01m，平均厚度 350.69m。煤层有益总厚度 50.28～147.43m，平均厚度 112.32m，含煤系数 15.6%。可采煤层 18～20 个层（组），可采总厚度102.26～127.80m，平均可采总厚度 106.31m。

工作区内 42-43 号、45 号煤层厚度大，全区稳定，煤层气资源量大，是煤层气开发利用的优势储层。42-43 号距 41 号煤层（组）13.09～79.50m，平均 37.62m，主要分布在 39 线以西。全层厚 42.27～93.68m，平均 58.61m。结构复杂，含夹矸（层）9～48层，岩性多为碳质泥岩—粉砂岩，单层厚一般为 0.10～3.00m，向东夹矸增多。45 号煤层距 43 号煤层（组）12.21～65.40m，平均 20.52～40.89m，分布在 57 线以西。全层厚14.01～49.98m，平均 28.99～33.24m。结构复杂，含夹矸（层）1～34 层。

3）煤岩煤质与孔裂隙特征

西山窑组上部煤层和八道湾组煤层，以亮煤为主，镜煤、丝炭、暗煤次之，而西山窑组下部煤层（42—45 号煤层）丝炭含量相对较高。

八道湾组煤中有机质占 86.0%～94.4%，矿物质占 5.6%～14.0%，各煤层显微组分以镜质组为主，平均值为 72.2%～90.7%。西山窑组煤中有机质占 66.0%～98.6%，矿物质占1.4%～34.0%，各煤层显微组分以镜质组为主，含量为 40.69%～90.09%。矿物组成主要有黏土矿物、黄铁矿和碳酸盐矿物，黏土矿物呈浸染状分布，黄铁矿呈细脉状分布，碳酸盐矿物呈脉状分布于镜质组分的裂隙之中，个别呈表面放射状分布。

西山窑组 45 号煤层镜质组含量 42.60%～95.00%，平均 68.85%；惰质组含量 5.80%～53.40%，平均 28.61%；壳质组含量 0～4.2%，平均 2.24%。镜质组反射率 0.56%～0.78%，平均 0.66%，变质阶段为 Ⅰ—Ⅱ阶。42-43 号煤层镜质组含量42.2%～92.5%，平均 63.37%；惰质组含量 7.24%～58.6%，平均 31.18%；壳质组含量2.4%～7.7%，平均 5.05%。镜质组反射率 0.24%～0.82%，平均 0.65%，变质阶段为 Ⅰ—Ⅱ阶。

西山窑组 42-43 号煤层一般原煤水分（M_{ad}）0.87%～3.06%，平均 2.01%；灰分（A_d）4.70%～26.66%，平均 15.87%；挥发分（V_{daf}）29.53%～41.61%，平均 36.89%；全硫（$S_{t,d}$）0.18%～0.58%，平均 0.31%；视密度 1.29～1.51g/m³，平均 1.42g/m³；孔隙度3.04%～19.41%，平均 8.01%。西山窑组 45 号煤层一般原煤水分（M_{ad}）1.17%～1.91%，平均 1.62%；灰分（A_d）1.47%～14.08%，平均 8.04%；挥发分（V_{daf}）31.24%～38.61%，平均 35.55%；全硫（$S_{t,d}$）0.25%～0.32%，平均 0.29%；视密度 1.26～1.38g/m³，平均1.33g/m³；孔隙度 2.82%～10.30%，平均 6.64%。

42–43 号煤层裂隙长度 0.01～2.7cm，高度 0.01～1.90cm，宽度 1～550μm，密度 0.6～8.20 条 /cm；煤层上段内生裂隙较发育，连通性中等，裂隙系统多呈网状和平行状。45 号煤层裂隙长度 0.01～2.70cm，高度 0.01～2.50cm，宽度 1～800μm，密度 0～12.50 条 /cm；煤层上段内生裂隙较发育，连通性中等—差，裂隙系统呈孤立状—平行状—网状。

4）气藏特征

（1）含气性与气组分。

试验区主力煤层含气性较好。煤层含气量变化规律主要受深度影响，即随着深度增加，煤层含气量不断增加，而且随着深度的增加，含气量增加的梯度变小。西山窑组在 400～1152.3m 范围内煤层含气量（空气干燥基）1.64～12.53m³/t，煤层 CH_4 含量多在 80% 以上。

（2）储层压力、温度。

储层压力基本正常，具有欠压—常压特点。

结合井温测试情况看，区内整体储层温度稳定，根据埋深的不同，储层温度为 13.49～41.28℃，全区平均储层温度梯度为 1.83℃ /100m。

（3）储层渗透性。

根据注入 / 压降测试的结果，区内煤层渗透率在 0.01～47.31mD 之间变化；各勘查阶段共计实施 23 层渗透率测试，其中高渗透点 2 个，较高渗透点 8 个，中渗透点 4 个，低渗透点 9 个。

（4）煤层产气产水能力。

全区共装抽 96 口井。2021 年 8 月 12 日，正常排采井 75 口，日产气量大于 60000m³。单井日产气量大于 1500m³ 的有 12 口，单井最高日产气量 5000m³。

参数井和生产试验井组排采显示，稳定产气阶段产水量一般为 3～18m³/d。区内煤层水矿化度为 12097.224～30044.608mg/L，煤层水型属 $NaHCO_3$ 型。

（5）煤层气储量。

探获各类煤层气资源 / 储量总计 109.06×10⁸m³，其中探明地质储量 17.01×10⁸m³，控制地质储量 38.27×10⁸m³，推断地质储量 45.11×10⁸m³，潜在资源量 8.67×10⁸m³。

2. 煤层气产能建设

1）产能建设项目概况

2018 年 9 月，乌鲁木齐市委召开煤层气专题会议，为加快推进煤层气勘探开发利用，决定成立乌鲁木齐国盛新能源投资开发（集团）有限公司（以下简称国盛公司），为加快推进米东区煤层气开发利用做了具体安排部署。2018 年 10 月，乌鲁木齐市召开会议，专题研究加快推进煤层气勘探开发利用工作，形成《关于加快推进煤层气勘探开发利用工作会议纪要》（乌政阅〔2018〕161 号）。会议指出：加快推进煤层气勘探开发利用是贯彻落实自治区党委、自治区政府及市委的决策部署，对缓解首府天然气供应长期短缺局面，稳定解决城市居民生活、生产用气需求具有重要意义。

乌鲁木齐矿区煤层气产能建设项目以国盛汇东新能源有限责任公司为建设方，由新疆煤田地质局一五六煤田地质勘探队为项目总包方，建设完成"国盛汇东新能源有限责任公司米东区煤层气区块先导性试验"项目。

2）井位部署原则

井位部署基本坚持按照探明区向控制区、浅部区向深部区延伸。煤层真厚度大于5m；主要部署在620～1200m区域；避开已知构造、煤层断裂区域，以保证部署井钻井安全和成功钻遇煤层；井网部署在含气量不小于4m³/t、含气饱和度高的区域。

3）应用的主要工艺技术

在前期基础上充分利用煤田及煤层气的成果，对适宜工作区内开发的井型、井距进行优化，对煤层气开发的优快钻完井工艺技术、储层增产改造技术、多厚煤层排采工艺技术等进行先导试验和优化攻关。进行地面工程建设，接入先导性试验的集气管网，最终与已有井合并形成开发井网。

（1）钻完井技术及开发井网。

开发井型采用定向井、L型水平井，共施工48口丛式井、20口L型井，进尺66956.77m。

钻井液以低密度、低黏度、低固相聚合物钻井液为主。

完井方式采用全套管完井。钻头程序：$\phi 311.1mm\times$ 一开井深 $+\phi 215.9mm\times$ 二开井深。套管程序：$\phi 244.5mm\times$ 一开套管下深 $+\phi 139.7mm\times$ 二开套管下深。生产套管 N80+P110，N80套管下至距离井底2m，P110套管下至目的煤层顶板以上100m，水泥返至目的煤层上300m或造斜点。

通过定向井、L型井形成空间立体井网，在东西区向斜北翼以L型水平井为主，北单斜以定向井为主。对42-43号、45号煤层单层或双层进行开发，以80m×280m压裂点间距部署水平井，以250m走向间距部署定向井、顺煤层井。

（2）储层改造技术。

增产改造措施以水力携砂压裂为主。

（3）排采自动化技术。

产能建设区排采自动化系统整体上采用了先进的计算机技术、网桥通信网络技术和成熟的自控技术、报警技术。煤层气井生产过程达到了"自动采集、远程传输、自动报警、远程监控、集中管理"的煤层气自动化水平，实现了煤层气井场"无人值守、定期巡检、远程操控"的管理模式。

（4）地面集输系统。

采气线全长约21.57km，建设集气处理站2座，处理规模分别为 $5\times 10^4 m^3/d$ 和 $10\times 10^4 m^3/d$ ，年操作时间330天。井场间低压串接采气至集气站，煤层气集气站采用进站分离—螺杆压缩机增压—脱二氧化碳橇脱碳—分子筛脱水—计量加臭橇计量加臭—外输至一期外输管网的工艺流程。

3. 乌鲁木齐矿区煤层气开发利用成果

（1）建设完成 $0.5 \times 10^8 m^3/a$ 煤层气产能。

先后共施工煤层气生产井 98 口，建成标准化井场 25 座，建设煤层气集输管线 21.57km，处理能力 $5 \times 10^4 m^3/d$ 和 $10 \times 10^4 m^3/d$ CNG 集气站各一座，建设完成 $0.50 \times 10^8 m^3/a$ 煤层气产能。

（2）推广应用泵送桥塞射孔联作 + 光套管压裂工艺技术。

L 型井压裂施工中，优化使用泵送桥塞射孔联作 + 光套管压裂工艺技术，具有如下优点：可进行大规模、大排量、高砂比压裂施工；对煤体结构完整、硬度大的深层煤储层改造具有很好的压裂改造效果；适用于高滤失性储层压裂施工。

（3）井组产气效果较好。

定向井平均日产气量 $700m^3$，单井最高日产气量 $5800m^3$。L 型井平均日产气量 $2600m^3$，单井最高日产气量 $6500m^3$。W4 井组 [含 W4- 向 1 井、W4-L3 井（损坏）、W4-L4 井、W4-L5 井、W4-L6 井、W4-L7 井] 最高日产气量 $23000m^3$。其中，W4- 向 1 井最高日产气量 $1700m^3$，W4-L4 井最高日产气量 $3000m^3$，W4-L3 井故障，W4-L5 井最高日产气量 $6000m^3$，W4-L6 井最高日产气量 $5800m^3$，W4-L7 井最高日产气量 $6500m^3$（图 9-2-2 至图 9-2-4）。

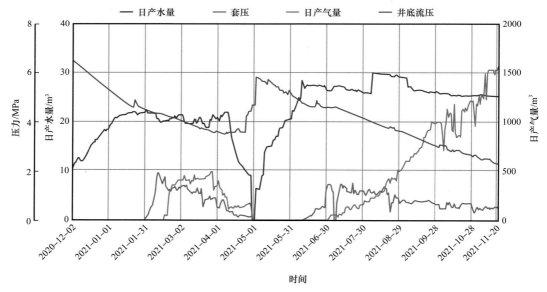

图 9-2-2　W4- 向 1 井排采曲线

二、井下煤层气抽采利用——以阜康煤矿区为例

阜康煤矿区位于阜康市南部山区，东起大黄山，与吉木萨尔县接壤；西至水磨沟，与乌鲁木齐米东区相邻。矿区地处准噶尔盆地东南缘的博格达山北麓低山—丘陵地带，地表植被稀疏，最高处海拔 1300m，最低处海拔 900m，相对高差一般 100m，最

大 200m，属低中山区。地势南高北低。目前规划 24 个矿井、6 个勘查区，规划最小矿井规模为 $45×10^4t/a$，规划最大矿井规模为 $150×10^4t/a$，矿区规划建设矿井总规模为 $1800×10^4t/a$。

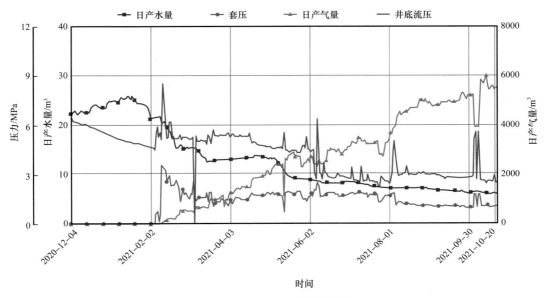

图 9-2-3　W4-L5 井排采曲线

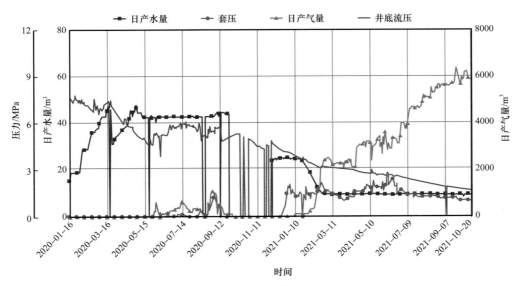

图 9-2-4　W4-L7 井排采曲线

阜康煤矿区开采八道湾组煤层各矿，多数矿井煤层气含量较高，最高煤层气含量近 $20m^3/t$，相对涌出量达 $64m^3/t$，24 个矿井规划煤层气利用量 $6458.3×10^4m^3/a$。

1. 井下煤层气利用方式与途径

相对于地面煤层气开发，井下煤层气开发浓度较低，主要作为燃料和化工原料进行利用。作为燃料，按行业门类分为民用燃料、发电用燃料、工业用燃料、汽车用燃料和气体工业用燃料及其他类燃料。作为化工原料，有两条利用途径：一条是瓦斯化工，另一条是合成气化工。近年来，井下抽采煤层气发电为主要利用方式，其次为民用；在发电利用中，低浓度瓦斯发电在逐步提高。

目前常用的利用方式主要有以下几种：

（1）浓度为8%～30%的瓦斯可采用低浓度瓦斯发电机组发电。

（2）浓度在8%以下的瓦斯和风排瓦斯或空气进行掺混，经过蓄热氧化后可产生热能，用于矿区供热、煤泥烘干等，也可进行发电利用。

（3）甲烷浓度为0.3%～1%的煤矿乏风，或甲烷浓度为1%～4%的瓦斯经过掺混、稀释后作为煤矿乏风，典型的利用技术有热逆流氧化技术和热逆流催化氧化技术，经过热转化利用其热能。

1）民用和燃气锅炉利用的途径与技术

民用和燃气锅炉系统一般由抽采泵、储气罐、调压站、输气管道、燃气炉灶或燃气锅炉等组成，其基本技术条件为：

（1）煤层气浓度大于30%。

（2）足够的气源、稳定的气压，当用于炊事时，气压应大于2000Pa。

（3）气体混合物中无有害杂质。

（4）完善的储气装置和输送设备。

2）低浓度发电技术的途径和技术

瓦斯抽采站抽出的煤层气配套建设发电站，既发电又供热，变害为宝，变害为利，保护环境，开发资源，以用促抽，以抽保用，也有利于煤矿安全生产。在为企业创造经济效益的同时，也带来良好的环境效益和社会效益。

目前，煤层气发电技术成熟的工艺有燃气轮机发电、汽轮机发电、燃气发电机发电、联合循环系统发电和热电冷联供燃气发电等。常用内燃瓦斯发电机组有进口机组和国产机组，进口机组单机容量大、运行稳定、噪声低、寿命长、效率较高，优于同类型国产机组，但是进口机组对瓦斯气源质量和压力要求高（甲烷浓度不小于35%、压力不小于15kPa），清洁度高（尘粒不大于$2mg/m^3$），需增设瓦斯增压装置和净化装置，工艺系统复杂，设备价格高（和同类型国产机组相比，价格高出1～2倍），机组备品、备件检修和更换不便。而国产机组则系统简单，价格便宜，对燃气供气压力要求低，对瓦斯气浓度适应范围宽，维修、维护方便。

3）蓄热氧化热能利用技术

煤层气蓄热氧化技术虽然是利用领域一项较为新颖的技术，但国内外已开展大量的研究工作，并延续多年，同时已有多项工程项目投入应用，该技术目前处于成熟阶段。

瓦斯蓄热氧化技术是一项处理瓦斯气的新技术，处理的瓦斯浓度低于1%，可将煤矿瓦斯"吃干榨净"。该技术以瓦斯(甲烷)在高温条件下发生氧化反应为基本原理,销毁处理瓦斯,并将维持系统自身热量平衡之外多余热量输出,满足不同用热负荷需求。利用该技术替代煤矿供热使用的燃煤锅炉,可节约煤炭燃料,减少脱硫环保设备投入及运行成本,同时通过瓦斯气利用获取国家政策补贴,"以利用促抽采",又可促进煤矿安全生产,可谓一举多得。

含甲烷 1% 以上的低浓度瓦斯同乏风或空气进行混配,经过蓄热氧化后可产生热能,用于发电、矿区供热、冷热联供、煤泥烘干等。工艺流程如图 9-2-5 所示。

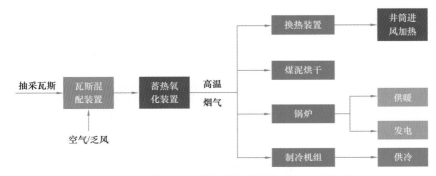

图 9-2-5　低浓度瓦斯蓄热氧化热能利用工艺流程

2. 阜康煤矿区井下煤层气抽采利用成效

阜康煤矿区进行实际开采的矿井数量不多,矿区主要的煤层气开发方式是地面抽采,前文中对地面开发先导试验和利用情况进行了描述。目前进行了井下煤层气开采利用的主要是大黄山一号井和气煤一号井。

1)大黄山一号井井下煤层气抽采利用

大黄山一号井主要开采中大槽、八尺槽煤层,煤层气含量在 $10m^3/t$ 以上,计算最大煤层气含量为 $19.10m^3/t$,储量为 $9.6976 \times 10^8 m^3$。矿井于 1983 年开始建立抽采系统,经过升级改造,建成地面及井下移动抽采两套系统,其中地面安装两台 2BEF72-500 水环真空泵,每台水环真空泵的抽采能力为 $500m^3/min$;井下安装三台 2BEC40 水环真空泵、一台 2BEA353 水环真空泵,抽采能力为 $350m^3/min$。采用的抽采方式主要为定向长钻孔顺层抽采和常规顺层钻孔抽采,规划采用地面井进行地面预抽和采动区抽采。

矿井于 2008 年 10 月安装了 2 台 500GF1-3PWW 型燃气(瓦斯)发电机组,经过近一年的试运行,2009 年 12 月又安装了 6 台 500GF1-3PWW 型燃气(瓦斯)发电机组,截至 2020 年底,仍有 4 台机组正常运行。

大黄山一号井 2020 年全年利用煤层气纯量 $335.42 \times 10^4 m^3$,全年累计发电 $585.46 \times 10^4 kW \cdot h$,月平均发电量为 $48.79 \times 10^4 kW \cdot h$。2021 年上半年,利用煤层气纯量 $286.89 \times 10^4 m^3$,累计发电 $459.65 \times 10^4 kW \cdot h$,月平均发电量为 $76.61 \times 10^4 kW \cdot h$。

2)气煤一号井井下煤层气抽采利用

气煤一号井主要开采下侏罗统八道湾组 A_2、A_3、A_4 煤层,井下实测相对瓦斯压力为

1.70MPa，储量为 $6.67×10^8m^3$。矿井已安装抽采系统，高、低负压两套系统抽采瓦斯，安装了 4 台 2BEC72 型水环式真空泵，两用两备，单台泵瓦斯抽采能力为 510m³/min。矿井处于长期停工状态，主要采用 A_2 煤层底板巷穿层预抽煤层气的方式。

现建设有 3.8km 负压供气管道一条，起点为气煤一号井地面抽采泵站，终点为新疆科林思德新能源有限责任公司瓦斯发电厂水环真空泵车间，利用瓦斯发电厂 4 台水环真空泵抽送至 $2×10^4m^3$ 储气柜进行储气。

气煤一号井井下抽采煤层气在新疆科林思德新能源有限责任公司储气柜与阜康西部四工河煤层气地面开发的高浓度煤层气混合，进入其 33MW 煤矿瓦斯综合利用发电系统进行发电，2020 年气煤一号井井下抽采煤层气月平均供气量为 $23×10^4m^3$。

井下煤层气抽采利用与煤矿开拓开采相辅相成，煤矿区煤层气抽采为煤矿开拓开采提供安全保障，促进煤矿开发；煤矿的开拓开采为井下煤层气抽采提供空间，促进煤层气开发利用。目前，阜康煤矿区各煤矿受各类因素影响，未能实现正常的建设和生产，矿井均处于停工停建状态，井下煤层气抽采也未能实现大规模的开发利用。

第三节　新疆煤层气勘查开发展望

一、新疆煤层气产业发展形势

1. 资源潜力巨大

根据国土资源部 2015 年新一轮油气资源评价结果，新疆 2000m 以浅煤层气资源量 $7.51×10^{12}m^3$，约占全国煤层气资源总量的 25.0%。近年来，经过煤层气勘查与开发先导试验，准噶尔盆地南缘的阜康、乌鲁木齐、吉木萨尔、后峡矿区以及库拜煤田、三塘湖—淖毛湖煤田均涌现出一批或多口日产量大于 1000m³ 的煤层气排采井，最大单井日产量大于 30000m³，说明了新疆煤层气既具有丰富的资源基础，又具有极好的开发潜力。当前，我国在沁水盆地、鄂尔多斯盆地东缘虽然实现了煤层气的规模商业开发，但"十二五"和"十三五"期间地面开发年产量一直未突破 $100×10^8m^3$，我国煤层气产业在沁水盆地和鄂尔多斯盆地东缘遇到理论和技术瓶颈，急需寻找新的可供规模开发的区域，以实现产业的更大突破，因此，新疆丰富的煤层气资源和多区块多口高产煤层气井，引起了国家和煤层气产业界的极大关注，迫切希望能够在新疆实现煤层气大规模开发利用。开发利用新疆煤层气，不仅可为我国煤层气开发开辟广阔的新区域，提供丰富的资源，同时也可完善我国煤层气地质理论和技术体系。

2. 需求持续攀升

当前，我国把发展清洁低碳能源作为调整能源结构的主攻方向，天然气作为当前化石能源领域最为低碳的能源类型，其需求量将持续快速增长。2020 年，我国天然气产量为 $1888×10^8m^3$，消费量为 $3238×10^8m^3$，对外依存度为 42%。据预测，随着生态文明建设和"双碳"目标的推进，天然气消费将持续快速增长，2035 年我国天然气需求量将达到（5500～6000）×10^8m^3，国内常规天然气产量将远远难以满足需求量，能源安全风险将进一步增加，迫切需要加大煤层气、页岩气等非常规气勘查开发力度，大力推进增储上产，不断增加国产天然气供应，保障我国能源安全（潘继平，2019）。

新疆围绕国家"三基地一通道"建设，先后建成一批"西气东输""疆电外送"、大型煤矿、现代煤化工、新能源基地等重大工程，累计外输天然气超过 2800×10^8m^3，油气、煤炭两大能源产业已成为新疆国民经济的重要支柱产业，成为保障全国能源供应的重要"一极"。近年来，在全国能源结构优化与节能减排战略部署下，"西气东输"管道对东部地区保供需求增加，同时，新疆"煤改气"工程加快实施进一步增加了本地天然气需求，使得疆内、疆外对天然气需求持续攀升，新疆天然气供应出现较大缺口，2017 年的冬季甚至发生"气荒"现象，为新疆煤层气开发提供了充足市场。

3. 保障煤矿安全生产

我国能源资源禀赋特点为"相对富煤、缺油、少气"，决定了煤炭资源作为我国最主要的基础性能源，消费地位短时间内难以改变。长期以来，煤炭在我国能源体系中具有"压舱石作用"。

据徐凤银等统计，2020 年与 2007 年相比，全国煤矿瓦斯事故数由 272 起降为 7 起，瓦斯事故死亡人数和煤矿百万吨死亡率下降更为明显。新疆是我国第三大煤炭生产基地，2019 年煤炭产量为 2.66×10^8t，"十四五"期间新疆煤炭产量目标为 3×10^8t/a。随着煤炭的不断开采，开采深度将不断增加，煤矿瓦斯事故风险也随之增大，而煤层气的开发利用可在煤矿开采前将煤层中的瓦斯提前抽出，大大降低煤层中的瓦斯含量，从根本上保障煤矿安全生产。

4. 支撑低碳经济建设

生态环境部发布《关于加强高耗能、高排放建设项目生态环境源头防控的指导意见》（环环评〔2021〕45 号），明确"将碳排放影响评价纳入环境影响评价体系"。我国碳排放的主要来源是煤炭，矿井瓦斯的直接排空是我国碳排放的重要组成部分，甲烷的温室效应是二氧化碳的 21 倍。甲烷浓度越低，利用技术难度越大，经济性越差，因此，通风瓦斯多数以直接排空为主，我国每年仅通风瓦斯就有（170～230）×10^8m^3，产生的温室气体效应折合碳排放约 2×10^8t。煤炭工业进入转型发展的新时期，生态文明建设和能源结构调整不断推动着煤炭生产方式、消费方式的深刻变革。

"十二五"以来，新疆煤炭产量逐年增加（图 9-3-1），乏风瓦斯的排放也在逐年增大，虽然近年来新疆瓦斯抽采量稳中有升，但是利用率远远低于我国 30%～40% 的平均水平（表 9-3-1），因此，开展煤层气开发利用，提高矿井瓦斯抽采利用率，可对新疆碳减排目标做出重要贡献。

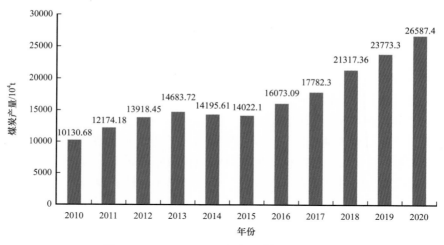

图 9-3-1　2010—2020 年新疆煤炭产量趋势

表 9-3-1　2012—2020 年新疆矿井瓦斯抽采利用情况

年份	2012	2013	2014	2015	2016	2017	2018	2019	2020
抽采量 /10^4m^3	8889	6321	7224	8600	3910	3356	3865	4150	5474
利用量 /10^4m^3	634	—	514	414	40	340	700	283	125
利用率 /%	7.13	—	7.12	4.81	1.03	10.15	18.12	6.83	2.30

二、存在问题与挑战

1. 亟待落实完善产业发展政策

长期以来，对煤层气等非常规资源开发的政策支持主要侧重于直接的财政补贴，忽视了其他同等重要甚至更重要的政策诉求，因此，亟待创新政策支持机制和方式，在公益性地质调查、技术创新、融投资、生态环境、安全生产、用地征地、重大项目立项等多方面予以支持（潘继平，2019）。目前，这些领域的支持政策比较薄弱，项目从立项到开工建设需要奔走于多个部门，办理大量的手续，耗时太长也增加了很多困难。

煤层气作为新兴行业，需要呵护、培育与有效的引导，建议效仿山西，由自治区政府牵头，会同自然资源、科学技术、财政、生态环境等部门组建"新疆煤层气勘查开采领导组"，建立长效沟通与工作机制，管理与推动新疆的煤层气勘查开发工作，针对产业发展投入与布局、煤层气矿业权设置、煤层气开发鼓励及补贴政策、煤层气市场化定价等问题进行研究与政策创新，制定并出台地方支持政策，引导、推动和促进新疆煤层气产业健康发展。

2. 迫切需要尽快推进矿业权设置

新疆还未设置有煤层气采矿权，截至 2020 年底仅有 7 个煤层气探矿权，主要分布在准噶尔盆地南缘的硫磺沟矿区、后峡矿区，吐哈盆地的托克逊煤田、大南湖煤田及伊犁盆地的尼勒克煤田。

2013—2017年，新疆地勘基金投入约14亿元，开展了大量的勘查或开发利用先导试验工作，准噶尔盆地南缘的阜康、乌鲁木齐、吉木萨尔等矿区及库拜煤田、三塘湖煤田等地煤层气地质认识和工作程度大幅提高，探获了较为丰富的煤层气资源。新疆自然资源厅预开展矿业权设置和出让工作，促进成果的转化，但由于煤炭、煤层气矿业权重叠问题得不到有效解决，阻碍了煤层气探矿权的设置。同时，受地勘基金勘查成果的吸引，新疆科林思德新能源有限责任公司等疆内煤层气企业迫切希望开展煤层气勘查开发工作，但困于无煤层气矿业权，勘查开发的合法化和权益均得不到保障，极大地影响了企业投入煤层气开发的热情。2018年以来，新疆地勘基金对煤层气勘查的投入锐减，而企业又无途径进入，新疆煤层气发展进入缓慢期甚至出现停滞不前的状况。矿业权问题已成为制约新疆煤层气产业发展的重要瓶颈（秦大鹏等，2020）。

加快推进煤层气矿业权设置是激发市场活力的有效手段。关于煤炭、煤层气矿权重叠问题的解决建议如下：根据新疆煤层气地质条件和煤炭矿业权分布情况，煤炭采矿权最低开采高程以浅以煤炭开发为主，煤炭矿业权人申请增列煤层气矿业权，进行煤炭和煤层气的综合勘查开发；煤炭采矿权最低开采高程以深区域、煤炭探矿权区域及煤炭矿业权空白区，实施先采气、后采煤，以煤层气勘查开发为主，考虑煤层气开发必须具有一定规模才能产生效益，需合理划定煤层气矿业权范围。

3.急需攻破制约效益开发的因素

工程服务市场竞争不足是造成新疆煤层气开发成本高的主要原因之一。据测算，新疆煤层气领域的服务价格超过山西、陕西等地的25%～40%，单位产能的建设成本高出中东部地区的1.5～2倍。近年来，新疆作为全国油气行业的增储上产重点区，油田企业对钻井、固井、射孔、压裂等服务需求大增，疆内油服企业任务饱满，煤层气开发工作与石油相比工作规模和市场小很多，油服企业不重视煤层气市场，不愿与煤层气企业就服务与价格进行协商，在服务价格上具有优势话语权，甚至直接拥有定价权。同时，由于新疆地处边远，设备搬迁费用高，新疆煤层气开发市场对疆外煤层气工程服务队伍不具有很大的吸引力，截至2020年底，尚未有疆外队伍进入，缺乏有效的市场竞争主体，煤层气勘探开发企业被迫接受过高的服务价格（王刚等，2021），大大增加了煤层气开发成本。

高效开发工程技术尚未攻克，导致平均单井产量偏低，是造成新疆煤层气未能实现效益开发的另一重要因素。新疆煤层气勘查开发的有利区多处于山前构造挤压带，构造发育，地质条件复杂，煤层非均质性强，对开发地质选区及工程技术均提出较高的要求。虽然经过十多年的勘探开发实践和"十三五"科技攻关，初步掌握了新疆煤层气地质特点，对煤层气地质理论取得一定认识和进展，形成了一套较为适用的开发工艺技术系列，在阜康、乌鲁木齐河东、拜城等矿区均获得了单井高产突破，但单井投资成本高，高产井与稳产井总数偏少，高产区块有限且难以复制，整个矿区（区块）的单井平均产量偏低，不同井产量差别很大。而综合考虑新疆煤层气开发成本、气价等因素，平均单井日产气 1800～2000m³，企业才可能盈利。因此，地质精准选区和精细评价技术、高效规模勘查开发工程技术尚未攻克是制约实现新疆煤层气规模效益开发的另一重要原因。

煤层气产量市场份额小，不能自主定价，影响了煤层气的开发效益及企业投资的积极性。当前，阜康、乌鲁木齐、拜城各矿区煤层气开发利用先导试验，日产煤层气量在（3～18）×10⁴m³ 不等，与常规天然气供应与需求量相比，所占份额很小，使得煤层气供应到燃气市场时，虽然国家给予煤层气定价权，但现实中却不能自主定价，煤层气对外销售价格较低，一般为 1.2～1.6 元/m³，最高为 2.20 元/m³ 左右，较低的气价进一步对煤层气开发效益构成不利因素，也极大地影响了企业投入开发煤层气的热情。

4. 急需增大产业投资造血力度

新疆煤层气预测资源量占全国的 25%，虽然近 10 年投入了一定的资金开展了较多的勘查开发工作，但由于起步晚，勘探开发时间较短，煤层气资源评价和勘查程度整体相对较低，煤层气总井数仍仅占全国的 2.5%，探明储量（未上表）仅为全国的 3.2%，煤层气年产能仅占全国总量的 2%，勘查开发工作投入与丰富的煤层气资源禀赋极不匹配。

"十二五"以来，新疆煤层气之所以能够快速发展，主要得益于自治区地质勘查基金约 14 亿元的勘查开发投入，除地质勘查基金以外，部分企事业单位也投入资金进行了煤层气开发利用工作，但相比于煤层气开发高投入、见效慢的特点，对新疆煤层气产业起不到关键的推进作用。自 2018 年开始，地质勘查基金对煤层气勘查开发投入呈断崖式下降，新疆煤层气也出现了停滞不前的状况。因此，要快速推进煤层气开发，建议设立煤层气勘查专项基金，滚动开展公益煤层气勘查与开发试验，发现和储备矿业权区块开展竞争性有偿出让，并出台各项有利政策，包括金融扶持政策，积极引导和鼓励多元化资本开展新疆煤层气勘查开发工作。

5. 强化煤矿瓦斯治理管控措施

新疆矿井瓦斯抽采利用率远低于我国平均水平。原因有三点：一是由于新疆高瓦斯矿井、瓦斯突出矿井生产规模较小，单矿井瓦斯抽采量有限，抽采瓦斯量及浓度频繁波动且幅度大，造成瓦斯利用难度增大，对瓦斯利用技术要求高；二是由于瓦斯浓度低，多数中小型煤矿均未建设瓦斯利用设施，瓦斯空排现象普遍；三是由于针对瓦斯空排的环保制度与监管不完善，瓦斯发电难以上网、补贴政策难落实，导致煤矿企业的瓦斯利用积极性差。因此，建议完善和建立更加严格的瓦斯监管制度，效仿加拿大等国按照吨煤含气量和抽采瓦斯浓度制定更加严格的瓦斯排放标准，根据利用的瓦斯浓度实行阶梯补贴标准。

三、规划布局与发展方向

1. 产业布局

（1）1500m 以浅区域是"十四五"期间重点勘查和产能建设区域。

经过近 10 年的投入和攻关，新疆已初步掌握了 1500m 以浅区域煤层气勘探开发理论，初步形成了可进行规模开发的技术体系，多个矿区均出现高产井，单井平均产量超过国内平均水平，证明了理论和技术的适应性。笔者认为下一步在提高选区和布井的有效性，重视地质和工程的配套性下，将会大幅提高单井产量，1500m 以浅区域仍是新疆"十四五"煤层气勘查重点和增储上产的重要区域。

在煤层气开发方面，重点加快推进国家级"新疆准噶尔盆地南缘煤层气产业化基地"建设，启动以库拜煤田为核心的自治区级"塔里木盆地北缘煤层气产业化基地"建设，大幅提升煤层气地面开发产量，以 CNG 方式供应周边城市或工业园区，因地制宜建设 LNG 利用项目。

在煤层气勘查方面，重点围绕准噶尔盆地南缘和塔里木盆地北缘两个煤层气产业化基地建设，实施核心区重点勘探，在阜康、乌鲁木齐河东、后峡、库拜、吉木萨尔水溪沟、达坂城等矿区开展煤层气预探、勘探项目，新增煤层气探明地质储量，为煤层气开发提供资源保障；加快和重视前景区勘查，在吐哈、三塘湖、和什托洛盖、伊犁、焉耆等盆地开展煤层气资源调查评价、普查、预探项目，发现一批接替有利区，为新疆煤层气全面规模勘探、开发奠定良好基础。

在煤矿瓦斯抽采利用方面，在拜城、库车、阜康、艾维尔沟、和什托洛盖等矿区开展煤矿瓦斯抽采与分级利用示范矿井建设，引领、带动煤矿瓦斯抽采与分级利用技术装备的推广应用，煤矿瓦斯年抽采量达到 $1.0 \times 10^8 m^3$ 以上，利用率达到国家平均水平，利用方式以瓦斯发电为主，探索低浓度瓦斯提浓、乏风瓦斯蓄热氧化发电等利用方式。

（2）开展 1500m 以深区域的研究探索和先导试验，为未来煤层气开发开辟广阔区域。

深部煤层气、煤系气具有广阔区域和开发前景。但目前 1500~3000m 煤层气资源量及分布只是进行初步预测，煤炭勘查涉及不到这么深的区域，油气勘探以往对这一区域的煤层气重视不够。因此，要查明 2000~3000m 煤层气资源分布和潜力，需要开展资源调查评价，依托勘查和先导试验进行开发理论和技术攻关，为未来大规模发展建立基础。

2. 攻关方向

（1）完善地质理论体系，开展"甜点区"精准预测与精细评价技术。

新疆煤层气分布广泛，成藏类型及地质条件复杂多样，整体特征及地质理论认识程度较低，煤层气基础理论不仅要对准噶尔盆地南缘在现有基础上继续深入研究，还需拓展到有代表性的塔里木盆地北缘、吐哈煤田、三塘湖煤田等区域，完善和形成系统的新疆煤层气地质理论体系。

新疆煤层气控气因素复杂多样，储层非均质性较强，目前对各开发区块的地质特征认识不精细，勘查研究投入不够，高产区（井）主控因素认识不清，需要开展储层精细评价和"甜点区"预测理论与技术研究，提高井位部署的准确性，减少低产井的产生。

（2）开展煤层气高效规模开发工艺技术研究，提高平均单井产量。

针对单井成本高、平均单井产量偏低的问题，开展地质工程一体化研究，提高开发工艺技术与地质特征的适应性；开展钻完井、压裂、排采工艺技术研究与试验，重视与提高上下游工程技术的相互衔接与配套性。重点开展煤层气藏地质建模技术、混合井网优化研究与试验、水平井及定向井低伤害低成本高效钻完井技术、多厚煤层高效充分改造技术、定向井多层合采组合优化及生产动态监测技术等关键技术攻关。

（3）煤层气开发向深部延伸，探索煤系"三气共采"。

由于受山前构造挤压，新疆1000m以浅煤层气地质条件复杂，可进行大规模开发的区域有限。新疆深部煤层气资源量大，根据预测，准噶尔盆地埋深1200～3000m煤层气总资源量约 $4.57 \times 10^{12} m^3$，远大于1000m以浅资源量 $1.30 \times 10^{12} m^3$。阜康四工河矿区开展了深部煤层气开发试验，获得了较好的开发效果，目的煤层埋深为1000～1500m的7口井，各井稳定产气量为4345～8138m^3/d，目的煤层埋深1500～1800m施工5口煤层气井，压裂后单井平均日产气2758m^3，最高单井日产气4504m^3，表明了深部煤层气具有良好的开发潜力（周梓欣等，2018）。

另外，新疆地区侏罗系煤系地层的河流—沼泽—滨湖相沉积环境与山前部位的褶皱—逆冲断层带构造圈闭，有利于煤系气的生成与富集，阳霞—库车—拜城、阜康—乌鲁木齐等地区煤层气勘探发现煤系地层中部分砂岩层段有气测异常显示，证实了煤系气的存在。

因此，深部煤系气理论与勘查开发是新疆煤层气"十四五"及将来的重点发展方向，重点开展深层、超深层煤层气的赋存规律与地质特征研究，煤系地层天然气耦合成藏理论和有利区预测技术、煤系地层一体化改造立体开发理论与技术研究和攻关，期望通过深部煤系气的突破实现新疆地区中低煤阶煤层气开发更大突破。

（4）积极探索地下气化，开展现场试验，推进新疆煤炭地下气化。

新疆煤炭资源总量约为 1.9×10^{12}t，近年来煤炭产量持续增加，但技术装备和管理水平相对落后，采煤机械化程度低，煤炭资源浪费严重，资源回收率低。开展适应新疆煤炭特点的地下气化开采资源评价体系研究、煤炭地下气化关键技术和主要装备研究，推进城市周边地区煤炭地下气化技术试验示范，积极引导社会投资，推动煤炭地下气化开发利用、先导试验等重大示范工程建设，推进新疆煤炭地下气化产业发展，可提高煤炭资源利用率，补充新疆天然气供应。

（5）中低煤阶高角度煤层群瓦斯精准抽采理论与技术研究。

新疆现有煤炭生产矿井60余处，2020年煤矿区瓦斯抽采量5474×10^4m^3，仅占全国抽采量的0.43%，煤矿区煤层气抽采潜力巨大。"十三五"国家科技重大专项针对新疆大倾角、多煤组等赋存条件下的煤矿采动区煤层气和碎软低渗透首采煤层抽采难题开展了研究，初步形成符合新疆主要高瓦斯矿区特点的煤层气抽采、利用部分关键技术和基本模式，但近些年新疆煤矿区生产规模增长明显加快，对大区域高效抽采技术的需求也日

趋紧迫。同时，新疆煤矿区"十三五"研究成果仅仅是初步解决了煤矿区抽采的前期急迫问题，井上下联合大区域抽采利用的体制机制和理论技术问题还需创新或完善。重点攻关方向为：在"十三五"开展大倾角、多煤组赋存特点的煤层群抽采、利用部分关键技术和基本模式研究的基础上，在大倾角采动煤层气富集区抽采、井下大区域抽采关键技术方面取得突破，使新疆煤矿区煤层气开发利用达到高效率实用化，大幅提高新疆煤矿区煤层气抽采与利用规模。

参考文献

蔡儒帅，2015.煤岩层水力裂缝扩展形态研究 [D].成都：西南石油大学.

曹伟，2012.煤层气井储层钻井液损害及保护工艺技术 [J].中国煤炭地质，24（11）：60-62.

曹运兴，石玢，刘同吉，等,2018a.煤层气套管井大时长注入 / 压降试井技术及应用 [J].煤炭科学技术，46（10）：168-173.

曹运兴，石玢，田林，等，2018b.大倾角厚煤层煤层气开发水平井方位优化和实践——以新疆阜康矿区为例 [J].煤田地质与勘探，46（2）：90-96.

柴君锋，孙红波，阴慧胜，等，2020.煤层顶板水平井煤层气开发技术研究 [J].煤炭技术，39（10）：44-46.

陈勉，金衍，张广清，2011.石油工程岩石力学基础 [M].北京：石油工业出版社.

陈勉，庞飞，金衍，2000.大尺寸真三轴水力压裂模拟与分析 [J].岩石力学与工程学报，19（S1）：868-872.

陈德飞，康毅力，李相臣，等，2014.煤层气钻井过程中钻井液对煤岩储层损害评价 [J].煤田地质与勘探，42（6）：44-49.

陈国浩，2012.二氧化碳腐蚀体系缓蚀剂的缓蚀机理及缓蚀协同效应研究 [D].北京：北京化工大学.

陈立超，王生维，张典坤，等，2020.陇东地区煤层气井油管柱腐蚀机理研究 [J].西南石油大学学报（自然科学版），42（1）：170-180.

陈涛平，2011.石油工程 [M].2 版.北京：石油工业出版社.

程昊禹，张艳，楼一珊，等，2021.基于因子分析法的玉北区块钻头优选及应用 [J].石油机械，49（3）：45-50.

崔炎彬，2017.煤层群重复采动下被保护层卸压瓦斯渗流规律实验研究 [D].西安：西安科技大学.

崔振华，余国安，安锦高，等，1994.有杆抽油系统 [M].北京：石油工业出版社.

邓广哲，黄炳香，石增武，等，2002.节理脆性煤层水力致裂技术与应用 [C]// 中国岩石力学与工程学会.中国岩石力学与工程学会第七次学术大会论文集：636-638.

邓喀中，张冬至，张周权，2000.深部开采条件下地表沉陷预测及控制探讨 [J].中国矿业大学学报，29（1）：52-55.

董世民，1994.抽油机设计计算及计算机实现 [M].北京：石油工业出版社.

杜坤，郭昆明，2019.煤矿井下套管护孔钻进专用套管设计及加工工艺试验 [J].现代矿业，35（12）：176-179.

杜兴隆，2016.煤层气井壁稳定与防塌钻井液研究 [D].大庆：东北石油大学.

杜严飞，吴财芳，邹明俊，等，2011.煤层气排采过程中煤储层压力传播规律研究 [J].煤炭工程（7）：87-89.

段新胜，孙孝庆，1999.环形多喷嘴射流泵结构参数的实验研究 [J].探矿工程（6）：17-19.

樊利沙，2016.陇东地区地下水对煤层气开发的影响 [J].山西焦煤科技（3）：50-52.

樊振丽，2016.远距离下保护层卸压开采井上下立体煤与煤层气协调开发模式 [J].煤矿开采，21（3）：15-19.

冯超齐，2015.气井油管 CO_2 腐蚀预测方法与防腐措施研究［D］.成都：西南石油大学.

冯其红，舒成龙，张先敏，等，2015.煤层气井两相流阶段排采制度实时优化［J］.煤炭学报，40（1）：142-148.

冯文光，2009.煤层气藏工程［M］.北京：科学出版社.

伏海蛟，汤达祯，许浩，等,2015.淮南中段煤层气富集条件及成藏模式研究［J］.煤炭科学技术,43（9）：94-98.

傅雪海，康俊强，梁顺，等，2018.阜康西区急倾斜煤储层排采过程中物性及井型优化［J］.煤炭科学技术，46（6）：9-16.

高祥，2004.保护层开采的保护范围和效果的研究［J］.煤炭技术，23（9）：62-63.

高德利，刘希圣，徐秉业，1994.井眼轨迹控制［M］.东营：石油大学出版社.

高攀明，2018.H 区块煤层气排采过程中杆管腐蚀机理及预测研究［D］.成都：西南石油大学.

管保山，刘玉婷，刘萍，等，2016.煤层气压裂液研究现状与发展［J］.煤炭科学技术，44（5）：11-17，22.

郭洪涛，2015.套管带压固结封孔测压技术在平顶山某矿的应用［J］.煤，24（8）：14-16.

何庆龙，孟惠民，俞宏英，等，2007.N80 油套管钢 CO_2 腐蚀的研究进展［J］.中国腐蚀与防护学报，27（3）：186-192.

和心顺，苏承东，1989.煤系地层岩石试验的破坏类型及其实用的强度理论［J］.建井技术（1）：45-47.

侯金玲，2017.煤矿区煤层气地面井抽采技术适用性评价［J］.矿业安全与环保，44（2）：102-106.

胡国忠，王宏图，范晓刚，2010.邻近层瓦斯越流规律及其卸压保护范围［J］.煤炭学报，35（10）：1654-1659.

胡海洋，金军，赵凌云，等,2019.不同形态压降漏斗模型对煤层气井产能的影响［J］.煤田地质与勘探，47（3）：109-116.

黄华州，2010.远距离被保护层卸压煤层气地面井开发地质理论及其应用研究——以淮南矿区为例［D］.徐州：中国矿业大学.

黄维安，邱正松，王彦祺，等，2012.煤层气储层损害机理与保护钻井液的研究［J］.煤炭学报,37（10）：1717-1721.

黄维安，邱正松，杨力，等，2013.煤层气钻井井壁失稳机理及防塌钻井液技术［J］.煤田地质与勘探，41（2）：37-41.

贾秉义，晋香兰，刘钰辉，等，2017.乌鲁木齐—大黄山地区八道湾组煤层气有利区块优选［J］.煤田地质与勘探，45（5）：54-57，65.

接铭训，2010.鄂尔多斯盆地东缘煤层气勘探开发前景［J］.天然气工业，30（6）：1-6.

康红普，林健，颜立新，等,2009.山西煤矿矿区井下地应力场分布特征研究［J］.地球物理学报,52（7）：1782-1792.

康永尚，邓泽，刘洪林，2008.我国煤层气井排采工作制度探讨［J］.天然气地球科学，19（3）：423-426.

赖枫鹏，李治平，汪益宁，等，2013.考虑井间干扰的煤层气井动态预测方法［J］.中国矿业大学学报，42（2）：251-256.

李琪，李清，王六鹏，等，2010.斜井井眼净化模型及其应用研究［J］.西安石油大学学报（自然科学版），25（2）：39-43，110.

李乾，邱康，席步祥，等，2020.钻头主成分多层次模糊综合优选法研究与应用［J］.钻采工艺，43（4）：20-23，7.

李清，2010.复杂结构井井眼净化理论与方法研究［D］.西安：西安石油大学.

李松，汤达祯，许浩，等，2015.应力条件制约下不同埋深煤储层物性差异演化［J］.石油学报，36（增刊1）：68-75.

李勇，2014.鄂尔多斯盆地柳林地区煤储层地应力场特征及其对裂隙的控制作用［J］.煤炭学报，39（S1）：164-168.

李金海，苏现波，林晓英，等，2009.煤层气井排采速率与产能的关系［J］.煤炭学报，34（3）：376-380.

李景明，刘飞，王红岩，等，2008.煤储集层解吸特征及其影响因素［J］.石油勘探与开发，35（1）：52-58.

李丕龙，2010.准噶尔盆地构造沉积与成藏［M］.北京：地质出版社.

李日富，2018.松藻矿区采动稳定区煤层气地面井抽采试验及应用效果［J］.矿业安全与环保，45（2）：44-48.

李同林，1994.煤岩力学物理性质及煤层水力压裂造缝机理与裂缝发育特点研究［D］.武汉：中国地质大学（武汉）.

李文超，2020.大倾角坚硬特厚煤层顶煤弱化技术研究及应用［J］.煤炭科技，41（6）：110-112.

李相方，石军太，杜希瑶，等，2012.煤层气藏开发降压解吸气运移机理［J］.石油勘探与开发，39（2）：203-213.

李相方，石军太，张遂安，等，2019.煤层气赋存与产出理论进展［M］.北京：科学出版社.

李章亚，1999.油气田腐蚀与防护技术手册［M］.北京：石油工业出版社.

林英松，周雪，韩帅，2014.煤层气压裂裂缝起裂扩展规律研究［J］.煤炭技术，33（4）：115-117.

刘军，2013.采动区地面井煤层气开发井位布置技术研究现状及发展趋势［J］.煤矿安全，44（1）：60-63.

刘瑜，周甲伟，杜长龙，2012.基于分形统计强度理论的煤颗粒冲击破碎概率研究［J］.固体力学学报，33（6）：631-636.

刘得光，罗晓静，万敏，等，2010.准噶尔盆地东部煤层气成藏因素及勘探目标［J］.新疆石油地质，31（4）：349-351.

刘海瑞，房新亮，2018.低透气性突出煤层煤巷"三带"的研究与应用［J］.能源与环保，40（5）：36-40.

刘洪林，李景明，王红岩，赵庆波，2008.水文地质条件对低煤阶煤层气成藏的控制作用［J］.天然气工业，28（7）：20-22.

刘见中，沈春明，雷毅，等，2017.煤矿区煤层气与煤炭协调开发模式与评价方法［J］.煤炭学报，42（5）：1221-1229.

刘蒙蒙，2020.乌鲁木齐矿区大倾角地层煤层气钻井井壁稳定性研究［J］.中国煤层气，17（4）：24-28.

刘世奇, 桑树勋, 李梦溪, 等, 2013. 沁水盆地南部煤层气井网排采压降漏斗的控制因素 [J]. 中国矿业大学学报, 40 (6): 943-950.

刘希圣, 郑新权, 丁岗, 等, 1991. 大斜度井中岩屑床厚度模式的研究 [J]. 石油大学学报 (自然科学版), 15 (2): 28-35.

刘应科, 2012. 远距离下保护层开采卸压特性及钻井抽采消突研究 [J]. 煤炭学报, 37 (6): 1067-1068.

楼一珊, 李琪, 2013. 钻井工程 [M]. 北京: 石油工业出版社.

骆祖江, 杨锡禄, 赵俊峰, 等, 2000. 煤层气井数值模拟研究 [J]. 中国矿业大学学报, 29 (3): 306-309.

吕嵘, 2005. 准噶尔盆地南缘陆内前陆盆地构造演化与油气关系 [D]. 北京: 中国地质大学 (北京).

马发明, 桑宇, 2008. 连续油管水力喷射压裂关键参数优化研究 [J]. 天然气工业, 28 (1): 76-78.

马永乐, 2011. 煤层气储层保护钻井液技术研究 [D]. 北京: 中国石油大学 (北京).

孟贵希, 2017. 地应力场特征及其对煤储层压力和渗透率的影响研究 [J]. 中国煤炭地质, 29 (3): 21-27, 36.

孟艳军, 汤达祯, 许浩, 2010. 煤层气产能潜力模糊数学评价研究——以河东煤田柳林矿区为例 [J]. 中国煤炭地质, 22 (6): 17-20.

孟召平, 蓝强, 刘翠丽, 等, 2013. 鄂尔多斯盆地东南缘地应力、储层压力及其耦合关系 [J]. 煤炭学报, 38 (1): 122-128.

孟召平, 雷钧焕, 王宇恒, 2020. 基于 Griffith 强度理论的煤储层水力压裂有利区评价 [J]. 煤炭学报, 45 (1): 268-275.

潘海洋, 殷榕蔚, 2017. 煤层气单井排采水压传播动态研究 [J]. 中国煤炭地质, 29 (11): 50-53, 59.

潘继平, 2019. 非常规天然气资源开发政策困境及对策建议 [J]. 石油科技论坛, 38 (1): 1-7.

潘起峰, 高德利, 李光胜, 等, 2003. 利用地层综合系数法评价及优选钻头 [J]. 石油钻探技术, 31 (5): 36-38.

潘孝康, 2019. 构造带煤与瓦斯突出机理研究 [D]. 重庆: 重庆大学.

庞涛, 黄军平, 周越骑, 等, 2015. 低煤阶煤层气井排采初期压降幅度研究 [J]. 中国煤炭地质, 27 (3): 20-23.

蒲一帆, 汤达祯, 唐淑玲, 等, 2020. 大倾角地质耦合条件下煤层气开发效果与地质评价 [J]. 煤炭科学技术, 48 (8): 191-199.

秦勇, 袁亮, 程远平, 等, 2013. 中国煤层气地面井中长期生产规模的情景预测 [J]. 石油学报, 34 (3): 489-495.

秦大鹏, 周梓欣, 2020. 新疆煤层气矿业权问题研究 [J]. 中国煤层气, 17 (6): 44-47.

邱伟, 2017. 谢一矿开采上保护层卸压瓦斯抽采规律数值模拟研究 [D]. 徐州: 中国矿业大学.

单衍胜, 毕彩芹, 张家强, 等, 2018. 准噶尔盆地南缘探获中侏罗统低煤阶煤层气高产工业气流 [J]. 中国地质, 45 (5): 1078-1079.

施莉, 2012. 坑道钻探水力双循环双壁钻具设计 [D]. 长沙: 中南大学.

石军太, 李相方, 徐兵祥, 等, 2013. 煤层气解吸扩散渗流模型研究进展 [J]. 中国科学 (物理学 力学 天文学), 43 (12): 1548-1557.

石军太，李相方，张冬玲，等，2012. 煤层气直井开发井网适应性优选［J］. 煤田地质与勘探，40（2）：28-30.

石永霞，陈星，赵彦文，等，2018. 阜康西部矿区煤层气井产能地质影响因素分析［J］. 煤炭工程，50（2）：133-136.

石智军，许超，李泉新，等，2020. 煤矿井下2570m顺煤层超深定向孔高效成孔关键技术［J］. 煤炭科学技术，48（1）：196-201.

苏现波，2001. 煤层气地质学与勘探开发［M］. 北京：科学出版社.

孙大同，张琪，1990. 有杆泵抽油系统最优化设计的研究［J］. 石油大学学报（自然科学版），14（4）：29-36.

孙东玲，李日富，2016. 煤矿采动稳定区煤层气地面井抽采技术及应用［J］. 煤炭科学技术，44（5）：34-38.

孙海涛，2008. 采动影响下地面钻井的变形破坏机理研究［D］. 重庆：重庆大学.

孙海涛，付军辉，2018. 重复采动下煤矿采动活跃区地面井变形特征研究［J］. 煤炭科学技术，46（6）：40-45.

孙海涛，郑颖人，郭盛强，等，2013. 地面井层面拉剪破坏模型及极限分析判识方法［J］. 中国矿业大学学报，42（1）：31-38.

孙晗森，2021. 我国煤层气压裂技术发展现状与展望［J］. 中国海上油气，33（4）：120-128.

孙学阳，夏玉成，2010. 挤压构造应力及自重应力作用下的采煤沉陷对比实验［J］. 矿业安全与环保，37（3）：14-16.

汤达祯，杨曙光，唐淑玲，等，2021. 准噶尔盆地煤层气勘探开发与研究进展［J］. 煤炭学报，46（8）：2412-2425.

陶树，2011. 沁南煤储层渗透率动态变化效应及气井产能响应［D］. 北京：中国地质大学（北京）.

陶小晚，王俊民，胡国艺，等，2009. 新疆煤层气勘探开发现状及展望［J］. 天然气地球科学，20（3）：454-459.

涂敏，2008. 煤层气卸压开采的采动岩体力学分析与应用研究［D］. 徐州：中国矿业大学.

汪伟英，夏健，陶杉，等，2011. 钻井液对煤层气井壁稳定性影响实验研究［J］. 石油钻采工艺，33（3）：94-96.

王勃，李景明，张义，2009. 中国低煤阶煤层气地质特征［J］. 石油勘探与开发，36（1）：30-34.

王刚，舒坤，张娜，等，2021. 新疆煤层气产业发展的瓶颈问题及原因和对策分析［J］. 中国煤层气，18（2）：43-45.

王刚，杨曙光，李瑞明，等，2020. 国内外低煤阶煤层气地质差异性与聚气模式探讨［J］. 天然气地球科学，31（8）：1082-1091.

王安民，张强，任会康，等，2014. 准南硫磺沟矿区及周边地区煤层气保存条件分析［J］. 中国煤炭地质，26（12）：7-10.

王创业，方惠军，詹顺，等，2018. 连续管定向喷砂射孔拖动压裂技术在煤层气水平井中的应用［J］. 天然气工业，38（增刊1）：143-147.

王德利，李凤义，杨曙光，2013. 准南煤田煤储层和围岩对煤层气聚集的影响分析［J］. 中国煤层气，10

（2）：7-11.

王东浩，2009.煤层气压裂裂缝模拟研究［D］.成都：西南石油大学.

王峰明，王生维，2017. 煤层气开发技术与实践［M］.武汉：中国地质大学出版社.

王洪亮，2014.煤层气Ⅴ型井套管完井固井工艺探索［J］.中国石油和化工标准与质量，34（8）：107-108.

王鸿勋，张琪，1989.采油工艺原理［M］.北京：石油工业出版社.

王腾飞，胥云，蒋建方，等，2009.连续油管水力喷射环空压裂技术［J］.天然气工业，30（1）：65-67.

王新波，2016. 连续油管环空加砂压裂工艺在煤层气中的应用研究［D］.青岛：中国石油大学（华东）.

魏建平，李波，王凯，等，2014.受载含瓦斯煤渗透性影响因素分析［J］.采矿与安全工程学报，31（2）：322-327.

魏晓东，赵军，刘清友，等，2011.煤层气钻机与井控装备现状及发展方向［J］.石油钻探技术，39（5）：96-100.

魏有胜，2019.综放工作面采空区"三带"高度分布特征数值模拟研究［J］.煤炭科技，40（1）：32-35.

吴晶晶，张绍和，施莉，2014.小口径水力双循环双壁钻具设计与应用［J］.中南大学学报（自然科学版），45（1）：186-192.

吴仁伦，王继林，折志龙，等，2017.煤层采高对采动覆岩瓦斯卸压运移"三带"范围的影响［J］.采矿与安全工程学报，34（6）：1223-1231.

吴晓智，王立宏，宋志理，2000.准噶尔盆地南缘构造应力场与油气运聚的关系［J］.新疆石油地质，21（2）：97-100.

夏腾飞，2014.下保护层开采采动裂隙分布与卸压瓦斯抽采研究［D］.淮南：安徽理工大学.

熊青山，谢齐平，欧阳传湘，等，2012.石油工程专业实验指导书［M］.东营：中国石油大学出版社.

徐骏，1994.玻璃钢杆与钢杆混合抽油杆柱动态模型的解析法研究［J］.石油机械，22（1）：39-45.

徐凤银，李曙光，王德桂，2008.煤层气勘探开发的理论与技术发展方向［J］.中国石油勘探，13（5）：1-6.

许浩，张君峰，陶树，等，2016.非常规能源流体地质学［M］.北京：地质出版社.

薛志亮，2017.山西沁水盆地南部煤层气井套管变形原因分析［J］.中国煤层气，14（4）：32-34.

闫铁，许瑞，孙文峰，等，2021.地层抗钻能力相似性评价及钻头选型新方法［J］.石油勘探与开发，48（2）：386-393，420.

严如令，2013.上保护层开采岩体破裂特征与瓦斯渗流规律及应用研究［D］.北京：中国矿业大学（北京）.

杨威，2013.煤层采场力学行为演化特征及瓦斯治理技术研究［D］.徐州：中国矿业大学.

杨武，顾濬祥，黎樵燊，等，1995.金属的局部腐蚀［M］.北京：化学工业出版社.

杨国胜，张玉清，2015.涪陵页岩气工程技术实践与认识［M］.北京：中国石化出版社.

杨曙光，许浩，王刚，等，2020.低煤阶煤层气甲烷风化带划分方法及影响因素——以准南乌鲁木齐矿区为例［J］.煤炭学报，45（11）：3825-3832.

杨新乐，张永利，肖晓春，2009.井间干扰对煤层气渗流规律影响的数值模拟［J］.煤田地质与勘探，37（4）：26-29.

杨智华，2018.突出矿井构造煤的发育特征及其对煤与瓦斯突出的影响［J］.煤炭科技（4）：52-56.

姚艳斌，刘大锰，2013.煤储层精细定量表征与综合评价模型［M］.北京：地质出版社.

叶吉文，沈国栋，黄斌华，等，2010.新疆地区煤层气储层特征研究及开采技术探讨［J］.煤，19（6）：15-16，23.

伊永祥，唐书恒，张松航，等，2019.沁水盆地柿庄南区块煤层气井储层压降类型及排采控制分析［J］.煤田地质与勘探，47（5）：118-126.

尹淮新，谈红梅，坛俊颖，等，2009.新疆低煤阶煤层气勘探选区评价标准的探讨［J］.中国煤层气，6（6）：9-13.

袁亮，2009.卸压开采抽采瓦斯理论及煤与瓦斯共采技术体系［J］.煤炭学报，34（1）：1-8.

袁亮，2016.我国深部煤与瓦斯共采战略思考［J］.煤炭学报，41（1）：1-6.

岳前升，陈军，邹来方，等，2012.沁水盆地基于储层保护的煤层气水平井钻井液的研究［J］.煤炭学报，37（S2）：416-419.

张帆，马耕，冯丹，2019.大尺寸真三轴煤岩水力压裂模拟试验与裂缝扩展分析［J］.岩土力学，40（5）：1890-1897.

张琪，2006.采油工程原理与设计［M］.东营：中国石油大学出版社.

张琪，吴晓东，1984.抽油井计算机诊断技术及其应用［J］.华东石油学院报（2）：144-159.

张广明，2010.水平井水力压裂数值模拟研究［D］.合肥：中国科学技术大学.

张珺晔，2020.新疆阜康低阶煤煤体结构及其地质控因分析［D］.北京：中国地质大学（北京）.

张永勤，刘辉，陈修星，2001.复杂地层钻进技术的研究与应用［J］.探矿工程（岩土钻掘工程）（z1）：159-162.

张振华，孙晗森，乔伟刚，2011.煤层气储层特征及钻井液选择［J］.中国煤层气，8（2）：24-27.

张子敏，吴吟，2013.中国煤矿瓦斯赋存构造逐级控制规律与分区划分［J］.地学前缘，20（2）：237-245.

赵金，张遂安，2012.煤层气排采储层压降传播规律研究［J］.煤炭科学技术，40（10）：65-68.

赵丽娟，秦勇，2010.国内深部煤层气研究现状［J］.中国煤层气，7（3）：38-40.

周建斌，2019.割缝卸压致裂技术在碎软低渗煤层煤巷掘进中的应用［J］.煤矿安全，50（7）：191-194.

周三栋，刘大锰，孙邵华，等，2015.准噶尔盆地南缘硫磺沟煤层气富集主控地质因素及有利区优选［J］.现代地质，29（1）：179-189.

周梓欣，李瑞明，张伟，2018.新疆深部煤层气资源勘探潜力［J］.中国煤炭地质，30（7）：28-31.

左景栾，孙晗森，周卫东，等，2012.适用于煤层气开采的低密度钻井液技术研究与应用［J］.煤炭学报，37（5）：815-819.

左龙飞，2019.提高探水钻孔套管加固技术措施研究［J］.山东煤炭科技（11）：172-174.

Ayoub J A, Brown J E, Barree R D, et al., 1992. Diagnosis and evaluation of fracturing treatments［J］. SPE Production Engineering, 7（1）：39-46.

Bergins C, Hulston J, Strauss K, et al., 2007. Mechanical/thermal dewatering of lignite. Part 3: Physical properties and pore structure of MTE product coals［J］. Fuel, 86（1）：3-16.

Brown E T, Hoek E, 1978. Trends in relationships between measured in-situ stresses and depth［J］. International Journal of Rock Mechanics and Mining Sciences & Geomechanics Abstracts, 15（4）：211-

215.

Bustin R M, Guo Y, 1999. Abrupt changes (jumps) in reflectance values and chemical compositions of artificial charcoals and inertinite in coals [J]. International Journal of Coal Geology, 38 (3–4): 237–260.

Cai Y, Liu D, Liu Z, et al., 2016. Evolution of pore structure, submaceral composition and produced gases of two Chinese coals during thermal treatment [J]. Fuel Processing Technology, 156: 298–309.

Cai Y D, Liu D M, Pan Z J, et al., 2013. Pore structure and its impact on CH_4 adsorption capacity and flow capability of bituminous and subbituminous coals from Northeast China [J]. Fuel, 103: 258–268.

Chung H M, Gormly J R, Squires R M, 1988. Origin of gaseous hydrocarbons in subsurface environments: theoretical considerations of carbon isotope distribution [J]. Chemical Geology, 71: 97–104.

Colosimo F, Thomas R, Lloyd J R, et al., 2016. Biogenic methane in shale gas and coal bed methane: A review of current knowledge and gaps [J]. International Journal of Coal Geology, 165: 106–120.

Doty D R, Schmidt Z, 1982. An improved model for Sucker Rod Pumping [C]. SPE 10249.

Economides M J, Nolte K G, 2002. 油藏增产技术 [M]. 3 版. 张保平, 等译. 北京: 石油工业出版社.

Flores R M, 2014. Coal and coalbed gas: fueling the future [M]. Elsevier, Waltham, MA: 167–233.

Flores R M, Rice C A, Stricker G D, et al., 2008. Methanogenic pathways of coal–bed gas in the powder river basin, united states: the geologic factor [J]. International Journal of Coal Geology, 76 (1): 52–75.

Fu H J, Tang D Z, Pan Z J, et al., 2019. A study of hydrogeology and its effect on coalbed methane enrichment in the southern Junggar Basin, China [J]. AAPG Bulletin, 103 (1): 189–213.

Fu H J, Tang D Z, Xu T, et al., 2017. Preliminary research on CBM enrichment models of low–rank coal and its geological controls: A case study in the middle of the southern Junggar Basin, NW China [J]. Marine and Petroleum Geology, 83: 97–110.

Geng Y G, Tang D Z, Xu H, et al., 2017. Experimental study on permeability stress sensitivity of reconstituted granular coal with different lithotypes [J]. Fuel, 202: 12–22.

Grimm R P, Eriksson K A, Ripepi N, et al., 2012. Seal evaluation and confinement screening criteria for beneficial carbon dioxide storage with enhanced coal bed methane recovery in the Pocahontas Basin, Virginia [J]. International Journal of Coal Geology, 90–91: 110–125.

Gürgey K, Philp R P, Clayton C, et al., 2005, Geochemical and isotopic approach to maturity/source/mixing estimations for natural gas and associated condensates in the thrace basin, NW turkey [J]. Applied Geochemistry, 20 (11): 2017–2037.

Gusyev M A, Toews M, Morgenstern U, et al., 2013. Calibration of a transient transport model to tritium data in streams and simulation of ages in the western Lake Taupo catchment, New Zealand [J]. Hydrology and Earth System Sciences, 17 (3): 1217–1227.

Hamilton S K, Golding S D, Baublys K A, et al., 2014. Stable isotopic and molecular composition of desorbed coal seam gases from the walloon subgroup, eastern surat basin, Australia [J]. International Journal of Coal Geology, 122 (1): 21–36.

Hinrichs K U, Hayes J M, W. Bach, et al., 2006. Biological formation of ethane and propane in the deep marine subsurface [J]. Proceedings of the National Academy of Sciences of the United States of America, 103 (40): 14684–14689.

Jones D M, Head I M, Gray N D, et al., 2008. Crude-oil biodegradation via methanogenesis in subsurface petroleum reservoirs [J]. Nature, 451 (7175): 176–180.

Kalam S, Khan R A, Baig M T, et al., 2015. A Review of recent developments and challenges in IGIP estimation of coal bed methane reservoirs [C]. SPE Saudi Arabia Section Annual Technical Symposium and Exhibition.

Karacan C Ö, Goodman G V R, 2012. Analyses of geological and hydrodynamic controls on methane emissions experienced in a Lower Kittanning coal mine [J]. International Journal of Coal Geology, 98: 110–127.

Kinnon E C P, Golding S D, Borehan C J, et al., 2010. Stable isotope and water quality analysis of coal seam methane production waters and gases from the Bowen Basin, Australia [J]. International Journal of Coal Geology, 82: 219–231.

Kuuskraa, V A, Wyman R E, 1993. Deep coal seams: An overlooked sourcefor long-term natural gas supplies [J]. Society of Petroleum Engineers. doi: 10.2118/26196–MS.

Lau H C, Li H, Huang S, 2017. Challenges and opportunities of coalbed methane development in China [J]. Energy & Fuels, 31 (5): 4588–4602.

Li Y, Tang D Z, Elsworth D, et al., 2014. Characterization of coalbed methane reservoirs at multiple length scales: A cross-section from Southeastern Ordos Basin, China [J]. Energy & Fuels, 28 (9): 5587–5595.

Liu C, Wang X, Liu K, et al., 2013. Occurrence features of coalbed methane in inclined coal seam of Junggar basin, Xinjiang [C]. 3rd International Conference on Energy, Environment and Sustainable Development.

Milkov A V, 2011. Worldwide distribution and significance of secondary microbial methane formed during petroleum biodegradation in conventional reservoir [J]. Organic Geochemistry, 42: 184–207.

Milkov A V, Dzou L, 2007. Geochemical evidence of secondary microbial methane from very slight biodegradation of undersaturated oils in a deep hot reservoir [J]. Geology, 35 (5): 455–458.

Milkov A V, Etiope G, 2018. Revised genetic diagrams for natural gases based on a global dataset of>20, 000 samples [J]. Organic Geochemistry, 125: 109–120.

McCoy N, 1995. Beam pump balancing based on motor power utilization [C]. Oklahoma: Production Operations Symposium.

Nmai C K, 2004. Multi-functional organic corrosion inhibitor [J]. Cement & Concrete Composites, 26 (3): 199–207.

Nolte K G, 1986. Determination of proppant and fluid schedules from fracturing pressure decline [J]. SPE Production Engineering, 1 (4): 255–265.

Nolte K G, 1991. Fracturing pressure analysis for nonideal behavior [J]. Journal of Petroleum Technology,

43（2）：210-218.

Nolte K G, Smith M B, 1981. Interpretation of Fracturing Pressures［J］. Journal of Petroleum Technology, 33（9）：1767-1725.

Okolo G N, Everso R C, Neomagus H, et al., 2015. Comparing the porosity and surface areas of coal as measured by gas adsorption, mercury intrusion and SAXS techniques［J］. Fuel, 141：293-304.

Oremland R S, Whiticar M J, Strohmaier F E, et al., 1988. Bacterial ethane formation from reduced, ethylated sulfur compounds in anoxic sediments［J］. Geochimica et Cosmochimica Acta, 52（7）：1895-1904.

Pan Z J, Wood D A, 2015. Coalbed methane（CBM）exploration, reservoir characterisation, production, and modelling：A collection of published research（2009-2015）［J］. Journal of Natural Gas Science & Engineering, 26：1491-1494.

Pashin J C, Mcintyre-Redden M R, Mann S D, et al., 2014. Relationships between water and gas chemistry in mature coalbed methane reservoirs of the black warrior basin［J］. International Journal of Coal Geology, 126（2）：92-105.

Paul S, Chatterjee R, 2011. Determination of in-situ stress direction from cleat orientation mapping for coal bed methane exploration in south-eastern part of Jharia coalfield, India［J］. International Journal of Coal Geology, 87（2）：87-96.

Pitman J K, Pashin J C, Hatch J R, et al., 2003. Origin of minerals in joint and cleat systems of the pottsville formation, black warrior basin, alabama：implications for coalbed methane generation and production［J］. AAPG Bulletin, 87（5）：713-731.

Raja P B, Sethuraman M G, 2008. Natural products as corrosion inhibitor for metals in corrosive media-A review［J］. Materials Letters, 62（1）：113-116.

Rice D D, 1993. Composition and origins of coalbed gas［J］.Hydrocarbons from Coal：AAPG Studies in Geology, 38（1）：159-184.

Rightmire C T, Eddy G E, Kirr J N, 1984. Coalbed methane resources of the United States［J］.AAPG, 17：1-14.

Robert R T, Jennifer L M, 2010. A conventional look at an unconventional reservoir：coalbed methane production potential in deep environments［C］. New Orleans, Louisiana：AAPG Annual Convention and Exhibition.

Gibbs S G, 1963. Predicting the behavior of Sucker-Rod pumping systems［J］. Journal of Petroleum Technology, 15（7）：769-778.

Gibbs S G, 1992. Design and diagnosis of deviated Rod-Pumped wells［J］. Journal of Petroleum Technology, 44（7）：774-781.

Shi J, Chang Y, Wu S, et al., 2018. Development of material balance equations for coalbed methane reservoirs considering dewatering process, gas solubility, pore compressibility and matrix shrinkage［J］. International Journal of Coal Geology, 195：200-216.

Sun Z, Li X, Shi J, et al., 2017. A semi-analytical model for drainage and desorption area expansion during coal-bed methane production [J] . Fuel, 204: 214–226.

Sun Z, Shi J, Wang K, et al., 2018. The gas-water two phase flow behavior in low-permeability CBM reservoirs with multiple mechanisms coupling [J] . Journal of Natural Gas Science and Engineering, 52: 82–93.

Sun Z, Shi J, Zhang T, et al., 2018. A fully-coupled semi-analytical model for effective gas/water phase permeability during coal-bed methane production [J] . Fuel, 223: 44–52.

Tao S, Tang D Z, Xu H, et al., 2014. Factors controlling high-yield coalbed methane vertical wells in the Fanzhuang Block, southern Qinshui Basin [J] . International Journal of Coal Geology, 134: 38–45.

Tassi F, Fiebi J, Vaselli O, et al., 2012. Origins of methane discharging from volcanic-hydrothermal, geothermal and cold emissions in Italy [J] . Chemical Geology, 310–311 (3): 36–48.

Toki T, Uehara Y, Kinjo K, et al., 2012. Methane production and accumulation in the Nankai accretionary prism : results from IODP Expeditions 315 and 316 [J] . Geochemical Journal, 46 (2): 89–106.

Tonnsen R R, Miskimins J L, 2010. Simulation of deep coalbed methane permeability and production assuming variable pore volume compressibility [J] . Journal of Canadian Petroleum Technology, 50 (5): 23–31.

Wan Y, Liu Y, Ouyang W, et al., 2016. Desorption area and pressure-drop region of wells in a homogeneous coalbed [J] . Journal of Natural Gas Science and Engineering, 28: 1–14.

Wang A, Wei Y, Yuan Y, et al., 2017. Coalbed methane reservoirs' pore-structure characterization of different macrolithotypes in the southern Junggar Basin of Northwest China [J] . Marine & Petroleum Geology, 86: 675–688.

Wen S, Zhou K, Lu Q, 2019. A discussion on CBM development strategies in China based upon a case study of PetroChina Coalbed Methane Co., Ltd. [J] . Natural Gas Industry B, 6 (6): 610–618.

Whiticar M J, 1999. Carbon and hydrogen isotope systematics of bacterial formation and oxidation of methane [J] . Chemical Geology, 161 (1–3): 291–314.

Whiticar M J, Faber E, Schoell M, 1986. Biogenic methane formation in marine and freshwater environments : CO_2 reduction vs. acetate fermentation-isotope evidence [J] . Geochimica Et Cosmochimica Acta, 50 (5): 693–709.

William H Mcmillan, 1981. Planning the Direction Well-A Calculation Method [J] . Journal of Petroleum Technology, 33 (6): 952–962.

Xu B, Li X, Haghighi M, et al., 2013. An analytical model for desorption area in coal-bed methane production wells [J] . Fuel, 106: 766–772.

Xu B, Li X, Ren W, et al., 2017. Dewatering rate optimization for coal-bed methane well based on the characteristics of pressure propagation [J] . Fuel, 188: 11–18.

Zhou S, Liu D, Cai Y, et al., 2017. 3D characterization and quantitative evaluation of pore-fracture networks of two Chinese coals using FIB-SEM tomography [J] . International Journal of Coal Geology, 174 (1): 41–54.